计算机网络实训教程

主　编　张浩军　赵玉娟

副主编　王晓松　郑丽萍　赵志鹏

中国水利水电出版社
www.waterpub.com.cn

·北京·

内 容 提 要

计算机网络是信息社会的基础，网络技术应用已经深入社会生活的各个方面，社会发展需要一大批熟练掌握网络技术并具有综合应用能力的工程技术人才。本书理论知识与实际应用结合紧密，全书共分 10 章，第 1 章和第 2 章讲解计算机网络的概念、发展、功能、分类，Internet 的组成与应用等基础知识，以及网络体系结构；第 3 章讲解局域网的分类、体系标准、组成，以及典型局域网的组建；第 4 章讲解网络各种常用通信介质的特点与应用，综合布线系统的概念、组成和设计等；第 5 章和第 6 章讲解交换机、路由器等网络互联设备的工作原理、配置与管理；第 7 章讲解网络服务的配置与管理，包括 DNS、WWW、FTP、DHCP、远程管理等服务；第 8 章讲解信息网络安全，包括信息安全技术、密码应用等基础知识，以及公钥基础设施、网络防火墙、入侵检测系统等的概念、工作原理及应用；第 9 章讲解网络管理，包括常用的网络管理方法与工具；第 10 章以校园网和企业网为例讲解了网络的规划与建设。

本书既可供计算机及相关专业教学使用，也可供从事计算机网络建设、管理、维护工作以及准备参加计算机网络职业认证考试的专业技术人员参考。

图书在版编目（CIP）数据

计算机网络实训教程 / 张浩军，赵玉娟主编. -- 北京：中国水利水电出版社，2023.10
ISBN 978-7-5226-1804-3

Ⅰ. ①计… Ⅱ. ①张… ②赵… Ⅲ. ①计算机网络—教材 Ⅳ. ①TP393

中国国家版本馆CIP数据核字(2023)第174904号

策划编辑：石永峰	责任编辑：高辉	加工编辑：刘瑜　　封面设计：苏敏

书　　名	计算机网络实训教程 JISUANJI WANGLUO SHIXUN JIAOCHENG
作　　者	主　编　张浩军　赵玉娟 副主编　王晓松　郑丽萍　赵志鹏
出版发行	中国水利水电出版社 （北京市海淀区玉渊潭南路 1 号 D 座　100038） 网址：www.waterpub.com.cn E-mail: mchannel@263.net（答疑） 　　　　 sales@mwr.gov.cn 电话：（010）68545888（营销中心）、82562819（组稿）
经　　售	北京科水图书销售有限公司 电话：（010）68545874、63202643 全国各地新华书店和相关出版物销售网点
排　　版	北京万水电子信息有限公司
印　　刷	三河市德贤弘印务有限公司
规　　格	184mm×260mm　16 开本　17.5 印张　448 千字
版　　次	2023 年 10 月第 1 版　2023 年 10 月第 1 次印刷
定　　价	52.00 元

前　言

  《计算机网络实训教程》（第 2 版）被列为"普通高等教育'十一五'国家级规划教材"，自 2008 年出版以来，多次印刷，受到了各方面的好评。随着计算机网络技术的发展，书中部分内容需要更新，与此同时，作者在多年的课程教学、教学改革、一流课程建设、专业建设中又积累了新的体会和经验，希望能够与同行交流。在此背景下，对《计算机网络实训教程》（第 2 版）进行改编，主要有以下改动：

  （1）在章目录结构不变的情况下，根据理论知识体系的完整性和相关性，对部分节次进行了调整，并对相关内容进行了补充和删减。

  （2）根据计算机网络技术的发展，对第 2 版中过时的技术进行了更新，涉及的内容主要包括交换机、路由器和网络服务的配置与管理。

  （3）根据目前计算机网络的应用情况，删除了网络多媒体应用和网络软件开发技术，将本书的重点放在局域网组建上，突出与局域网组建相关的理论知识和实践。

  本书获批"河南省'十二五'普通高等教育规划教材"。

  本书每一章的前面都有"本章导读"和"本章要点"，指出了本章的重要内容；每一章的后面都有"本章小结"，对本章重要的知识点又进行了梳理和归纳，通过导读、要点和小结帮助学生系统地学习相关知识。本书每章还配有习题，方便教学使用，从第 3 章开始配有实训，指导读者实践验证。

  本书由河南工业大学的张浩军、赵玉娟任主编，王晓松、郑丽萍、赵志鹏任副主编。张浩军、赵志鹏编写第 1 章，赵玉娟编写第 2、3、4、8 章，王晓松编写第 5、6、10 章，郑丽萍编写第 7、9 章，全书由张浩军统稿。

  由于编者水平有限，书中不妥之处在所难免，恳请读者批评指正，编者电子邮箱为zhj@haut.edu.cn。

编　者

2023 年 6 月

目　录

第 1 章　计算机网络概述

本章主要介绍计算机网络的概念、发展、应用、功能与分类，以及 Internet 的组成与应用。学习本章，要重点理解计算机网络的概念、应用、功能、分类方法；了解计算机网络的发展历程和趋势；了解 Internet 的组成与典型应用。

- 计算机网络的概念、发展、应用。
- 计算机网络的功能与分类。
- Internet 的组成与典型应用。

1.1　计算机网络的概念与发展

从 20 世纪 80 年代末开始，计算机网络进入新的发展阶段，光纤通信被应用于计算机网络；90 年代至 21 世纪初，计算机网络进入高速发展时期，Internet 的广泛应用推动了计算机网络向更高层次的发展；进入 21 世纪，计算机网络的发展趋势向着综合化、宽带化、智能化和个性化的方向发展。

1.1.1　计算机网络的概念

计算机网络是现代通信技术与计算机技术相结合的产物，对"计算机网络"概念的定义，在不同时期从不同角度出发有各种不同的理解。从应用角度出发，计算机网络被定义为"以相互共享（硬件、软件和数据）资源的方式连接起来，且各自具有独立功能的计算机系统的集合"。从物理结构角度出发，计算机网络是"利用通信设备和线路将地理位置不同、功能独立的多个计算机系统互连起来，以功能完善的网络软件（即网络通信协议、信息交换方式及网络操作系统等）实现网络中资源共享和信息传递的系统"。从用户角度出发，计算机网络是"存在着一个能为用户自动管理的网络操作系统，而整个网络像一个大的计算机系统一样，对用户是透明的"。

人们对计算机网络的精确定义并未统一，目前关于计算机网络比较好的定义是：计算机网络主要由一些通用的、可编程的硬件互连而成，这些可编程的硬件不只专门用来实现某一特定目的，除了传输数据或视频信号，还能够用来传输多种不同类型的数据，并能支持广泛的、日益增长的应用。

该定义说明：

（1）计算机网络所连接的硬件，并不局限于一般的计算机，而是包括了智能手机。

（2）计算机网络并非专门用来传输数据，还能够支持多种应用（包括今后可能出现的各种应用）。

需要注意的是，"可编程的硬件"指包含中央处理器的硬件。

计算机网络起初是用来传输数据的，但随着网络技术的发展，其应用范围不断增大，不仅能够传输音频和视频文件，而且应用的范围已经远远超过一般通信的范畴。

1.1.2 计算机网络的产生和发展

计算机网络的发展过程大致可以分为下述 5 个阶段。

1. 面向终端的计算机通信网

早期，计算机技术与通信技术并没有直接的联系，但随着工业、商业与军事部门使用计算机的深化，他们迫切需要将分散在不同地方的数据进行集中处理。为此，1954 年人们制造了一种被称为收发器的终端设备，这种终端设备能够将穿孔卡片上的数据通过电话线路发送到远地的计算机。这种"终端设备—通信线路—计算机"的系统就是计算机网络的雏形。其特点是：计算机是网络的中心和控制者，终端设备围绕中心计算机分布在不同地理位置，各终端设备通过通信线路共享主机的硬件资源和软件资源，计算机的主要任务是进行批处理。20 世纪 60 年代出现的分时操作系统使主机具有交互式处理和批量处理的能力。

2. 分组交换网的出现

随着计算机应用的发展，人们希望将分布在不同地点的计算机通过通信线路互连成计算机—计算机网络。这一阶段研究的典型代表是美国国防部高级研究计划署于 1969 年 12 月投入运行的 ARPANET（阿帕网），该网络是一个典型的以实现资源共享为目的的具有通信功能的多机系统，其核心通信技术是分组交换技术，它为计算机网络的发展奠定了基础。

ARPANET 的实验成功使计算机网络的概念发生了根本的变化，计算机网络完成数据处理与数据通信两大基本功能，结构上分成两个部分：负责数据处理的计算机与终端；负责数据通信的通信控制处理机与通信线路。网络共享采用排队方式，即由节点的分组交换机负责分组的存储转发和路由选择，并动态分配用户通信的传输带宽，从而大大提高了通信线路的利用率，适合突发式的计算机数据传输。

这一阶段，在计算机通信网络的基础上完成了网络体系结构与协议的研究，形成了计算机网络，其逻辑结构如图 1-1 所示。

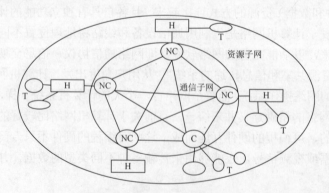

H—主机；T—终端或客户机；NC—通信处理机；C—通信设备

图 1-1　计算机网络的逻辑结构

3．计算机网络体系结构的形成

随着计算机网络技术的发展和广泛应用，人们对计算机网络的技术、方法和理论的研究日趋成熟。但计算机网络是一个非常复杂的系统，相互通信的计算机系统必须高度协调工作。而这种"协调"是相当复杂的，为了更好地解决设计复杂性，早在最初的 ARPANET 设计时就提出了"分层"的方法，即将庞大而复杂的问题转化为若干个比较易于研究和处理的较小的局部问题。典型地，1974 年 IBM 公司宣布了它按照分层的方法制定的系统网络体系结构（System Network Architecture，SNA）。

为了使不同体系结构的计算机网络都能互联，国际标准化组织（ISO）提出了一个能使各种计算机在世界范围内互联成网的标准框架——开放系统互连参考模型（Open System Interconnection Reference Model，OSI/RM）。只要遵循 OSI 标准，一个系统就可以和位于世界上任何地方的遵循同一标准的其他任何系统进行通信。

从此开始了第三代计算机网络。这个阶段，产生了开放系统互连参考模型与协议，促进了符合国际标准的计算机网络技术的发展。

4．高速网络阶段

该阶段计算机网络采用高速数据通信技术、综合业务数字网、多媒体和智能网络等技术，具有高速、支持多媒体应用等特点，计算机网络得到了广泛而深入的应用。

该阶段互联网络技术迅猛发展，主要表现在以下几个方面：

（1）TCP/IP 体系结构已在 Internet 上获得极大的成功。随着 IP 电话、视频会议、视频广播、无线通信等技术的日趋成熟和在 Internet 上的广泛应用，TCP/IP 体系结构已成为全球的网络技术标准。高速计算机网络技术中，IP 协议下的网络互连技术仍是研究重点，Ethernet、IP over SDH/SONET、IP over WDM/DWDM 等高速计算机网络互连技术得到深入研究、开发和广泛使用。

（2）光通信已经得到长足发展。波分复用（WDM）技术和密集波分复用（DWDM）技术的出现使光传输的速度大大加快。全光网络的研究与应用得到深入发展，例如光通信已经可以达到 $160\times10GHz$ 的带宽水平，这足以支持吉比特乃至太比特网络传输的需求。

（3）路由交换速率提高。以前网络路由器的路由功能大多用软件来实现，影响了其性能。第三层交换技术的发展使高速路由不再成为网络互连的瓶颈。用在广域主干网的高速交换式路由器（Switch Router）的吞吐量已经达到 100Mb/s 以上，主要用在城域网或局域网的高速路由交换机（Routing Switch）的吞吐量已经达到 2000Mb/s 以上。

（4）Ethernet 技术成熟，工业标准已形成，其产品在局域网领域已得到广泛应用；在广域网领域已经实现了几十千米以上的点到点高速传输，成为与 IP over SDN/SONET 竞争的技术。

（5）产业界采用的协议和技术规范与国际标准接近统一。目前推出的高速路由/交换产品一般都严格遵从国际标准和技术规范，对于尚未达成标准的也都遵从 Internet 协议标准。这就基本保证了目前各种高速计算机网络产品之间的良好互操作性。

5．下一代互联网

第一代互联网使用的是 IPv4（互联网通信协议第四版），IPv4 提供 32 位地址编码，能够提供的 IP 地址为 2^{32}（约 43 亿）个，2011 年 IPv4 地址已分配殆尽。下一代互联网的核心为 IPv6，它提供 128 位地址编码，能够提供的 IP 地址为 2^{128} 个。地址资源极为丰富，有人比喻，世界上的每一粒沙子都会有一个 IP 地址。下一代互联网是一个建立在 IP 技术基础上的新型公共网络，能够容纳各种形式的信息，在统一的管理平台下实现音频、视频、数据信号的传输和管理，提供各种宽带应用和传统电信业务，是一个真正实现宽带窄带一体化、有线无线一体化、有源无源一体化、传输接入一体化的综合业务网络。

2004 年，由清华大学等 25 所高校承担建设的我国第一个下一代互联网 CNGI-CERNET2 建成。CNGI-CERNET2 主干网以 2.5～10GHz 的带宽连接了我国 20 个城市的 25 个核心节点，传输速度达到 2.5～10Gb/s。在 CNGI-CERNET2 的建设中，我国开创性地建成了世界上第一个纯 IPv6 网，加速了世界下一代互联网发展的步伐；开创性地提出了 IPv6 源地址认证，为下一代互联网的安全应用研究奠定了基础；支持 "IPv4 over IPv6" 的过渡技术方案，为第一代互联网与第二代互联网的过渡提供了重要解决方案。另外，首次在全国主干网中大规模使用国产 IPv6 路由器，为 CNGI-CERNET2 的建设提供了重要的试验环境及平台，加速了我国在 IPv6 核心路由器技术上的发展和成熟，彻底摆脱了我国在互联网建设上对国外技术的依赖，具有重要的战略意义。

美国从 1996 年开始进行下一代高速互联网及其关键技术的研究。美国科学基金会设立了 "下一代 Internet 研究计划（NGI）"，支持大学和科研单位建立高速网络试验床（very High Speed Backbone Network Service，vBNS），进行高速计算机网络及其应用的研究。1998 年美国 100 多所大学联合成立 UCAID（University Corporation for Advanced Internet Development），从事 Internet2 研究计划。UCAID 建设了另一个独立的高速网络试验床 Abilene，并于 1999 年 1 月开始提供服务。

英国、德国、法国、日本、加拿大等发达国家目前除了拥有政府投资建设和运行的大规模教育和科研网络，也都建立了研究高速计算机网络及其典型应用技术的高速网络试验床。

超高速的光通信技术、高速无线通信技术、光计算和生物计算技术的研究进展将使计算机互联网络技术产生新的飞跃，从而导致目前的网络环境和应用方式发生巨大变化，朝着 "更大、更快、更安全、更及时、更方便" 的方向发展。信息社会和正在逐渐形成的全球化知识经济形态对计算机互联网络提出了新的要求，需要人们对计算机网络的功能结构做出新的思考，构造出新的高速计算机互联网络功能模型、协议体系结构和一系列新型的关键协议和单元技术理论。新一代的高速计算机网络体系结构应该是安全的，具有主动性、适应性、可扩展性和服务的可集成性等特征。新的高速计算机互联网络理论和方法将突破传统理论的限制，能够处理在规模和复杂性发生量级变化时的网络信息交换问题和网络安全问题。

1.1.3 计算机网络的应用

现代计算机网络提供了资源共享和信息交换等功能，具有高可靠性、高性能、低价格和易扩充等优点，在工业、农业、交通运输、邮电通信、文化教育、商业、国防、科学研究等各个领域、各个行业获得了广泛的应用。计算机网络的应用主要包括下述几个方面。

1. 企业信息网络

企业信息网络是指专门用于企业内部信息管理的计算机网络，它一般为一个企业所专用，覆盖企业生产、经营、管理的各个部门，在整个企业范围内提供硬件、软件和信息资源的共享。

2. 联机事务处理

联机事务处理是指利用计算机网络将分布于不同地理位置的业务处理计算机设备或网络与业务管理中心网络连接，以便于在任何一个网络节点上都可以进行统一、实时的业务处理活动或客户服务。

3．POS 系统

销售时点信息（Point Of Sales，POS）系统是基于计算机网络的商业企业管理信息系统，它将柜台上用于收款结算的商业收款机与计算机系统联成网络，对商品交易提供实时的综合信息管理和服务。

4．电子邮件系统

电子邮件系统是在计算机及计算机网络的数据处理、存储和传输等功能基础之上构造的一种非实时通信系统。目前，电子邮政有替代传统信件投递系统的趋势，成为人们广泛应用的非实时通信手段。

5．电子数据交换系统

国际标准化组织将电子数据交换系统（Electronic Data Interchange，EDI）描述成"将贸易（商业）或行政事务处理按照一个公认的标准变成结构化的事务处理或信息数据格式，从计算机到计算机的电子传输"。它将商贸业务中的贸易、运输、金融、海关和保险等相关业务信息，用国际公认的标准格式，通过计算机网络，按照协议在贸易合作者的计算机系统之间快速传递，完成以贸易为中心的业务处理过程。

6．联机会议

人们使用 PC 机或终端通过计算机网络参加会议，使其能随时、随地（无须聚集在一起）一起制订计划、讨论解决问题。这种工作模式无须与会人员长途奔波，充分节省了企业资金、资源，使会议更加灵活、及时。

7．访问远程数据库

通过访问远程数据库，人们在家里就能向世界上的任何地方预订机票、车票等，向旅馆、饭店、影剧院等订座。国内许多大的图书馆都设有国际联机检索服务，利用该服务人们可以查询到一个具体课题目前所有的研究论文。另外，人们也可以在家里阅读电子报纸等。

综上所述，计算机网络的应用已经深入社会的各个方面。中国互联网络信息中心（CNNIC）2023 年 3 月 2 日发布的《第 51 次中国互联网络发展状况统计报告》显示，截至 2022 年 12 月，我国网民人数达到了 10.67 亿，互联网普及率达 75.6%，我国域名总数达 3440 万个，IPv6 地址数量达 67369 块/32，可有力支撑下一代互联网规模部署。

报告同时显示，截至 2022 年 12 月，短视频用户规模首次突破十亿，用户使用率高达 94.8%。2018—2022 五年间，短视频用户规模从 6.48 亿增长至 10.12 亿，年新增用户均在 6000 万以上，其中 2019 年和 2020 年，受技术、平台发展策略等多重因素的影响，年新增用户均在 1 亿以上。同时，用户使用率从 78.2% 增长至 94.8%，增长了 16.6 个百分点，与第一大互联网应用（即时通信）使用率间的差距由 17.4 个百分点缩小至 2.4 个百分点。

1.2　计算机网络的功能与分类

1.2.1　计算机网络的功能

计算机网络的功能主要包括数据通信、资源共享、提高系统的可靠性、分布处理、分散数据的综合处理等。

1. 数据通信

计算机网络是现代通信技术和计算机技术结合的产物，数据通信是计算机网络最基本的功能，实现各计算机之间快速可靠地互相传输数据、进行信息处理，如传真、电子邮件（E-mail）、电子数据交换（EDI）、电子公告牌（BBS）、远程登录（Telnet）与信息浏览等通信服务。同时利用这一功能可以实现将分散在各个地区的单位或部门使用的计算机网络联系起来，实现信息通信交换，并进行统一的资源调配、控制和管理。

2. 资源共享

资源共享是计算机网络的主要目的，让网络上的用户，无论处于何处，也无论资源的物理位置在哪里，都能使用网络中的程序、设备，尤其是数据。也就是说，用户使用千里之外的数据就像使用本地数据一样。

资源共享包括共享计算机系统的硬件、软件和数据资源 3 个部分。

（1）硬件资源的共享。共享硬件资源是共享其他资源的基础，共享的硬件资源包括高速打印机、大型绘图仪、高速处理器、大容量存储设备和昂贵的专用外部设备等。

（2）软件资源的共享。共享的软件资源包括各种语言处理程序、服务程序、应用程序和网络软件。例如昂贵的计算机辅助设计软件 CAD 可以安装在网络服务器上（支持多用户版本）供大家使用，而无须每台计算机上安装一个软件副本。

（3）数据资源的共享。共享的数据资源包括各种数据库、数据文件等，如电子图书库、成绩库、档案库、新闻、科技动态等，这些都可以放在网络数据库或文件里供大家查询使用。

3. 提高系统的可靠性

通过计算机网络系统，可以将大的、复杂的任务分别交给几台计算机处理，当网络中的某一处理机发生故障时，可通过其他路径传输信息或转到其他系统中代为处理，以保证整个系统的正常运转，即不因局部故障而导致系统瘫痪，依靠可替代的资源来提高系统可靠性。例如，集群服务器通过网络连接在一起，可以提供高可靠性。这在军事、银行、航空、公安、税收等领域具有极为重要的应用价值。

4. 分布处理

分布处理是指把同一任务分配到网络中地理上分布的节点机上协同完成。一方面，对于综合性的大型复杂问题可采用合适的算法，将任务分散到网络中不同的计算机上去执行，各计算机协同完成各种处理任务，这种协同工作、并行处理要比单独购置高性能的大型计算机经济。另一方面，当网络内某一计算机负载过重时，通过网络调度可将任务转给其他较空闲的计算机去处理，从而达到均衡使用网络资源，实现分布处理的目的。分布处理的典型应用包括网格计算、应用负载均衡等。

5. 分散数据的综合处理

网络系统可有效地将分散在各地的计算机中的数据信息收集起来，从而达到对分散数据进行综合分析处理，并把分析结果反馈给相关的各计算机的目的。

1.2.2 计算机网络的分类

计算机网络可以按不同标准进行分类，从不同的角度观察、划分网络系统有利于全面了解网络系统的特性。通常按网络覆盖的地理范围、传输介质和网络的使用者对计算机网络进行分类。

1．按网络覆盖的地理范围分类

根据计算机网络所覆盖的地理范围、信息的传递速率及其应用目的，计算机网络可以分为个人区域网、局域网、城域网、广域网。

（1）个人区域网（Personal Area Network，PAN）。个人区域网就是在个人工作的地方把属于个人使用的电子设备（如便携式计算机、平板电脑、便携式打印机等）用无线技术连接起来的自组网络，因此也常称为无线个人区域网（Wireless PAN，WPAN），其范围很小，大约在10m。WPAN 可以是一个人使用，也可以是若干人共同使用，这些电子设备可以很方便地进行通信，就像用普通电缆连接一样。但 WPAN 和 PAN 并不完全等同，因为 PAN 不一定都是使用无线连接的。

（2）局域网（Local Area Network，LAN）。局域网是指在有限的地理区域内构成的规模相对较小的计算机网络，一般用微型计算机或工作站通过高速通信线路相连（速率通常在10Mb/s 以上），但地理上则局限在较小的范围（如 1km 左右）。局域网常被用于连接公司办公室、中小企业、政府机关或一个校园内分散的计算机和工作站。在局域网发展的初期，一个学校或工厂往往只拥有一个局域网，但现在局域网已被广泛地使用，学校或企业大都拥有多个互连的局域网（这样的网络常称为校园网或企业网）。

（3）城域网（Metropolitan Area Network，MAN）。城域网可以理解为一种大型的 LAN，通常使用与 LAN 相似的技术，但是传输介质和布线结构更复杂。其覆盖范围为一个城市或地区，距离在几十千米到几百千米。城域网中可以包含若干个彼此互连的局域网，每个局域网可以有自己独立的功能，可以采用不同的系统硬件、软件和通信传输介质。城域网使不同类型的局域网之间能有效地共享信息资源。城域网多采用光纤或微波作为传输介质，可以支持数据和多媒体应用。当前城域网的一个重要用途是用作骨干网，通过它可以将位于同一城市内不同地点的主机、数据库以及 LAN 等互相连接起来，例如一个多校区大学可以通过城域网（运营商提供的）将多个校区连接起来。

（4）广域网（Wide Area Network，WAN）。广域网又称远程网，其覆盖的地理范围非常大，是一种跨越城市、国家的网络。广域网常常借用传统的公共传输网进行通信，可以把众多的城域网、局域网连接起来。目前，很多全国性的计算机网络就属于这类网络，如中国邮电电信总局的 CHINANET（中国公网）、教育部的 CERNET（中国科研教育网）、中国科学院的 NCFC（科技网）和电子部的 CHINAGBN（经济网）等。广域网联网结构如图 1-2 所示。

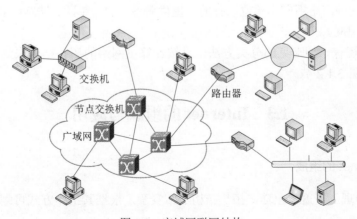

图 1-2　广域网联网结构

2．按传输介质分类

根据采用传输介质的不同，计算机网络可分为两种：有线网络和无线网络。

（1）有线网络。传输介质采用有线介质连接的网络称为有线网络。常用的有线介质包括双绞线、同轴电缆和光导纤维，具体内容可以参见第 4 章。

（2）无线网络。采用无线介质连接的网络称为无线网络，典型的无线介质有以下几种：

1）微波通信。微波通信是使用波长在 0.1mm～1m 之间的电磁波——微波进行的通信。当两点间的直线距离内无障碍时就可以使用微波通信，其具有容量大、质量好、传输距离远、抗灾性能好等特点，普遍用于各种专用通信网。微波通信用途广泛，可以用于各种电信业务的传输，如电话、电报、数据、传真、彩色电视等。

2）卫星通信。卫星通信是地球上（包括陆地、水面和低层大气中）无线电通信站之间利用人造卫星作为中继站而进行的空间微波通信，是地面微波接力通信的继承和发展。微波信号是直线传播的，因此可以把卫星通信看作微波中继通信的一种特例，它只是把中继站放置在空间轨道上。它利用地球同步卫星作中继站来转发微波信号，一个地球同步卫星可以覆盖地球 1/3 以上的表面，3 个地球同步卫星就可以覆盖地球上的全部通信区域。卫星通信具有覆盖区域大、通信距离远、通信质量好、可靠性高、通信频段宽、容量大等优点，是目前远距离越洋电话和电视广播的主要手段。

3）红外线传输。红外线传输利用发光二极管产生红外光波发送信号，采用光电管接收信号，生活中各种电器所使用的遥控器基本上都是使用红外线进行信号传输的。红外线与微波传输之间的重要差异是前者不能穿透墙壁，但是在微波系统中遭遇的安全和干扰问题这里不再出现。红外线信号在 10^{12}～10^{14}Hz 的范围内传输，所以能获得较高的数据吞吐量。红外线传输方式分为点到点传输和广播传输。红外线一般局限在很小的区域内，并且要求发送器直接指向接收器；不过红外线相关设备价格相对较便宜，并且不需要天线。

3．按网络的使用者分类

根据网络使用者的不同，计算机网络可分为两种：公用网和专用网。

（1）公用网（Public Network）。公用网指电信公司（国有或私有）出资建造的大型网络，"公用"的意思就是所有愿意按电信公司的规定交纳费用的人都可以使用这种网络，因此公用网也可称为公众网。

（2）专用网（Private Network）。专用网指某个部门为满足本单位的特殊业务工作的需要而建造的网络。这种网络不向本单位以外的人提供服务。例如军队、铁路、银行、电力等系统均有本系统的专用网。

计算机网络还有一种常见的分类方法，是按计算机网络的拓扑结构来划分网络的类型，有关内容可以参见 3.1.2 节。

1.3　Internet 的组成与应用

1.3.1　Internet 的组成

Internet 在地理上覆盖了全球，拓扑结构非常复杂，根据其工作方式可划分为两大部分，如图 1-3 所示。

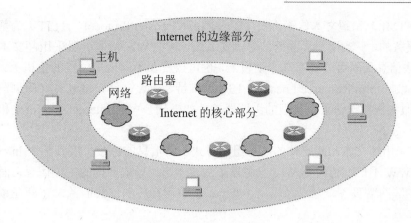

图 1-3　Internet 的组成

1. 边缘部分

Internet 的边缘部分由所有连接在 Internet 上的主机组成，这部分是用户直接使用的，用来进行通信（传输数据、音频、视频）和资源共享。处在 Internet 边缘的部分就是连接在其上的所有主机，这些主机又称端系统。端系统在功能上可能有很大的差别，小的端系统可以是一台普通 PC 和具有上网功能的智能手机，甚至是一个很小的网络摄像头；而大的端系统则可以是一台非常昂贵的大型计算机。端系统的拥有者可以是个人，也可以是单位，还可以是某个网络服务提供商（Internet Service Provider，ISP）。边缘部分利用核心部分所提供的服务使众多主机之间能够互相通信并交换或共享信息。

2. 核心部分

Internet 的核心部分由大量网络和连接这些网络的路由器组成，这部分是为边缘部分提供服务的（提供连通性和交换）。核心部分是 Internet 中最复杂的部分，因为其要向网络边缘中的大量主机提供连通性，使边缘部分中的任何一台主机都能够与其他主机通信。在核心部分起特殊作用的是路由器，它是一种专用计算机。路由器是实现分组交换的构建部分，其任务是转发收到的分组，这是网络核心部分最重要的功能。

1.3.2　Internet 的典型应用

Internet 是一个全球性的计算机互联网络，中文名称为"互联网""因特网"，它是将不同地区、规模大小不一的网络互相连接而成的。它不仅是全球最大的计算机互联网，更是全球最大的信息资源库。

Internet 实际上是一个应用平台，在它的上面可以开展很多种应用，如电子邮件、远程登录、文件传输、客户机服务器连接、网络电话、网络传真、网络视频会议等。其中最典型的应用有万维网（WWW）、文件传输、电子邮件（E-mail）、远程登录（Telnet）等，下面主要介绍前 3 种应用。

1. 万维网（WWW）应用

WWW（World Wide Web）简称"3W"，有时也称为 Web，中文译名为"万维网"或"环球信息网"等。WWW 最早于 1989 年由欧洲核子研究中心（CERN）研制，目的是让全球范围的科学家利用 Internet 方便地进行通信、信息交流和信息查询。

WWW 是建立在客户机/服务器模型之上的，它以超文本标记语言（Hyper Text Markup

Language，HTML）和超文本传输协议（Hyper Text Transfer Protocol，HTTP）为基础，提供面向 Internet 服务的、一致用户界面的信息浏览系统。其中 WWW 服务器采用超文本链路来链接信息页，这些信息页既可放置在同一主机上，也可放置在不同地理位置的主机上；链路由统一资源定位器（Uniform Resource Locator，URL）维持，WWW 客户端软件（即浏览器）负责信息显示和向服务器发送请求。典型的浏览器软件如微软公司的 Internet Explorer 和网景公司的 Netscape Navigator。

Internet 采用超文本和超媒体的信息组织方式，将信息的链接扩展到整个 Internet。目前，用户利用 WWW 不仅能访问到 Web 服务器上内容丰富、形式多样的主页信息，而且可以访问 FTP、Telnet 等网络服务。它已经成为 Internet 上应用最广的信息服务，在商业领域发挥着重要的作用。

WWW 浏览提供界面友好的信息查询接口，用户只需提出查询要求，至于到什么地方查询、如何查询则由 WWW 自动完成。因此，WWW 为用户带来的是世界范围的超级文本服务。用户只用操纵鼠标，就可以通过 Internet 从全世界任何地方调来所需的文本、图像、声音等信息。WWW 让非常复杂的 Internet 使用起来异常简单。

2．文件传输应用

文件传输协议（File Transfer Protocol，FTP）是 Internet 上使用广泛的一种通信协议。它是由支持 Internet 文件传输的各种规则所组成的集合，这些规则使 Internet 用户可以把文件从一个主机拷贝到另一个主机上，为用户提供了极大的方便。

一般来说，用 Internet 的首要目的就是实现信息共享，文件传输是信息共享的重要内容之一。早期在 Internet 上实现传输文件，并不是一件容易的事，Internet 是一个非常复杂的计算机环境，有 PC、工作站、大型机等，这些计算机运行不同的操作系统和文件系统，如运行 UNIX 的服务器，运行 Linux、Windows 的计算机等，各种操作系统之间的文件交流需要建立统一的文件传输协议。基于不同的操作系统有不同的 FTP 应用程序，而所有这些应用程序都必须遵守共同的规则，FTP 就是用来在客户机和服务器之间进行文件传输以实现文件交换、共享的协议。

与大多数 Internet 服务一样，FTP 也是一个客户机/服务器系统。用户通过一个支持 FTP 的客户机程序，连接到在远程主机上的 FTP 服务器程序。用户通过客户机程序向服务器程序发出命令，服务器程序响应并执行用户所发出的命令，并将执行结果返回到客户机。例如，用户发出一条命令，要求服务器向用户传输某一个文件的一份拷贝，服务器会响应这条命令，将指定文件送至用户的机器上。客户机程序代表用户接收到这个文件，将其存放在用户目录中。

使用 FTP 经常遇到两个术语："下载"（Download）和"上传"（Upload）。"下载"文件就是从远程主机复制文件至自己的计算机上；"上传"文件就是将文件从自己的计算机中复制到远程主机上，如图 1-4 所示。

图 1-4   FTP 客户机/服务器模型

　　FTP 是一个通过 Internet 传输文件的系统，使用 FTP 时要求用户首先登录远程主机并获得相应的权限，方可上传或下载文件。也就是说，要想同哪一台计算机传输文件，就必须具有该台计算机的适当授权。用户必须在 FTP 服务器上进行注册，即建立用户账号，拥有合法的登录用户名和密码后才有可能进行有效的 FTP 连接和登录，否则无法传输文件。当然，为了更好地支持网络应用的开放性，FTP 提供匿名服务，此时 FTP 服务器系统管理员为用户建立一个特殊的用户 ID，名为 anonymous，Internet 上的任何人在任何地方都可使用该用户 ID 登录 FTP 服务器，该用户 ID 的口令可以是任意的字符串。习惯上，用户使用自己的 E-mail 地址作为口令，使系统维护程序能够记录下来谁在存取这些文件。

　　值得注意的是，匿名 FTP 不适用于所有 Internet 主机，它只适用于那些提供了这项服务的主机。当远程主机提供匿名 FTP 服务时，会指定某些目录向公众开放，允许匿名存取，系统中的其余目录则处于隐匿状态。作为一种安全措施，大多数匿名 FTP 主机都允许用户从其下载文件，而不允许用户向其上传文件。即使有些匿名 FTP 主机确实允许用户上传文件，用户也只能将文件上传至某一指定上传目录中，从而有效保护远程主机的安全。

　　3. 电子邮件（E-mail）应用

　　电子邮件（Electronic Mail，E-mail）是 Internet 应用最广的服务。通过网络上的电子邮件系统，可以用非常低廉的价格，以非常快速的方式（几秒之内可以发送到世界上任何指定的目的地），与世界上任何一个角落的网络用户进行联络，这些电子邮件可以包含文字、图像、声音等各种信息。同时，可以得到大量免费的新闻、专题邮件，并实现轻松的信息搜索。正是由于电子邮件的使用简易、投递迅速、收费低廉、易于保存、全球畅通无阻的特点，使其被广泛地应用，极大地改变了人们的交流方式。

　　使用 E-mail，用户首先必须拥有一个电子信箱，它是由 E-mail 服务提供者为其用户建立在 E-mail 服务器磁盘上的专用于存放电子信件的存储区域，并由 E-mail 服务器进行管理。E-mail 服务器是用来存放用户所发送和接收的电子邮件的服务器。用户所发送的电子邮件信息，并不是立即就到达了对方的电子信箱，而是存放在发送用户所注册的 E-mail 服务器中，然后电子邮件的内容在 E-mail 服务器之间传输，最终到达目标用户注册的 E-mail 服务器上，并被投入其邮件存储区。

　　一般来说，电子邮件系统支持以下基本功能：撰写、传输、报告、显示和处理等。除了这些基本功能，大多数电子邮件系统还提供多种高级功能，如电子邮件的转发、检索；信件的转储、管理和归纳；电子邮件的保密等。

　　电子邮件系统工作涉及以下协议：

　　（1）简单邮件传输协议（Simple Mail Transport Protocol，SMTP）。SMTP 提供了一种直接的端到端的传输方式。其建立在 TCP/IP 协议基础之上，规定每一台计算机在发送（或中转）信件时如何找到下一个目的地。SMTP 是面向文本的网络协议，即它只支持文本形式的电子邮件的传输。如果通过 E-mail 系统来传输二进制数据或文件，则要使用一种称为多用途互联网邮件扩展的协议。

　　（2）多用途互联网邮件扩展（Multipurpose Internet Mail Extensions，MIME）协议。MIME 是当前广泛应用的一种电子邮件技术规范，其扩充了基本的面向文本的 Internet 邮件系统，支持在消息中包含二进制附件。

（3）邮局协议（Post Office Protocol，POP）。POP 有 POP2 和 POP3 两个版本，基本功能是实现邮件客户端系统到服务器上去下载邮件，该协议说明了客户机如何与 Internet 上的邮件服务器连接，以及如何下载邮件。POP3 允许用户从服务器上把邮件存储到本地机，同时删除邮件或把邮件保存在服务器上。这样用户就可以脱机阅读邮件了。

电子邮件的工作过程遵循客户机/服务器模式。每份电子邮件的发送都涉及发送方与接收方，发送方构成客户端，而接收方构成服务器，服务器含有众多用户的电子信箱。发送方通过邮件客户程序将编辑好的电子邮件发送给邮件服务器（SMTP 服务器）。邮件服务器识别接收者的地址，并向管理该地址的邮件服务器发送消息。邮件服务器将消息存放在接收者的电子信箱内，并告知接收者有新邮件到来。接收者通过邮件客户程序连接到服务器后就会看到服务器的通知，进而打开自己的电子信箱来查收邮件。

电子邮件在发送与接收过程中都要遵循 SMTP、POP3 等协议，这些协议确保了其在各种不同系统之间的传输。其中，SMTP 负责电子邮件的发送，而 POP3 用于客户机接收邮件服务器上的电子邮件。电子邮件发送与接收过程如图 1-5 所示。

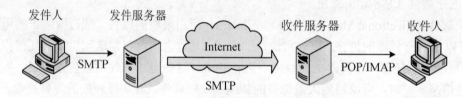

图 1-5　电子邮件发送与接收过程

通常 Internet 上的个人用户不能直接接收电子邮件，而是通过申请网络服务提供商（Internet Service Provider，ISP）主机的一个电子信箱，由 ISP 主机负责电子邮件的接收。一旦有用户的电子邮件到来，ISP 主机就将邮件移到用户的电子信箱内，并通知用户有新邮件。

电子邮件信箱地址采用标准 Internet 地址的形式，即"用户名@域名"。其中，域名指示用户信箱所在的 E-mail 服务器的地址；用户名就是用户电子信箱的名称，是由用户自己命名的。当用户登录到自己的电子信箱后，就可以收发电子邮件了。

上面介绍了常用的 Internet 应用，当然 Internet 的应用远不止这些，还包括数据库应用、多媒体网络应用等。

本 章 小 结

计算机网络是现代通信技术与计算机技术相结合的产物，数据通信和资源共享是计算机网络最基本的功能，计算机网络在工业、农业、交通运输、邮电通信、文化教育、商业、国防、科学研究等各个领域、各个行业均获得了广泛的应用。按网络覆盖的地理范围分类，计算机网络可分为个人区域网、局域网、城域网、广域网；按传输介质分类，计算机网络可分为有线网络和无线网络；按网络的使用者分类，计算机网络可分为公用网和专用网。Internet 的发展提供了丰富的信息服务，如 WWW、FTP、E-mail 等，它们广泛应用于社会生活的各个领域。

习　题

1. 什么是计算机网络？
2. 计算机网络的发展可以划分为几个阶段？每个阶段有哪些特点？
3. Internet 由哪几部分组成？各有什么特点？
4. 下一代互联网络的主要技术特征是什么？
5. 计算机网络可从哪几个方面进行分类？试比较不同类型网络的特点。
6. 局域网、城域网、广域网的主要特征是什么？
7. 计算机网络主要具有哪些功能？
8. 试举出几个日常生活中应用计算机网络的例子。
9. 常用的网络传输介质有哪些？
10. 查阅资料，了解计算机网络发展的最新动态和主要技术等？

第 2 章 网络体系结构

本章主要介绍网络体系结构，以典型的 TCP/IP 体系为例介绍分层、协议等基本概念，较详细地分析物理层、数据链路层、网络层、传输层和应用层的功能、作用，以及各层的典型协议，如 IP、TCP、UDP 等。学习本章，要重点理解网络分层体系的方法与作用，了解 OSI 体系结构的内容，重点掌握 TCP/IP 体系结构及其包含的主要协议，理解 IP、TCP 和 UDP 等协议的作用、工作原理和协议数据单元的格式。

- OSI 体系结构。
- TCP/IP 体系结构。
- OSI、TCP/IP 体系结构各层的功能。
- OSI、TCP/IP 体系结构各层的代表性协议。

2.1 网络体系结构概述

2.1.1 分层、协议与服务

分层是对网络进行分析的一种有效方法，每一层完成一个功能，计算机网络体系结构就是一种基于网络功能的层次化模型。

1. 分层

在计算机网络中，实体指任何可发送或接收信息的软件进程或硬件。两个实体要实现通信，首先要有一条传输数据的通路，其次要有一些共同遵守的规则——协议。相互通信的两个计算机系统必须高度协调工作，而这种"协调"是复杂的，为解决这个复杂的问题，在最初设计 ARPANET 时就提出了分层的思想，"分层"是将庞大而复杂的问题转化为比较容易研究和处理的若干较小的局部问题。计算机网络的分层具体如图 2-1 所示。

每一层的内部结构对于其上下层是不可见的，每一层都使用下一层的服务，向上一层提供服务，而服务的实现细节对上层是屏蔽的。图 2-1 给出了层与层之间的关系示意图。

2. 协议与服务访问点

计算机网络是由多个互连的节点组成的，要做到在节点之间有条不紊地交换数据与控制信息，每个节点都必须遵守一些事先约定好的规则，这些规则明确规定了所交换数据的格式和有关的同步问题，这些为网络数据交换而制定的规则、标准或约定称为网络协议。

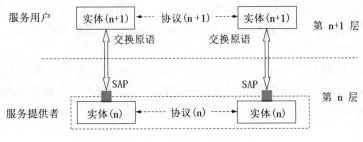

图 2-1　层与层之间的关系

网络协议主要由以下 3 个部分组成：

（1）语义：对协议元素的含义进行解释，规定通信双方彼此"讲什么"，不同类型的协议元素所规定的语义不同。

（2）语法：将若干个协议元素和数据组合在一起，用来表达一个完整的内容所应遵循的格式，也就是对信息的数据结构做一种规定，规定通信双方"如何讲"。

（3）时序：对事件实现顺序的详细说明。例如在双方进行通信时，发送节点发出一个数据报文，若目标节点正确收到报文，则回答源节点接收正确；若目标节点接收到错误的信息，则要求源节点重发一次。

在同一系统中相邻两层的实体进行交互（即交换信息）的地方通常称为服务访问点（Service Access Point，SAP），它是一个逻辑接口，是数据流穿越界面的约定。

3. 协议与服务

在协议的控制下，两个对等实体间的通信使本层能够向上层提供服务，要实现本层协议，还需要使用下层所提供的服务。

服务和协议是不一样的，协议的实现保证了本层实体能够向上层提供服务，使用下层服务的实体只能看见服务而无法看见协议，协议对上层实体是透明的。另外，协议是"水平的"，即协议是控制对等实体间通信的规则，而服务是"垂直的"，即服务是由下层向上层通过层间接口提供的，只要不改变提供给用户的服务，实体可以任意地改变它们的协议。

2.1.2　OSI 体系结构

1974 年，IBM 公司宣布了系统网络体系结构（SNA），这个著名的网络标准就是按照分层的方法制定的。不久，其他公司也相继推出自己的网络体系结构。不同的网络体系结构出现后，使用同一公司的网络设备可以很容易互连成网，但不同公司的网络设备之间很难互相连通。因此，ISO 提出了著名的开放系统互连参考模型 OSI/RM，简称 OSI。只要遵循 OSI 标准，一个系统就可以和世界上任何地方遵循这一标准的其他任何系统进行通信。

OSI 参考模型（或体系结构）将计算机网络体系结构划分为七层，具体如下：

（1）物理层。物理层不是物理媒体本身，它是开放系统中利用物理媒体实现物理连接的功能描述和执行连接的规程。物理层提供用于建立、保持和断开物理连接的机械的、电气的、功能的和过程的条件。

（2）数据链路层。数据链路层是 OSI 参考模型的第二层，负责建立和管理节点间的链路，主要功能是通过各种控制协议将有差错的物理信道变为无差错的、能传输数据帧的数据链路。

（3）网络层。网络层是 OSI 参考模型的第三层，主要功能是通过路由选择算法为报文或分组传输选择适当的路径。数据链路层主要解决同一网络内数据的通信问题，而网络层主要解决不同网络间数据的通信问题。

（4）传输层。传输层是 OSI 参考模型的第四层，主要功能是开放系统之间数据的收发确认，同时用于弥补各种通信网络的质量差异，对经过下三层之后仍然存在的传输差错进行恢复，进一步提高传输的可靠性。传输层在网络层的基础上为高层提供"面向连接"和"面向无接连"两种服务。

（5）会话层。会话层是 OSI 参考模型的第五层，是用户应用程序和网络之间的接口，主要功能是组织和协调两个会话进程之间的通信，并对数据交换进行管理。

（6）表示层。表示层是 OSI 参考模型的第六层，它对来自应用层的命令和数据进行解释，对各种语法赋予相应的含义，并按照一定的格式传输给会话层，主要功能是处理用户信息的表示问题，如编码、数据格式转换和加密解密等。

（7）应用层。应用层是 OSI 参考模型的最高层，是计算机用户以及各种应用程序和网络之间的接口，主要功能是直接向用户提供服务，完成用户希望在网络上完成的各种工作。

OSI 是法律上的国际标准，但在市场化方面却失效了，现今规模最大的、覆盖全球的互联网使用的是 TCP/IP。因此，TCP/IP 常被称为事实上的国际标准。

2.1.3　TCP/IP 体系结构

TCP/IP 又称因特网参考模型（Internet Reference Model），图 2-2 给出了 TCP/IP 参考模型与 ISO 定义的 OSI 参考模型之间的对应关系。

OSI 体系结构	TCP/IP 体系结构	TCP/IP 协议簇
应用层	应用层	Telnet 协议、FTP、HTTP、SMTP、DNS 等
表示层		
会话层		
传输层	传输层	TCP、UDP
网络层	网际层	IP、ICMP、ARP、RARP
数据链路层	网络接口层	各种物理通信网络接口
物理层		

图 2-2　TCP/IP 参考模型与 OSI 参考模型之间的对应关系

TCP/IP 参考模型（或体系结构）定义为四层，其中应用层对应 OSI 模型的上三层，因为 TCP/IP 协议簇并不包含物理层和数据链路层，因此它不能独立完成整个计算机网络系统的功能，必须与许多其他的协议协同工作。TCP/IP 参考模型各层完成的功能如下：

（1）网络接口层。网络接口层通常包括操作系统中的设备驱动程序和计算机中对应的网络接口卡，主要处理与电缆（或其他传输媒介）物理接口的相关细节问题。

（2）网际层。网际层对应 OSI 参考模型的网络层，主要处理数据报在网络中的传输，如报文的路由选择。在 TCP/IP 协议簇中，网际层协议包括 IP 协议（网际协议）、ICMP 协议（Internet 控制报文协议）、ARP 协议（地址解析协议）、RARP 协议（逆向地址解析协议）和

IGMP 协议（Internet 组管理协议）。

（3）传输层。传输层对应 OSI 参考模型的传输层，主要为通信双方的主机提供端到端的通信服务。在 TCP/IP 协议簇中有两个互不相同的传输层协议，即 TCP（传输控制协议）和 UDP（用户数据报协议）。TCP 是面向连接的协议，提供面向连接服务；UDP 是无连接的协议，提供无连接服务。

（4）应用层。应用层对应 OSI 参考模型的应用层、表示层和会话层，负责处理特定的应用程序细节。应用层协议包括超文本传输协议（HTTP）、文件传输协议（FTP）、远程登录协议（Telnet）、简单网络管理协议（SNMP）和域名系统（DNS）等。

OSI 的七层协议体系结构复杂但不实用，不过其概念清楚，体系结构理论较完整。TCP/IP 协议在 Internet 中得到广泛应用，成为了事实上的国际标准。TCP/IP 协议只定义了三层具体内容，即应用层、传输层、网际层，而最下面的网络接口层并没有定义具体内容。同时，无线局域网及广域网协议往往又将低层通信分为物理层和数据链路层。因此，本章按五层介绍网络体系结构，即物理层、数据链路层、网络层、传输层和应用层。

2.2　物　理　层

2.2.1　概述

物理层是 OSI 参考模型的最底层，考虑的是如何才能在连接各种计算机的传输媒体上传输数据比特流，而不是指具体的传输媒体。

物理层要解决的主要问题包括以下几个：

（1）尽可能地屏蔽物理设备、传输媒体和通信手段的不同，使数据链路层感觉不到这些差异，只考虑完成本层的协议和服务。

（2）为其服务用户（数据链路层）提供在一个物理的传输媒体上传输和接收比特流（一般为串行按顺序传输的比特流）的能力，因此，物理层应解决物理连接的建立、维持和释放问题。

（3）在两个相邻系统之间唯一地标识数据电路。

物理层协议要解决的是主机、工作站等数据终端设备与通信线路上的通信设备之间的接口问题。数据终端设备（Data Terminal Equipment，DTE）通常是指具有一定数据处理能力和具有发送、接收数据能力的设备，它既是信源，又是信宿。DTE 可能是大中小型计算机、PC，也可能是一台只接收数据的打印机，因此 DTE 属于用户范畴，其种类繁多，功能差别较大。数据电路端接设备（Data Circuit-terminating Equipment，DCE）介于 DTE 与传输介质之间，作用是完成数据信号的变换。因为传输信道可能是模拟的，也可能是数字的，DTE 发出的数据信号不适合信道传输，所以要把数据信号变成适合信道传输的信号。同时，DCE 要负责码型和电平的变换、信道特性的均衡、同步时钟信号的形成，控制接续的建立、保持和拆断，维护测试，为用户设备提供入网接入点等功能。典型的 DCE 有网络接口卡、与模拟电话线路相连接的调制解调器、复用器、CSU/DSU（信道服务单元/数据服务单元）等。

在物理层通信过程中，DCE 一方面要将 DTE 传输的数据按比特流顺序逐位发往传输介质，另一方面需要将从传输介质接收到的比特流顺序传输给 DTE。因此，在 DTE 与 DCE 之间，既有数据信息传输，也有控制信息传输，需要制定 DTE 与 DCE 的接口标准，这些标准就是所谓的物理接口标准。

综上所述，物理层的功能包括以下 3 个：

（1）提供建立、维护和拆除物理链路所需的机械、电气、功能和规程特性。

（2）实现实体间的按位传输。保证按位传输的正确性，实现数据链路实体之间比特流的透明传输。

（3）物理层管理，如功能的激活及差错控制。

2.2.2 数据通信基础

数据通信是通信技术和计算机技术相结合而产生的一种新的通信方式，指依照特定的通信协议，利用某种数据传输技术在两个功能单元之间传递数据信息。数据通信包括数据传输和数据在传输前后的处理。

数据通信系统一般由数据传输设备、传输控制设备和传输控制规程及通信软件组成。虽然数据通信系统的形式有很多，但总可把它概括为由 5 个部分组成，如图 2-3 所示。

图 2-3　数据通信系统的基本模型

信源就是信息源，是通信系统中信息的发送者。变换器则把信息变换成适合于信道传输的电信号。反变换器的功能与变换器相对，它是把由信道传输过来的电信号反变换成接收端所需的信息。信宿就是信息的接收者。在实际通信中，不可避免地会有各种干扰存在，我们把所有干扰等效为一个总的噪声源，作用于信道上。

信息在通信线路上的传输是有方向的，根据信息在某一时间传输的方向和特点，线路的通信方式可分为单工通信、半双工通信和全双工通信。

1. 单工通信

在单工通信方式中，信息只能从一个站点传输到另一个站点，即只能向一个方向传输而没有反方向的交互。发送器和接收器之间只有一条通道。无线广播、计算机与打印机等就是单工通信的例子。

在单工通信中，为了保证传输信息的正确性，需要进行差错控制，即接收端要对接收的数据进行检验，若查出错误则要求发送端重发该信息，对于没有错误的数据要求返回确认信息。传输的确认信息、请求重发信息等称为监视信息，因此单工通信的线路一般是两线制。也就是说，单工通信需要附有一条控制信道，用于传输监视信息。

2. 半双工通信

在半双工通信方式中，信息既可以从 A 传到 B，也可以由 B 传到 A，通信双方都可以发送和接收信息，即信息可以双向传输。但在同一时刻，信息只能向一个方向传输。当由一方发送变为另一方发送时，就必须改变信道方向。也就是说，通信双方不能同时收发数据，这样的传输方式就是半双工通信。

采用半双工通信方式时，通信系统每一端的发送器和接收器通过收/发开关转接到通信线路上，进行方向的切换。例如，当 A 站向 B 站发送信息时，A 站要把发送器连接到线路上，B 站要将接收器连接到线路上。同样，当 B 站向 A 站发送信息时，B 站要将接收器与线路断开，把发送器接到线路上，A 站要将发送器与线路断开，并将接收器连接到线路上，这样信道方向改变了，B 站就可向 A 站发送信息了。

目前多数终端和串行接口都为半双工方式提供了换向能力。在实际使用时，一般并不需要通信双方同时既发送又接收，像打印机这类的传输设备，单工工作方式即可。

3．全双工通信

在全双工通信方式中，通信双方可以同时进行发送和接收信息，两个设备之间要求有两条性能对称的传输信道。这种通信方式的信息传输量大，但要求传输通道以足够的带宽给予充分的支持。和半双工通信相比，全双工通信效率高，但结构复杂，成本较高。

在全双工通信方式下，通信系统的每一端都设置了发送器和接收器，因此能控制信息同时在两个方向上传输。全双工方式无须进行方向的切换，没有切换操作所产生的时间延迟，这对那些不能有时间延迟的交互式应用（例如远程监测和控制系统）十分有用。这种方式要求通信双方均有发送器和接收器，同时需要 2 根数据线传输数据信号。

2.2.3　接口标准

物理层接口标准定义了物理层与物理传输介质之间的边界与接口，包括 4 个特性：机械特性、电气特性、功能特性、规程特性。

1．机械特性

物理层的机械特性规定了物理连接时接口所用连接器的形状和尺寸，引脚的数量、功能、规格、分布，电缆的长度及所含导线的数目等。

2．电气特性

物理层的电气特性规定了接口电缆的各条线上出现的电压的范围。

3．功能特性

物理层的功能特性规定了物理接口上各条信号线的功能分配和确切定义。物理接口信号线一般分为数据线、控制线、定时线和地线。

4．规程特性

物理层的规程特性定义了信号线进行二进制比特流传输的一组操作过程，包括各信号线的工作规则和时序。

不同物理层接口标准在以上 4 个重要特性上都不尽相同。常见的物理层接口标准有 EIA-232-D、EIA RS-449 和 CCITT 建议的 X.21 等。

2.3　数据链路层

2.3.1　概述

数据链路层是 OSI 参考模型的第二层，介于物理层和网络层之间，其在物理层提供的服务的基础上向网络层提供服务。数据链路层传输数据的单位是数据帧，数据帧包括地址信息、控制信息、数据、校验信息等部分。

物理链路（物理线路）是由传输介质与设备组成的。原始的物理线路是指没有采用高层差错控制的基本的物理传输介质与设备。数据链路（逻辑线路）是在一条物理线路之上，通过一些规程或协议来控制这些数据的传输，以保证被传输数据的正确性。物理线路和实现这些规程或协议的硬件和软件一起构成了数据链路。当采用复用技术时，一条物理链路上可以有多条数据链路。

数据链路层的具体功能如下：

（1）链路管理。链路管理是指负责数据链路层连接的建立、维持和释放。当网络中的两个节点进行通信时，双方必须先交换一些必要的信息，即先建立一条数据链路，在传输数据时要维持数据链路，而在通信完毕时应释放数据链路。

（2）帧同步。帧同步是指接收方应当能从收到的比特流中准确区分帧的开始和结束。在数据链路层，数据的传输单位是帧，数据一帧一帧地传输，在出现差错时，只需要重传有差错的帧。

（3）流量控制。发送方发送数据的速率必须使接收方来得及接收，否则应及时控制发送方发送数据的速率，通过引入流量控制机制来限制发送方所发出的数据流量。

（4）检测和校正物理链路产生的差错。在数据通信过程中，由于种种原因不可避免地会出现错误帧，但为了确保数据通信的准确性，又必须使这些错误发生的概率尽可能低。这一功能也是在数据链路层实现的，就是它的"差错控制"功能。

（5）区分数据和控制信息。由于数据和控制信息都是在同一信道中传输，而且通常数据和控制信息处于同一帧中，因此要有相应的措施使接收方能够将它们区分开来。

（6）透明传输。所谓透明传输就是无论所传数据是什么样的比特组合，都应当能够在链路上传输。

（7）寻址。进行数据传输时，要保证每一帧能被传输到正确的地方，接收方也要知道发送方是谁。此处所寻找的地址是计算机网卡的 MAC 地址，也称"物理地址"或"硬件地址"，而不是 IP 地址。

2.3.2 数据链路层协议

数据链路层使用的信道主要有点对点信道和广播信道两种类型。点对点信道使用一对一的点对点通信方式，广播信道使用一对多的广播通信方式，由于信道上连接的主机有很多，所以必须使用专用的共享信道协议协调这些主机的数据发送。

对于点对点的链路，点对点协议（Point-to-Point Protocol，PPP）是使用得最广泛的数据链路层协议。互联网用户通常需要连接到某个 ISP 才能接入互联网，PPP 就是用户计算机和 ISP 进行通信时所使用的数据链路层协议。PPP 帧的格式如图 2-4 所示，帧的首部和尾部分别为 4 个字段和两个字段。

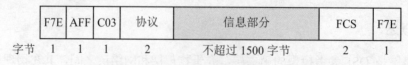

图 2-4　PPP 帧的格式

第一个字段和尾部的最后一个字段 F 是标志字段；首部的第二个字段 A 是地址字段，第三个字段 C 是控制字段，地址字段和控制字段实际上并没有携带 PPP 帧的信息。第四个字段是 2 个字节的协议字段，当协议字段为 0x0021 时，PPP 帧的信息字段就是 IP 数据报。信息部分长度可变，但最长不超过 1500 字节，尾部中的 FCS 字段是使用 CRC 的帧检验序列。

局域网技术在计算机网络中占有非常重要的地位，最早的以太网将许多计算机连接到一根总线上，当一台计算机发送数据时，总线上的所有计算机都能检测到这个数据，使用的就是广播通信方式。如果有两个或更多用户在同一时刻发送信息，则会发生碰撞（冲突），使这些用户的发送都失败，以太网采用载波监听多点接入/碰撞检测（Carrier Sense Multiple Access/Collision Detection，CSMA/CD）协议解决这个问题。

协议中的"载波监听"指的是无论在发送前还是在发送中，每个站必须不停地检测信道上有没有其他站点也在发送；"多点接入"指许多计算机以多点接入的方式连接在一根总线上；"碰撞检测"就是"边发送边监听"，当检测到信号电压变化幅度超过一定的门限值时认为发生了碰撞，一旦发现总线上出现了碰撞，就要立即停止发送，等待一段随机时间后再次发送。

2.3.3　IEEE 802 标准

20 世纪 80 年代初，电气与电子工程师协会 IEEE 802 委员会首先制订出局域网的体系结构，即著名的 IEEE 802 参考模型。之后随着网络技术的不断进步，其又扩充和制定了不少新的标准。

IEEE 802 标准中只涉及 OSI 参考模型最低的两个层次，即物理层和数据链路层。然而局域网的种类繁多，媒体接入控制的方法也各不相同，因此其数据链路层就比广域网复杂。为了使局域网中的数据链路层不至于太过复杂，IEEE 802 参考模型将其数据链路层划分为两个子层：逻辑链路控制子层（简称 LLC 子层）和媒体访问控制子层（简称 MAC 子层）。图 2-5 给出了局域网的 OSI 参考模型与 IEEE 802 参考模型的对照关系。

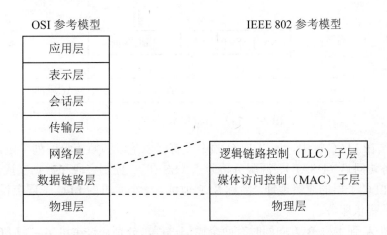

图 2-5　OSI 参考模型与 IEEE 802 参考模型对照图

在 IEEE 802 参考模型中还包括对传输媒体和拓扑结构的说明，这部分内容对于局域网来说十分重要。IEEE 802 各标准之间的关系如图 2-6 所示。

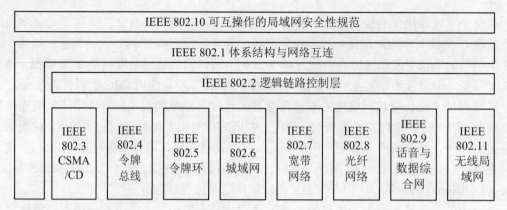

图 2-6　IEEE 802 系列标准

各层的功能定义如下：

（1）物理层。物理层的主要功能包括信号的编码和译码、支持同步使用的前同步码的产生和去除、比特的传输和接收等。

（2）MAC 子层。MAC 子层定义了局域网中与接入各种传输媒体有关的问题，负责在物理层的基础上实现无差错的通信。具体来说，MAC 子层的主要功能是 MAC 帧的封装与拆卸、实现和维护各种 MAC 协议、比特差错检测、寻址等。

（3）LLC 子层。数据链路层中与媒体接入无关的部分都集中在 LLC 子层，其主要功能是数据链路的建立和释放、LLC 帧的封装和拆卸、差错控制、提供与高层的接口（即服务访问点，Service Access Point，SAP）等。

从局域网的体系结构可以看出，局域网的数据链路层有两种不同的数据单元：LLC 帧和 MAC 帧。人们通常提到的"帧"是指 MAC 帧，而不是 LLC 帧。LLC 帧和 MAC 帧的结构及关系如图 2-7 所示。

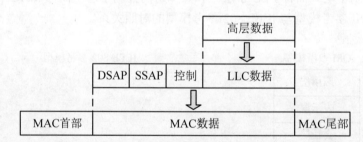

图 2-7　LLC 帧和 MAC 帧的关系

LLC 帧封装在 MAC 帧中，所以 LLC 帧中没有标志字段和帧校验序列字段，只有 4 个字段，即目的服务访问点（DSAP）、源服务访问点（SSAP）、控制字段和数据字段。服务访问点 SAP 实际上是 LLC 子层的逻辑地址，简称 SAP 地址。一个主机的 LLC 子层上设有多个 SAP，以便向多个进程提供服务。

例如，主机 A 到主机 B 方向同时有两个通信进程，分别通过主机 A 的 LLC 子层的两个 SAP 和主机 B 的 LLC 子层的两个 SAP 建立连接，因此这两个进程可以同时运行。

由于 IEEE 802 规定了不同的 MAC 子层协议，所以其 MAC 帧的格式各不相同，但无论哪一种 MAC 协议都具有 MAC 地址，即都具有每个站的物理地址。随着局域网的互连，各地局域网中的站必须具有互不相同的物理地址,同时为了使用户只要拥有网卡就能把机器连到局域网上工作,IEEE 802 标准规定将 MAC 地址固化在网卡中,采用 48bit(6 字节)的地址字段,其中前 3 个字节(高 24 位)由 IEEE 统一分配,凡是生产网卡的厂家都必须向 IEEE 购买由这 3 个字节构成的一个号,又称"地址块",地址字段的后 3 个字节(低 24 位)由厂家自行分配。

在局域网中,通过 MAC 地址标识进行通信的计算机,网卡从网上每收到一个 MAC 帧,首先检查其 MAC 地址,如果是发往本站的帧则收下,然后进行处理;否则忽略该帧。局域网中有以下 3 种特殊帧:

- 单播帧:发送给指定 MAC 地址站点的帧。
- 广播帧:发送给所有站的帧(MAC 地址为全"1")。
- 多播帧:发送给一部分站点的帧。

在 IEEE 802 参考模型中,IEEE 802.1 是关于 LAN/MAN 桥接、LAN 体系结构、LAN 管理和位于 MAC 层和 LLC 层之上的协议层的基本标准。现在,这些标准大多与交换机技术有关,如 IEEE 802.1q(VLAN 标准)、IEEE 802.3ac(带有动态 GVRP 标记的 VLAN 标准)、IEEE 802.1v(VLAN 分类)、IEEE 802.1d(生成树协议)等。

IEEE 802.2 对 LLC、高层协议和 MAC 子层的接口进行了定义,从而保证了网络信息传输的准确性和高效性。

IEEE 802.3 定义了 10Mb/s、100Mb/s、1Gb/s、10Gb/s 的以太网标准,还定义了第五类屏蔽双绞线和光缆使用规程。IEEE 802.3 工作组确定了众多厂商的设备互操作方式,而不管它们各自的速率和线缆类型。该标准还定义了 CSMA/CD 访问技术规范,实现共享通信媒体下的访问控制。

IEEE 802.3 产生了许多扩展标准,如快速以太网的 IEEE 802.3u、千兆以太网的 IEEE 802.3z 和 IEEE 802.3ab、10G 以太网的 IEEE 802.3ae。目前,局域网中应用最多的就是基于 IEEE 802.3 标准的各类以太网。

2.4 网　络　层

2.4.1　概述

网络层是 OSI 参考模型中的第三层,介于传输层和数据链路层之间,数据链路层协议是相邻节点间的通信协议,它不能解决数据经过通信子网中多个转接节点的通信问题,设置网络层的主要目的就是要为报文以最佳路径通过通信子网到达目的站点提供服务,而网络用户不必关心网络的拓扑结构与所使用的通信介质。

网络层在数据链路层提供的在两个相邻端点之间传送数据帧的功能上进一步管理网络中的数据通信,将数据设法从源端经过若干个中间节点传输到目的端,从而向传输层提供最基本的端到端的数据传输服务。在发送数据时,网络层把传输层产生的报文段或用户数据报封装成数据报(有时也称分组或包)进行传输。数据报可能要经过多个路由器所连接的通信子网,因此网络层的另一个任务就是要选择合适的路由,使源主机传输层所传下来的数据报能够通过网络中的路由器找到目的主机。

每台计算机的网卡都有一个物理地址,也称 MAC 地址,用于实现局域网内的主机寻址,但该地址无法实现 Internet 上的寻址。网络层定义了 IP 地址，IP 地址给 Internet 上的每一台主机（或路由器）的每一个接口都分配了一个在全世界范围内唯一的 32 位标识符，使用户可以在 Internet 上很方便地进行寻址。

从层次的角度看，物理地址是数据链路层和物理层使用的地址，而 IP 地址是网络层和以上各层使用的地址，是一种逻辑地址。IP 地址封装在 IP 数据报的首部，而物理地址则封装在 MAC 帧的首部，当 IP 数据报作为数据部分封装到 MAC 帧中后，在数据链路层是看不见数据报的 IP 地址的。

2.4.2　数据报与虚电路服务

网络层所提供的服务可分为两类：无连接的网络服务，即通信所需的资源（链路）无须事先预定保留，而是在数据传输时动态地分配通信双方所需的资源；面向连接的网络服务，即两个实体之间的通信需要先建立连接。在网络层，这两种服务的具体实现就是通常所说的数据报服务和虚电路服务。

数据报服务提供的是无连接的网络服务，其特点是：主机只要想发送数据就随时可发送，每个数据报独立地选择路由。先发送出去的数据报不一定先到达目的主机，而且不能保证按发送顺序交付。当网络发生拥塞时，网络中的某个节点可以将一些数据报丢弃。因此数据报服务提供的是不可靠的、不能保证服务质量的、"尽最大努力交付"的服务。

面向连接的网络服务又称虚电路（Virtual Circuit）服务，它包括网络连接建立、数据传输和网络连接释放 3 个阶段，是可靠的、按序的传输方式，适用于长报文和会话型报文传输。假设主机 A 要和主机 B 通信，主机 A 先要发送一个特定格式的呼叫报文到主机 B，要求进行通信，并建立一条合适的路由，这条路由就是一条虚电路。

对网络用户来说，在虚电路建立后，就好像在两个主机之间建立了一对穿越网络的数据管道（收发各用一条）。所有发送的报文都按发送的先后顺序进入管道，然后按先进先出的原则沿着管道传送到目的主机。因为是全双工通信，所以每一条管道只沿着一个方向传送报文。它可以保证报文无差错（纠错机制）、不丢失、不重复且按顺序传输。因此虚电路对通信的服务质量有比较好的保证。

2.4.3　IP 协议

IP 协议是 TCP/IP 协议簇的核心协议之一，对应于 OSI 的网络层，向传输层提供服务。IP 协议采用数据报工作方式，其不保证传送的可靠性，在主机资源不足的情况下可能丢失某些数据报，同时 IP 也不检查可能由于数据链路层的错误而造成的数据丢失。

若源主机与目的主机在一个网络（一个子网）中，那么 IP 协议可以直接通过这个网络将数据报传送给目的主机；若源主机与目的主机不在同一个网络中，数据报则经过本地 IP 路由器，通过下一个或多个网络传送到目的主机。

1. IP 地址

TCP/IP 体系结构中，在网际层实现对网络上站点的编址，通过 IP 地址实现在 Internet 上的主机寻址。

（1）IP 地址的结构。IP 地址采用分层结构，由网络号和主机号两部分组成，如图 2-8 所示。网络号用来标识一个网络，主机号用来标识这个网络上的某一台主机。

网络号	主机号

图 2-8　IP 地址的结构

寻址时先按 IP 地址中的网络号找到相应网络，再通过主机号找到主机，所以 IP 地址指出了连接到某个网络上的某台计算机。实际上，IP 地址是在网络层标识主机的逻辑地址，当数据报在物理网络中传输时还必须把 IP 地址转换成物理地址，这种地址映射服务由网络层的 ARP 完成。

（2）IP 地址的分类。为了方便对 IP 地址的管理，IP 地址被分为 5 类，即 A～E 类。其中，D 类 IP 地址是多址广播地址，E 类 IP 地址是实验性地址，这两类地址保留在今后使用。目前大量使用的 IP 地址仅 A 类、B 类和 C 类 3 种。

网络号字段：A 类、B 类和 C 类 IP 地址的网络地址字段分别为 1 个字节、2 个字节和 3 个字节，在网络地址字段的最前面有 1～3bit 用于标识 IP 地址的类别，其数值分别规定为 0，10，110。

主机号字段：A 类、B 类和 C 类 IP 地址的主机号字段分别为 3 个字节、2 个字节和 1 个字节。由于 IP 地址的长度限定为 32 位，类标识符的长度越长，则可用的地址空间越小。

（3）IP 地址的表示法。IP 地址有二进制格式和十进制格式两种。用十进制表示 IP 地址是为了便于记忆和使用，它将 32bit 的 IP 地址中的每 8bit 用等效十进制数字表示（0～255），并且在这些数字之间加上一个点，即点分十进制记法。

例如二进制地址 10000001 00011011 00010000 00111111 可以用点分十进制记法表示为 129.27.16.63。

不同类型 IP 地址有不同的网络和主机个数，如表 2-1 所示。

表 2-1　IP 地址分类

类型	特征比特位	地址空间	网络地址	主机地址	默认子网掩码	适用情况
A	0	1.0.0.0～127.255.255.255	长度 7bit（2^7-2）个网络	长度 24bit 2^{24} 台主机	255.0.0.0	适用于有大量主机的大型网络
B	10	128.0.0.0～191.255.255.255	长度 14bit（2^{14}-2）个网络	长度 16bit 2^{16} 台主机	255.255.0.0	适用于一些国际大公司和政府机构
C	110	192.0.0.0～223.255.255.255	长度 21bit（2^{21}-2）个网络	长度 8bit 2^8 台主机	255.255.255.0	适用于一些小公司和普通的研究机构
D	1110	224.0.0.0～239.255.255.255				保留给 Internet 体系结构委员会 IAB 使用
E	1111	240.0.0.0～255.255.255.255				保留今后使用

使用点分十进制编址很容易识别是哪类 IP 地址。例如 15.0.0.1 从第一个十进制数 "15" 很容易判定它是 A 类地址，195.0.48.66 是 C 类地址。

一些特殊的 IP 地址，例如主机地址为全 0 和全 1 的 IP 地址，通常是不分配给主机使用的。全 0 表示本网络或本主机，全 1 表示内部网络上的广播。例如 137.15.0.0 表示网络地址，

137.15.255.255 表示在 137.15.0.0 网络上的广播。

IP 地址是由国际组织统一分配的。分配 A 类 IP 地址的国际组织是网络信息中心 NIC，分配 B 类 IP 地址的国际组织是 InterNIC、APNIC 和 ENIC，分配 C 类 IP 地址的组织是国家或地区网络的 NIC。

（4）私有 IP 地址。为了便于学习和研究，国际组织留出了 3 块 IP 地址空间（1 个 A 类 IP 地址段、16 个 B 类 IP 地址段、256 个 C 类 IP 地址段）作为内部使用的私有地址。在这个范围内的 IP 地址不能被路由到 Internet 骨干网上。表 2-2 给出了私有 IP 地址的范围定义。

表 2-2　私有 IP 地址块

IP 地址类别	RPC 1918 内部地址范围
A 类	10.0.0.0～10.255.255.255
B 类	172.16.0.0～172.31.255.255
C 类	192.168.0.0～192.168.255.255

2. 子网掩码

实际应用中可能出现地址空间浪费现象。例如，某个单位申请到了一个 B 类 IP 地址，但该单位只有一万台主机。于是，在一个 B 类 IP 地址中的其余 5 万 5 千多个主机号就白白浪费了。即使该单位有 6 万多台主机，但所有主机在一个广播域中也带来通信和管理效率问题。

为了使本单位的主机便于管理，可以将本单位的所有主机划分为若干个子网，用 IP 地址中的主机号字段中的前若干个比特作为"子网号字段"（例如根据地理位置或部门进行划分），剩下的仍为主机号字段，这样就实现了层次化的管理，并能有效利用 IP 地址空间。

在划分子网时，TCP/IP 使用一个 32 位二进制值——子网掩码，其形式与 IP 地址相同，实现区分 IP 地址中的网络号和主机号，从而将一个网络分割为多个子网。一个 32bit 的子网掩码由一连串的"1"和一连串的"0"组成，"1"对应于网络号和子网号字段，而"0"对应于主机号字段。子网掩码与 IP 地址结合使用可以区分出一个网络地址的网络号和主机号。

例如子网掩码 11111111 11111111 11111111 00000000 中，前 3 个字节为全 1，代表对应 IP 地址中最高的 3 个字节为网络地址（包括子网号字段）；后一个字节为全 0，代表对应 IP 地址中最后一个字节为主机地址。

若不进行子网划分，子网掩码为默认值，此时子网掩码中"1"的长度就是网络号的长度，各类网络默认子网掩码如表 2-2 所示。

例如有一个 C 类 IP 地址为 192.9.200.213，其默认的子网掩码为 255.255.255.0，则它的网络号为 192.9.200，主机号为 213。将 IP 地址和子网掩码转化为二进制做"与"运算得到的非零部分即为网络号，IP 地址和子网掩码的反码做"与"运算得到的非零部分即为主机地址。

若同样的 C 类 IP 地址 192.9.200.213，子网掩码为 255.255.255.192，则网络号为 192.9.200.192，而主机号为 21。若子网掩码不变，IP 地址为 192.9.200.144，则网络号为 192.9.200.128，主机号为 16（读者可自行使用二进制进行计算）。

3. 无分类域间路由选择（CIDR）

划分子网在一定程度上缓解了互联网在发展中遇到的困难，然而仍然存在一些问题需要解决。例如，互联网主干网上的路由表中的项目数急剧增长，因此提出了无分类编址的方法，即无分类域间路由选择（Classless Inter-Domain Routing，CIDR）。"无分类"指选路决策完全基于掩码操作，而不管其 IP 地址是 A 类、B 类还是 C 类。

CIDR 用来识别网络的比特称为"网络前缀"，取代了 A 类、B 类和 C 类 IP 地址。前缀长度不一，从 8 位到 30 位不等，而不是分类地址的 8 位、16 位、24 位。这意味着在一个网络中，主机数量既可以少到几台，也可以多到几十万台。

CIDR 地址表示包括标准的 32 位 IP 地址和用正斜线标记的网络前缀。例如地址 66.77.24.3/24 表示前 24 位标识网络地址（66.77.24），剩余的 8 位标识主机地址（3）。

采用 CIDR 表示，所有 A 类网络的网络前缀表示为"/8"，B 类网络的网络前缀表示为"/16"，C 类网络的网络前缀表示为"/24"。

例如，某企业有 1500 台主机，该企业申请了 8 个连续的 C 类 IP 地址，如 192.56.0.0～192.56.7.0，并将子网掩码定为 255.255.248.0，即地址的前 21 位标识网络，剩余的 11 位标识主机。这就减少了地址空间的浪费，还具有可伸缩性的优点。此时，路由器能够有效聚合 CIDR 地址。路由器无须记录 8 个 C 类网络地址，只需记录 21 位网络前缀的地址——这相当于 8 个 C 类网络，从而缩减了路由器的路由表大小。

由于 B 类网络相对缺乏而 C 类网络相对富余，这种把 C 类 IP 地址捆绑在一起的方法对于中等规模的机构来说很有用。可它却并不能增加 IPv4 下总的主机数量，因此这只是一种短期解决办法而不是针对 IPv4 地址空间问题的长期解决方案。

4. IPv6

随着 Internet 的迅速增长以及 IPv4 地址空间的逐渐耗尽，IPv6 成为 Internet 协议的下一版本。IPv6 的 IP 地址为 128 比特，拥有巨大的 2^{128} 个地址空间。与 IPv4 一样，因地址分层运用，其实际可用的地址总数要少得多。

IPv6 的地址格式与 IPv4 不同。一个 IPv6 地址由 8 个地址节组成，每节包含 16bit，以 4 个十六进制数为单位（记为节）书写，节与节之间用冒号分隔。例如 FECD:BA98:7654:3210:FE08:B998:7012:3210。

在每个 4 位一组的十六进制数中，如果其高位为 0，则可省略。例如将 0800 写成 800，0008 写成 8，0000 写成 0。于是地址 1080:0000:0000:0000:0008:0800:200C:417A 可缩写成 1080:0:0:0:8:800:200C:417A。

为了进一步简化 IPv6 的地址书写格式，规范中导入了重叠冒号的规则，即用重叠冒号置换地址中的连续 16 比特的 0。例如，将上例中的连续 3 个 0 置换后，缩写形式为 1080::8:800:200C:417A。

重叠冒号的规则在一个地址中只能使用一次。例如，地址 0:0:0:BA98:7654:0:0:0 可缩写成::BA98:7654:0:0:0 或 0:0:0:BA98:7654::，不能写成::BA98:7654::。

当 IPv4 和 IPv6 混合应用时，有时使用 X:X:X:X:X:X:d.d.d.d 形式描述 IP 地址，其中 X 是地址中高位 6 个 16 比特的十六进制值，d 是 4 个 8 比特的最低位十进制值（标准 IPv4 表示法）。例如 0:0:0:0:0:0:13.1.68.3 和 0:0:0:0:0:FFEE:129.144.52.38。或者用缩写形式::13.1.68.3 和::FFEE:129.144.52.38。

IPv6 采用类似于 CIDR 的地址前缀表示方法，即 IPv6 地址/前缀长度。"前缀长度"是一个十进制值，指定该地址中最左边的用于标识网络的比特数。

例如对 60 比特的前缀 12AB00000000CD3（十六进制），以下表示都是合法的：

12AB:0000:0000:CD30:0000:0000:0000:0000/60

12AB::CD30:0:0:0:0/60

12AB:0:0:CD30::/60

随着 Internet 的深入应用，安全问题成为网络应用考虑的重要因素。IP 协议设计之初并未考虑安全性，从 1995 年开始，IETF 着手研究制定了一套用于保护 IP 通信的 IP 安全协议（IP Security，IPSec）。IPSec 已成为 IPv6 的一个组成部分，也是 IPv4 的一个可选扩展协议，它负责其下层的网络安全。

IPSec 提供了两种安全机制：认证和加密。认证机制使 IP 通信的数据接收方能够确认数据发送方的真实身份以及数据在传输过程中是否遭到改动。加密机制通过对数据进行编码来保证数据的机密性，防止数据在传输过程中被他人截获而失密。IPSec 的认证报头（Authentication Header，AH）协议定义了认证应用方法，封装安全负载（Encapsulating Security Payload，ESP）协议定义了加密和可选认证的应用方法。在实际 IP 通信时，可以根据安全需求同时使用这两种协议或选择使用其中的一种。AH 和 ESP 都可以提供认证服务，AH 提供的认证服务要强于 ESP。

2.5 传 输 层

2.5.1 概述

传输层是 OSI 参考模型中面向通信部分的最高层和用户功能中的最低层，向上面的应用层提供通信服务。网络层为主机之间提供逻辑通信，而传输层为应用进程之间提供端到端的逻辑通信，传输层使用网络层提供的服务为上层提供服务。TCP/IP 协议簇中传输层的代表性协议是 TCP 协议和 UDP 协议。

设置传输层的目的是弥补各个通信子网提供服务的差异和不足，在各通信子网提供的服务的基础上使用传输层协议和增加的功能，使通信子网对于端到端用户是透明的，高层用户不需要知道网络核心的细节（如网络拓扑、所采用的路由选择协议等），就好像是在两个传输层实体之间有一条端到端的逻辑通信信道。

传输层协议内容取决于网络层所提供的服务。网络层所提供的服务越多，传输层协议就越简单，反之传输层协议就越复杂。例如，若网络层提供虚电路服务，则传输层协议相对要简单；若网络层使用数据报服务，则传输层协议相对要复杂。主机既要保证报文无差错、不丢失、不重复地传输，还要保证报文按顺序从发送端传送到接收端。

综上所述，传输层具有以下主要功能：

（1）提供传输层连接的建立、维护和释放。

（2）传输层地址到网络层地址的映射。

（3）完成端到端可靠的透明传输和流量控制，实现两个终端系统间报文无差错、无丢失、无重复地传输。

2.5.2 可靠传输的基本原理

所谓的可靠传输，就是发送端发送什么，在接收端就接收什么。传输差错可分为两大类：

一类是最基本的比特差错，而另一类情况较复杂，包括数据丢失、重复和失序。过去 OSI 的观点是让数据链路层向上提供可靠传输，因此在 CRC 检错的基础上增加了编号、确认和重传机制。随着通信线路质量的提高，Internet 采取的方法是数据链路层不再使用确认和重传机制，即不要求数据链路层向上提供可靠传输。如果在数据链路层传输数据时出现了差错并且需要进行改正，那么改正差错的任务就由上层协议（例如传输层的 TCP 协议）来完成。

可靠传输机制主要包括以下几个：

（1）编号机制：因为数据可能有重复，所以在发送方对数据进行编号，以此可以判定是新发送的数据还是重传的数据，对于确认机制也是这样。在 TCP 协议中，由于 TCP 是面向字节流的，在一个 TCP 连接传送的字节流中的每一个字节都要按顺序编号，首部中的序号字段是本报文段所发送数据的第一个字节的序号，以此来标识一个报文段。

（2）确认机制：收到正确的数据就要向发送方发送确认。发送方在一定的期限内若没有收到对方的确认，就认为出现了差错，因而进行重传，直到收到对方的确认为止。为了减少开销，TCP 要求接收方有累积确认的功能。接收方可以在合适的时候发送确认，也可以在自己有数据要发送时把确认信息捎带上。但要注意的是，接收方不能过分推迟发送确认，否则会因为发送不必要的重传报文而浪费网络资源。

（3）重传机制：发送方在每发送完报文段时设置一个超时计时器，如果在超时计时器到期之前收到了对方的确认，则撤销已设置的超时计时器；如果超过时间仍然没有收到确认，则认为刚才发送的报文段丢失了，因而重传前面发送过的报文段。重传的概念比较简单，但重传时间的选择却是 TCP 最复杂的问题之一。

2.5.3　TCP 协议与 UDP 协议

TCP 协议和 UDP 协议都是互联网的正式标准。

1. TCP 协议

TCP 是面向连接的端到端的可靠协议，实现主机间的高可靠性报文交换传输，支持多种网络应用程序，对下层服务没有过多要求。

（1）TCP 首部。TCP 数据被封装在 IP 数据报中，TCP 首部格式如图 2-9 所示。

16位源端口号								16位目的端口号
32位序号								
32位确认序号								
4位首部长度	6位保留	URG	ACK	PSH	RST	SYN	FIN	16位窗口大小
16位校验和								16位紧急指针
选项								
数据								

图 2-9　TCP 首部格式

有关 TCP 首部格式的相关说明如下：

1）每个 TCP 段都包括源端和目的端的端口号，对应发送端和接收端的一个应用进程，这两个值加上 IP 首部的源端 IP 地址和目的端 IP 地址唯一确定一个 TCP 连接。

2）序号用来标识从 TCP 发送端向接收端发送的数据字节流，它表示在这个报文段中的第一个数据字节的编码。如果将字节流看作在两个应用程序间的单向流，则 TCP 用序号对每个字节进行计数。首部中的序号字段的值指的是本报文段所发送数据的第一个字节的序号。例如，一报文段的序号字段的值是 301，而携带的数据有 100 个字节。这就表明：本报文段的数据的最后一个字节的序号应当是 400。而且，下一个报文段的序号应当从 401 开始，因而下一个报文段的序号字段值应为 401。

3）确认序号包含接收端所期望收到的下一个报文段的起始字节序号。因此，确认序号是上一次已成功收到的数据字节序号加 1。只有应答 ACK 标志为 1 时确认序号字段才有效。

4）TCP 为应用层提供全双工的服务，因此连接的每一端必须保持每个方向上的传输数据序号。

5）TCP 首部中的确认序号表示接收方已成功收到字节，但不包含确认序号所指的字节。

6）首部长度字段标识首部的长度（通常以 32bit 为单位），因为 TCP 首部可以包括选项字段，即其首部长度是可变的。因为首部长度的最大值为 15，所以 TCP 首部最多 60 个字节。

7）TCP 首部包含 6 个标志位，有效时设置为 1。

- URG：紧急指针有效，当 URG=1 时，表明此报文段应尽快传送，而不要按原来的排队顺序传送。例如，已经发送了很长的一个程序要在远地的主机上运行，但后来发现有些问题，要取消该程序的运行，因此从键盘发出中断信号，该信号就属于紧急数据。
- ACK：确认序号有效。
- PSH：接收方应尽快将这个报文段交给应用层。
- RST：重建连接。
- SYN：同步序号用来发起一个连接。
- FIN：发送端完成发送任务。

8）TCP 的流量控制由连接的两端通过声明的窗口大小来实现。窗口字段实际上是报文段发送方的接收窗口，单位为字节，起始于确认序号字段指明的值。通过此窗口告诉对方"在未收到我的确认时，你能发送数据的字节数至多是此窗口的大小"。窗口大小是一个 16 位的字段，因而窗口大小最大为 65535 字节。

9）检验和字段检验的范围包括 TCP 首部和数据两部分，由发送端计算，接收端验证。TCP 校验和的计算和 UDP 首部校验和的计算方式一样，都使用伪首部，即在 TCP 报文段的前面加上一个 12 字节的伪首部，伪首部包含了源 IP 地址、目的 IP 地址、协议类型和 TCP 长度等字段。其中第三个字段置为空值，第四个字段为协议类型字段，即 IP 首部中的协议字段的值，对于 TCP 协议，此字段值为 6；对于 UDP 协议，此字段值为 17。TCP 报文段的伪首部如图 2-10 所示。

图 2-10　TCP 报文段的伪首部

10）选项部分长度可变，长度为 0～40 字节。最常见的可选字段是最长报文大小（Maximum Segment Size，MSS），每个连接方通常都在通信的第一个报文段中指明这个选项，用于指明本端所能接收报文段的最大长度。

（2）TCP 连接的建立和终止。TCP 连接的建立采用的是三次握手机制。

1）建立连接协议。首先，请求端发送一个同步 SYN 报文段，指明客户打算连接的服务器的端口以及初始序号（Initial Sequence Number，ISN），这个 SYN 报文段称为报文段 1。

其次，服务器端发回包含服务器的初始序号的 SYN 报文段（称为报文段 2）作为应答。同时将确认序号设置为客户的 ISN 加 1，对客户的 SYN 报文段进行确认。一个 SYN 报文段占用一个序号。

最后，客户将确认序号设置为服务器的 ISN 加 1，构造对服务器的 SYN 报文段进行确认的报文（称为报文段 3）。

通过上述 3 个报文段完成连接的建立，称为三次握手，如图 2-11 所示。

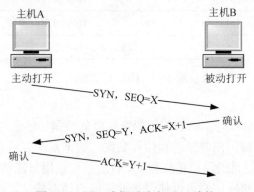

图 2-11　用三次握手建立 TCP 连接

2）连接终止协议。由于 TCP 连接是全双工的，因此每个方向必须单独进行关闭。当一方完成它的数据发送任务后就发送一个终止 FIN 报文段终止这个方向的连接。首先进行关闭的一方将执行主动关闭，而另一方执行被动关闭。如图 2-12 所示为 TCP 连接释放的过程。

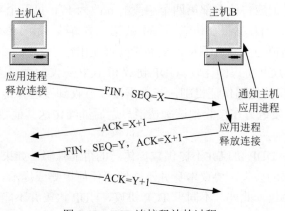

图 2-12　TCP 连接释放的过程

首先，TCP 客户端发送一个 FIN 报文段（称为报文段 4），用来关闭客户到服务器的数据传送。

其次,服务器收到这个 FIN 报文段,发回一个应答报文段 ACK,确认序号为收到报文段的序号加 1(称为报文段 5)。和 SYN 报文段一样,一个 FIN 报文段将占用一个序号。这时客户端到服务器端的连接关闭了。

再次,服务器关闭它到客户端的连接,发送一个 FIN 报文段(称为报文段 6)给客户端。

最后,客户端发回确认,并将确认序号设置为收到报文段序号加 1(称为报文段 7)。

(3)连接建立的超时。如果与服务器端无法建立连接,那么客户端就会间隔一定时间分 3 次向服务器发送连接请求。若在规定时间内服务器未应答,则连接失败。

2. UDP 协议

UDP 是一个简单的面向数据报的传输层协议,它并不提供超时重传、出错重传等功能,也就是说 UDP 提供不可靠的服务。UDP 的典型应用包括网络视频会议系统、语音传输等。

UDP 报文包含 8 个字节头部,剩余字节为数据字段,具体如图 2-13 所示。

16位源端口号	16位目的端口号
16位UDP长度	16位UDP校验和
数据	

图 2-13   UDP 首部格式

(1)UDP 报头。

1)UDP 协议使用端口号为不同的应用保留各自的数据传输通道。UDP 协议和 TCP 协议均通过端口机制实现多个应用同时发送和接收数据。数据发送方将 UDP 报文通过源端口发送出去,而数据接收方则通过目的端口接收数据。有的网络应用只能使用预先为其预留或注册的静态端口,而另外一些网络应用则可以使用未被注册的动态端口。端口号使用两个字节标识,其有效范围为 0~65535。一般来说,大于 49151 的端口号都代表动态端口。

2)UDP 长度字段指 UDP 数据报的长度,包括 UDP 首部和 UDP 数据两部分,该字段的最小值是 8,表示没有数据。

3)UDP 校验和的计算包括 UDP 首部、UDP 数据和伪首部,UDP 报文的伪首部和 TCP 报文段的伪首部一样,但应将伪首部第四个字段的 6 改为 17,第五个字段中的 TCP 报文段长度改为 UDP 报文长度。当数据报在传输过程中被第三方篡改或由于线路噪音等原因受到损坏时,接收方计算的校验值与发送方不符,从而判断报文出错。

(2)UDP 协议和 TCP 协议的比较。UDP 协议和 TCP 协议的主要区别在于数据传递方式。TCP 协议中包含了专门的传递保证机制,当数据接收方收到发送方传来的消息时,会自动向发送方发出确认消息,发送方在接收到该确认消息之后继续传送其他数据,否则就等待直到超时进行重传。

与 TCP 协议不同,UDP 协议并不提供数据传送的可靠保障。如果在从发送方到接收方的传递过程中出现数据报的丢失,协议本身并不能做出任何检测或提示。因此,通常把 UDP 协议称为不可靠的传输协议。此外,不同于 TCP 协议,UDP 协议并不能确保数据的发送和接收顺序。

UDP 适用于不需要过多考虑可靠性的应用情形,例如高层协议或应用程序能够提供错误和流量控制功能。UDP 服务于很多应用层协议,如网络文件系统(Network File System,NFS)、简单网络管理协议（SNMP）、域名系统（DNS）和简单文件传输协议（Trivial File Transfer Protocol，TFTP）。

2.6　应　用　层

2.6.1　概述

应用层的任务是通过应用进程之间的交互来完成特定的网络应用。传输层为应用进程之间的通信提供了端到端的服务，但不同应用进程之间有着不同的通信规则。因此，在传输层协议之上是应用层协议，每个应用层协议都是为了解决某一类应用问题，而问题的解决又必须通过位于不同主机中的多个应用进程之间的通信和协同工作来完成。

应用进程之间的通信必须遵循严格的规则，应用层的具体内容就是精确定义这些通信规则，具体内容包括：

（1）应用进程交换的报文类型，如请求报文和响应报文。

（2）各种报文类型的语法，如报文中的各个字段及其详细描述。

（3）字段的语义，即包含在字段中的信息的含义。

（4）进程何时、如何发送报文，以及对报文进行响应的规则。

例如，WWW 的应用层协议是 HTTP，它定义了在浏览器和 WWW 服务器之间传送的报文类型、格式和序列等规则。

应用层的许多协议都是基于客户服务器方式，即使是个人对个人（Peer-to-Peer，P2P）对等通信方式，其实质也是一种特殊的客户服务器方式。客户（Client）和服务器（Server）指通信中所涉及的两个应用进程，客户服务器方式描述的是进程之间服务和被服务的关系，其中客户是服务请求方，服务器是服务提供方。

2.6.2　应用层协议

应用层包含的协议有远程登录协议（Telnet）、文件传输协议（FTP）、简单邮件传输协议（SMTP）、域名系统（DNS）、网络新闻传输协议（Network News Transfer Protocol，NNTP）和超文本传输协议（HTTP）等。

每个应用程序都有自己的数据形式，可以是一系列报文或字节流，但无论采用哪种形式，都要将数据传送给传输层以便在网络主机间交换。常用的应用层协议如表 2-3 所示。

表 2-3　常用的应用层协议

协议	功能
远程登录协议（Telnet）	允许一台机器上的用户登录到远程机器上并且进行操作
文件传输协议（FTP）	提供有效地将数据从一台机器移动到另一台机器的方法
简单邮件传输协议（SMTP）	实现电子邮件传输服务
域名系统（DNS）	用于把主机名映射到网络地址
超文本传输协议（HTTP）	用于在 WWW 上获取网页

需要强调的是，每个应用层协议都是为了解决某一类应用问题。为了解决具体的应用问题而彼此通信的进程称为"应用进程"，应用层具体服务的配置在后面的章节将会介绍。

2.6.3 协议举例

（1）DNS。DNS 是 Internet 的一项服务，它可以将便于人们使用的域名转换为 IP 地址（也可以将 IP 地址转换为相应的域名地址），便于用户访问 Internet。

DNS 采用递归查询请求的方式来响应用户的查询，为 Internet 的运行提供关键性的基础服务。DNS 协议默认使用的端口号是 TCP/UDP 端口 53，目前绝大多数的防火墙和网络都会开放 DNS 服务，不会拦截 DNS 数据包。

在 5G 时代，未来将会有数十亿个物联网设备具有 5G 连接性，DNS 将为这些设备的发现和寻址创造全新的需求。IETF 也已经开始进行一些关键的协议开发，比如 DNS-SD（DNS Service Discovery），它是一种基于 DNS 协议的服务发现协议，设备之间可以通过该协议自动发现服务。

（2）HTTP。HTTP 是一种被广泛应用的应用层协议，该协议详细规定了浏览器和 WWW 服务器之间互相通信的规则。所谓超文本是指包含指向其他文档的链接的文本，一个超文本由多个信息源链接而成，而这些信息源可以分布在世界各地，并且数目也不受限制。

HTTP 协议本身是无连接的，是基于传输层 TCP 协议实现的。也就是说，通信双方在交换 HTTP 报文之前不需要先建立 HTTP 连接。HTTP 协议不仅能够保证计算机正确、快速地传输超文本文档，而且能够确定传输文档中的哪一部分以及哪部分内容首先显示（如文本先于图形）等。

HTTP 协议由请求和响应构成，是一个标准的客户端服务器模型。例如，在浏览器中输入百度的网址，地址被解析后，浏览器向百度服务器发送一个 HTTP 请求，百度服务器给浏览器返回一个 HTTP 响应，响应被浏览器解析后就展示为页面内容。

（3）FTP。FTP 是 Internet 上使用最广泛的文件传送协议，该协议使用 TCP 协议传输，能间接使用远程计算机，使存储介质对用户透明和可靠高效地传送数据。FTP 协议允许用户以文件操作的方式（如文件的增、删、改、查、传送等）与另一主机相互通信。

FTP 使用客户服务器方式，一个 FTP 服务器进程可同时为多个客户进程提供服务。FTP 的服务器进程由两大部分组成：一个主进程，负责接受新的请求；另外有若干个从属进程，负责处理单个请求。

（4）电子邮件协议。E-mail 是因特网上使用最多、最受用户欢迎的一种应用。它把邮件发送到收件人使用的邮件服务器，并放在收件人邮箱中，收件人可随时通过上网到自己使用的邮件服务器中进行读取。电子邮件不仅可传送文字信息，而且可附上声音和图像等多媒体信息。电子邮件协议有 SMTP、POP3、IMAP4，它们都隶属于 TCP/IP 协议簇，默认状态下分别通过 TCP 端口 25、110 和 143 建立连接。

1）SMTP：一组用于从源地址到目的地址传输邮件的规范，可以通过它来控制邮件的中转方式。SMTP 协议属于 TCP/IP 协议簇，用来帮助每台计算机在发送或中转信件时找到下一个目的地。SMTP 服务器就是遵循 SMTP 协议的发送邮件服务器。SMTP 协议已是事实上的 E-mail 传输的标准。

2）POP：全称是 Post Office Protocol，即邮局协议。它负责从邮件服务器中检索电子邮件，要求邮件服务器完成以下几个任务之一：从邮件服务器中检索邮件并从中删除该邮件；从邮件服务器中检索邮件但不删除它；不检索邮件，只是询问是否有新邮件到达。POP3 即邮局协议的第 3 个版本，是因特网电子邮件的第一个离线协议标准。

3）IMAP：全称是 Internet Message Access Protocol，即互联网信息访问协议，是一种优于 POP 协议的新协议。和 POP 协议一样，IMAP 协议也能下载邮件、从服务器中删除邮件或询问是否有新邮件到达，但 IMAP 协议克服了 POP 协议的一些缺点。例如，它可以请求邮件服务器只下载所选中的邮件而不是全部邮件，客户机可先阅读邮件信息的标题和发送者的名字再决定是否下载该邮件等。

（5）DHCP。动态主机配置协议（Dynamic Host Configuration Protocol，DHCP）提供了一种机制，允许服务器向客户端动态分配 IP 地址和配置信息。DHCP 协议通常应用于大型局域网络环境，主要作用是集中管理、分配 IP 地址，使网络环境中的主机动态获取 IP 地址、网关地址、DNS 服务器地址等信息。

DHCP 基于客户服务器模式，DHCP 服务器接收到来自网络客户机的地址请求，向其发送相关的地址配置信息，以实现网络主机地址信息的动态配置。DHCP 协议提供了安全、可靠且简单的 TCP/IP 网络配置，确保不会发生地址冲突，并且可以通过地址分配集中管理预留的 IP 地址，大大减少在管理上所耗费的时间。

本 章 小 结

本章主要介绍了 ISO 定义的 OSI 体系结构和 Internet 事实标准 TCP/IP 体系结构，讲解了各层功能和相关协议，重点介绍了 TCP/IP 协议簇中的 IP、TCP 等协议。网络体系结构是研究和设计计算机网络的一种系统化方法，它定义了网络系统的逻辑结构和功能分配，描述了实现不同计算机系统之间互连和通信的方法和结构，是层和协议的集合。了解网络分层设计思想有助于读者理解计算机网络的工作原理，掌握网络的分析方法。

习 题

1．试将 TCP/IP 和 OSI 体系结构进行比较，讨论其异同之处。
2．协议与服务有何区别？有何联系？
3．物理层要解决哪些问题？物理层的主要特点是什么？
4．物理层的接口有哪几个方面的特性？各包含什么内容？
5．数据链路层的链路控制包括哪些功能？
6．分析 IEEE 802 局域网参考模型与 OSI 参考模型的关系。
7．试从多个方面比较数据报和虚电路这两种服务的优缺点。
8．IP 地址的作用是什么？IP 地址是如何分类的？分类的意义是什么？
9．子网掩码的作用是什么？若将一个 B 类 IP 地址空间分割为 4 个相同大小的子网，如何设置子网掩码？若希望进一步将其中一个子网分割为两个子网，如何设置子网掩码？
10．试比较无分类域间路由选择 CIDR 与子网掩码的功能。
11．IPv6 与 IPv4 有何不同？它们在表示方法上有何区别？

12．在图 2-12 中，主机 B 能否先不发送 ACK=X+1 的确认？（因为后面要发送的连接释放报文段中仍有 ACK=X+1 这一信息。）

13．为什么在 TCP 首部最开始的 4 个字节是 TCP 的端口号？

14．为什么在 TCP 首部中有一个首部长度字段，而 UDP 首部中没有这个字段？

15．TCP 协议和 UDP 协议的区别是什么？

16．描述 TCP 三次握手机制的过程，分析其保证可靠连接的原理。

17．如果互联网的 DNS 瘫痪了，试问还有可能浏览网页或给朋友发送电子邮件吗？

18．DHCP 协议可在哪种情况下使用？它有哪些优点？

第 3 章　组建局域网

本章介绍局域网的基本概念、分类及标准，同时介绍组建局域网的基本设备，给出不同规模局域网以及无线局域网的规划和组建方法。学习本章，了解局域网的基本组成与常见连接设备的功能及作用，重点掌握各类局域网，主要是中小型局域网的组建方法、硬件选购、环境设置；了解无线局域网的分类、拓扑结构，掌握无线局域网的组建技术。

本章要点

- 局域网的基本概念、分类和标准。
- 局域网的基本组成。
- 简单局域网、中小型办公局域网的组建。
- 无线局域网的组建。

3.1　局域网概述

局域网是计算机网络的一个重要类型，自 20 世纪 70 年代中期产生至今得到了飞速的发展，广泛应用于企业、机关、学校和家庭。

3.1.1　局域网的概念

电气与电子工程师协会（IEEE）对局域网（LAN）的定义是：局域网中的数据通信被限制在几米至几千米的地理范围内，如一栋办公楼、一座工厂或一所学校；能够使用具有中等或较高数据传输速率的物理信道，并具有较低的误码率；局域网是专用的，被单一组织机构使用。

局域网最基本的功能是为连接在网上的所有计算机或其他设备之间提供一条传输速率较高、误码率较低和价格较低廉的通信信道，从而实现相互通信及资源共享。

由此可见，局域网是指在一定地理范围内的若干计算机和通信设备通过通信介质互连、以处理共享信息为主要目标的数据通信网络。决定局域网特性的主要技术要素有网络拓扑、传输介质和介质访问控制方法。

局域网具有以下几个特征：

（1）局域网仅工作在有限的地理范围内，采用单一的传输介质。

（2）数据传输速率快，典型局域网数据传输速率有 10Mb/s、100Mb/s、1Gb/s 和 10Gb/s，其中 b/s 是数据传输速率的单位，表示每秒传送数据的比特数。

（3）由于数据传输距离短，所以传输延迟短（几十毫秒）且误码率低。

（4）局域网组网方便、使用灵活。

局域网将 PC 等智能设备连成网络，可以实现共享文件、磁盘、打印机等资源，还可以实现协同工作，提高办公效率；同时综合声音、图像、图形等多媒体技术，使计算机网络的应用更加绚丽多彩。典型局域网结构如图 3-1 所示。

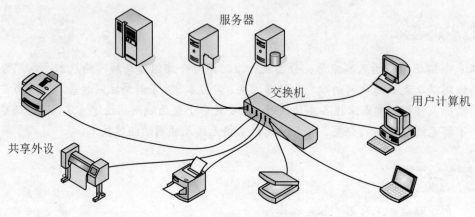

图 3-1 典型局域网结构

3.1.2 局域网的分类

局域网可以采用不同的方法进行分类，包括按网络拓扑结构、传输介质、介质访问控制方法和网络操作系统等进行分类。下面主要介绍按介质访问控制方法和网络拓扑结构对局域网进行分类。

1. 按介质访问控制方法分类

按介质访问控制方法可以将局域网分为以太网（Ethernet）、令牌环网（Token Ring）、光纤分布式数据接口网（FDDI）、异步传输模式网（ATM）等几类。

（1）以太网（Ethernet）。以太网最早由 Xerox（施乐）公司提出，于 1980 年由 DEC（数字设备）、Intel（英特尔）和 Xerox 三家公司联合开发为一个标准。以太网是目前应用最广泛的局域网类型，包括标准以太网（10Mb/s）、快速以太网（100Mb/s）、千兆以太网（1000Mb/s）和万兆以太网（10Gb/s），它们都遵循 IEEE 802.3 系列标准规范。

1）标准以太网：早期以太网只有 10Mb/s 的传输速率，使用 CSMA/CD 的访问控制方法，主要有双绞线和同轴电缆两种传输介质。通常把这种 10Mb/s 以太网称为标准以太网。IEEE 802.3 定义了一些以太网标准，这些标准中前面的数字表示传输速率，最后一个数字表示单段网线长度（基准单位是 100m），Base 表示"基带"的意思。

- 10Base-5：使用粗同轴电缆，最大网段长度为 500m，基带传输方法。
- 10Base-2：使用细同轴电缆，最大网段长度为 185m，基带传输方法。
- 10Base-T：使用双绞线电缆，最大网段长度为 100m。
- 10Base-F：使用光纤传输介质，传输速率为 10Mb/s。

2）快速以太网（Fast Ethernet）：1993 年 10 月，Grand Junction 公司推出了世界上第一台快速以太网集线器 FastSwitch10/100 和第一块网络接口卡 FastNIC100，从此快速以太网技术进入实用阶段。快速以太网具有许多优点，快速以太网技术可以有效保护用户布线基础设施的投资，支持 3、4、5 类双绞线以及光纤的连接，从而有效利用现有的设施。

快速以太网的缺点其实也是以太网技术的缺点，即快速以太网仍是基于 CSMA/CD 技术，当网络负载较重时会造成效率的降低。100Mb/s 快速以太网标准分为 100Base-TX、100Base-FX、100Base-T4。

3）千兆以太网（Giga Bit Ethernet）：具有以太网的易移植、易管理特性。千兆以太网在处理新应用和新数据类型方面具有灵活性，它是在赢得了巨大成功的标准以太网和快速以太网标准的基础上的延伸，提供了 1000Mb/s 的带宽。

4）万兆以太网：IEEE 802.3 工作组于 2000 年正式制定 10Gb/s 以太网标准，其仍使用与标准以太网和快速以太网相同的形式，允许 LAN 直接升级到高速网络。万兆以太网同样使用 IEEE 802.3 标准的帧格式、全双工服务和流量控制方式。在半双工方式下，万兆以太网使用基本的 CSMA/CD 访问方式来解决共享介质的冲突问题。不过，万兆以太网技术相对复杂，与原来的传输介质不兼容，使用光纤作为传输介质，设备造价相对较高。

（2）令牌环网（Token Ring）。令牌环网是 IBM 公司于 20 世纪 70 年代发展的局域网技术，目前这种网络已经比较少见了。令牌环网中，数据传输速度为 4Mb/s、16Mb/s，快速令牌环网速度可达 100Mb/s。令牌环网的传输方法在物理上采用了星型拓扑结构，但逻辑上仍是环型拓扑结构；节点间采用多站访问部件（Multistation Access Unit，MAU）连接在一起，构成环型传输链路。由于数据帧看起来像在环中传输，所以在工作站和 MAU 中没有终结器。

在令牌环网中，有一种专门称为"令牌"的控制帧，长度为 24 位，在环路上持续传输，持有"令牌"方可发送数据。由于以太网技术的迅速发展，以及令牌环网存在固有缺点，目前令牌环网在局域网中的应用已不多见。

（3）光纤分布式数据接口网（FDDI）。光纤分布式数据接口（Fiber Distributed Data Interface，FDDI）是 20 世纪 80 年代中期发展起来的一种局域网技术，它提供的高速数据通信能力高于当时的标准以太网和令牌环网。FDDI 技术同 IBM 公司的令牌环技术相似，并具有令牌环网所缺乏的管理、控制和可靠性措施，同时支持长达 2km 的多模光纤。FDDI 网络的主要缺点是价格同快速以太网相比要贵许多，且因为它只支持光纤和 5 类电缆，所以使用环境受到限制，另外从以太网升级至 FDDI 网络更是要面临大量移植问题。

（4）异步传输模式网（ATM）。异步传输模式（Asynchronous Transfer Mode，ATM）技术始于 20 世纪 70 年代后期，同以太网、令牌环网、FDDI 网等使用可变长度数据帧技术不同，它使用 53 字节固定长度的单元进行交换，因此没有共享介质或帧传递带来的延时，非常适合音频和视频数据的传输。ATM 具有以下优点：

- ATM 使用相同的数据单元，可实现广域网和局域网的无缝连接。
- ATM 支持虚拟局域网功能，可以对网络进行灵活管理和配置。
- ATM 具有不同的速率，分别为 25Mb/s、51Mb/s、155Mb/s、622Mb/s，从而为不同的应用提供不同的速率。

（5）无线局域网（WLAN）。无线局域网（Wireless Local Area Network，WLAN）是目前应用较多的一种局域网。传统局域网都是通过有形的传输介质进行连接的，如同轴电缆、双绞线和光纤等，而无线局域网则摆脱了有形传输介质的束缚，采用无线电波、红外线、微波、卫星等进行传输，所以易于部署和维护。无线局域网非常适合移动办公，在机场、宾馆、酒店等地方建设无线局域网，可以使用户方便地通过无线网络访问 Internet。

2. 按网络拓扑结构分类

按网络拓扑结构可以把局域网分为总线型局域网、环型局域网和星型局域网 3 种。

（1）总线型局域网。总线型拓扑结构是指各站点均连接在一条总线上，各站点地位平等，无中心控制节点，采用广播式多路访问的方法。总线型所采用的传输介质一般是同轴电缆，典型代表是 10Base-5 和 10Base-2 以太网。总线型拓扑结构如图 3-2 所示。

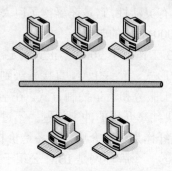

图 3-2 总线型拓扑结构

总线型局域网具有以下特点：

● 组网费用低。
● 由于各节点共享总线带宽，所以传输速度会随着接入网络用户数量的增多而下降。
● 易于添加或删除用户。
● 易于维护。
● 所有节点无主从关系，可能同时会有多个节点发送数据，所以易产生"冲突"。

（2）星型局域网。局域网中应用最广泛的是星型拓扑结构，各工作站以星型方式连接成网，如图 3-3 所示。星型局域网的特点如下：

● 网络有一个中央节点，其他节点（工作站、服务器）都与中央节点直接相连。
● 中央节点可以是交换机或集线器。
● 相邻的非中央节点之间不能直接进行数据通信，必须经过中央节点。

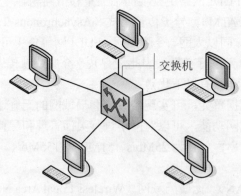

图 3-3 星型拓扑结构

（3）环型局域网。环型局域网中若干节点通过点到点的链路首尾相连形成一个闭合的环，如图 3-4 所示。这种结构使公共传输电缆组成环型连接，数据在环路中沿着一个方向在各节点之间传输，克服了总线型局域网易产生"冲突"的缺点。信号通过每台计算机，计算机的作用就像一个中继器，用来增强信号并将信号发送到下一台计算机上。

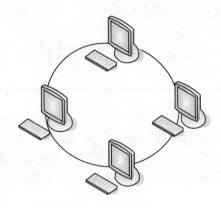

图 3-4　环型拓扑结构

3.1.3　局域网标准

局域网的拓扑结构较简单，其低层协议只对应 OSI 参考模型的最低两层，即物理层和数据链路层。IEEE 在 20 世纪 80 年代提出了一套局域网标准，即 IEEE 802 标准，该标准定义了局域网的低 3 层，即逻辑链路控制子层、介质访问控制子层和物理层，它们分别对应 OSI 参考模型的低两层。

IEEE 802 标准的主要内容如下：

（1）IEEE 802.1 标准：定义了局域网体系结构、网络互连以及网络管理与性能测试。

（2）IEEE 802.2 标准：定义了 LLC 子层功能与服务。

（3）IEEE 802.3 标准：定义了 CSMA/CD 总线介质访问控制子层和物理层规范。

（4）IEEE 802.4 标准：定义了令牌总线（Token Bus）介质访问控制子层与物理层规范。

（5）IEEE 802.5 标准：定义了令牌环（Token Ring）介质访问控制子层与物理层规范。

（6）IEEE 802.6 标准：定义了城域网（MAN）介质访问控制子层与物理层规范。

（7）IEEE 802.7 标准：定义了宽带网络技术。

（8）IEEE 802.8 标准：定义了光纤传输技术。

（9）IEEE 802.9 标准：定义了综合语音与数据局域网（IVD LAN）技术。

（10）IEEE 802.10 标准：定义了可互操作的局域网安全性规范（SILS）。

（11）IEEE 802.11 标准：定义了无线局域网介质访问控制方法和物理层规范。

（12）IEEE 802.12 标准：定义了 100VG-AnyLAN 快速局域网访问方法和物理层规范。

（13）IEEE 802.14 标准：定义了电缆调制解调器（Cable Modem）技术。

（14）IEEE 802.15 标准：定义了无线个人局域网（WPAN）技术。

（15）IEEE 802.16 标准：定义了宽带无线局域网技术。

（16）IEEE 802.17 标准：定义了弹性分组环（RPR）标准。

（17）IEEE 802.18 标准：定义了宽带无线局域网标准规范。

局域网中有线网络和无线网络共存，无线局域网作为一种灵活的数据通信系统是有线局域网的有效延伸和补充，局域网逐渐向无线化、高速化、智能化方向发展。局域网集成服务器程序、客户程序、防火墙、开发工具、升级工具等内容,从以数据共享、信息发布为主的应用向信息交流与协同操作方向发展。局域网也是一个开放的信息平台,可以随时集成新的应用,它将提供一个日益牢固的安全防卫和保障体系。

3.2 局域网的组成

3.2.1 局域网的基本组成

局域网可以由办公室内的两台计算机组成,也可以由一个公司内的上千台计算机组成,涉及的硬件设备包括服务器、工作站、传输介质和网络连接部件等。除了网络硬件,网络软件也是局域网的一个重要组成部分,包括网络操作系统、控制信息传输的网络协议软件和网络应用软件等。

1. 网络硬件

网络硬件是组成局域网物理结构的设备。根据设备的功能,网络硬件可分为以下几种:

(1)客户机。客户机是局域网中用户使用的计算机,通常是一台微型计算机。客户机也称为工作站,其中一般配置有网络适配器(网卡),以通过传输媒介与网络相连。

(2)服务器。服务器是局域网中管理和提供资源的主机,可与诸多客户机相连,并为其提供资源或其他服务,因此服务器一般需要具备更高的性能,如可高效处理数据、存储较多数据、可更快地访问磁盘等。

(3)专用通信设备。专用通信设备是网络中的节点,局域网中常用的专用通信设备有网卡、集线器、交换机、无线接入点(Access Point,AP)、路由器、调制解调器等,这些设备可实现局域网中设备的连接、数据的转发、交换,信号类型的转换等。

(4)传输媒介。传输媒介用于连接局域网中的专用通信设备、服务器和客户机,局域网中常用的传输媒介有同轴电缆、光纤和双绞线。

除以上设备外,根据局域网的职能,局域网中还能包含打印机、扫描仪、绘图仪等外部设备。

2. 网络软件

局域网中的软件主要包含网络操作系统和协议软件。

(1)网络操作系统。网络操作系统是组成局域网的必备软件之一,它的基本任务是用统一的方法实现各主机之间的通信,管理和利用各主机中共享的本地资源。对网络用户而言,网络操作系统是其与计算机网络之间的接口,它屏蔽了本地资源与网络资源的差异,为用户提供各种基本的网络服务。

局域网中的网络操作系统和硬件设备相辅相成,缺一不可。硬件设备可以安装不同的网络操作系统,例如,服务器中常用的网络操作系统有 Windows、Linux 等,专用通信设备中使用的操作系统与前两者有所不同,一般由硬件生产厂家独立开发,常见的专用通信设备厂家有TP-Link、思科(Cisco)等。

(2)协议软件。完整的通信流程会使用到许多协议,局域网中的网络操作系统可安装协议,以支持网络通信功能。网络操作系统中使用的协议一般为 TCP/IP 协议簇中的协议,如DHCP、DNS、HTTP 等。

除以上两种软件外，局域网中还会用到一些系统管理软件和网络应用软件，根据涉及的领域和应用方向，这些软件又可以有不同的分类。但这些软件有一个共同之处，即都能屏蔽网络细节，方便用户使用网络。

3.2.2　局域网的连接设备

（1）网络适配器（Network Interface Controller，NIC）。网络适配器，一般也称为网络接口卡或简称网卡。网卡是组建局域网的最基本的网络硬件之一，它的品质和兼容性的好坏直接影响网络的性能以及网上运行应用软件的效果。只有优质、可靠的网卡才能真正保证网络的可靠与高效。

网卡一方面负责接收网络上传来的数据帧，解帧后将数据通过主板上的总线传输给本地主机的 CPU 及存储器；另一方面将本地数据封装成帧后送入网络。

网卡作为一种 I/O 接口卡有多种接口方式，如集成到主板（如图 3-5 所示）上、插在主板数据总线的扩展槽上，也可以通过 USB 方式连接或制成 PCI 接口网卡，如图 3-6 至图 3-7 所示。

图 3-5　主板集成网卡　　　　　图 3-6　USB 网卡　　　　　图 3-7　PCI 接口网卡

典型的网卡包括接口控制电路、数据缓冲器、数据链路控制器、编码/解码器、内收发器、介质接口装置六大部分。

- 接口控制电路：与主机的总线直接相连，有 PC 总线、ISA、EISA、MAC、PCI 等多种总线接口。
- 数据缓冲器：是一个双口访问的存储器，缓冲器越大，网卡的性能越好，网卡数据缓冲器的容量一般在 64KB 以上。
- 数据链路控制器：主要负责数据帧的发送与接收和网络协议控制。
- 编码/解码器：负责网卡内不归零二进制数据编码与介质上曼彻斯特编码的相互转换工作。
- 内收发器：使网卡内部数据与介质接口实现接地的隔离，并提供信号电平转换。
- 介质接口装置：是信号传递的必由之路，它与介质上的接口呈相反极性（每一种连接器都是成对的，一般用阴性或阳性来描述）。

网卡支持的网络速率有 10Mb/s、10/100Mb/s、1Gb/s 等多种。

（2）调制解调器（Modem）。调制解调器的功能是将数字信号与模拟信号进行转换，以便实现利用电话线路或微波传递信息。调制解调器的电路与电话线路是隔开的，它可以保护线路免受直流电压的干扰。调制解调器一般由发送器和接收器两部分组成。

- 发送器（也称调制器，Modulator）：把数字信号转换成模拟信号。

● 接收器（也称解调器，Demodulator）：把模拟信号转换成数字信号。

调制解调器有不同的分类方法，按照安装方式的不同，调制解调器可以分为外置式调制解调器和内置式调制解调器两种。按照接入 Internet 方式的不同，调制解调器可以分为 56K 调制解调器、ISDN 调制解调器、ADSL 调制解调器、Cable 调制解调器 4 种。

进入 20 世纪 90 年代，调制解调器得到迅速发展。采用 CCITT V.42bis 数据压缩和差错控制技术，可以增加数据吞吐量（当然它取决于数据信号的可压缩性）。目前使用较多的是将 CCITT V.32bis 信号方案与 CCITT V.42bis 差错控制、数据压缩结合起来的调制解调器。V.32bis/V.42bis 调制解调器具有高达 56Kb/s 的速率和向下兼容 V.32bis、V.22bis 调制解调器的特点。

（3）中继器（Repeater）。电磁信号在网络传输介质上传递时，由于衰减和噪音使有效数据信号变得越来越弱。为保证数据的完整性，信号只能在一定的有限距离内传递。例如，在 IEEE 802.3 标准中，几种主要介质的传输距离设计规格如表 3-1 所示。

表 3-1　几种主要介质的传输距离设计规格

介质	标准	标准距离	设计最大距离
双绞线	10Base-T	100m	150m
细同轴电缆	10Base-2	185m	300m
粗同轴电缆	10Base-5	500m	800m
光纤	10Base-F	2000m	4000m

在网络工程中，如何增加传输距离呢？一般采用中继器设备。中继器是网络物理层的一种介质连接设备，具有放大信号的作用，它将接收到的弱信号中的数据提出，放大并转发信号，中继器实际上是一种信号再生放大器。因此，中继器可以用来扩展局域网段的长度，驱动远距离通信。

从理论上讲，可以采用中继器连接无限数量的传输介质段，然而实际上各种网络中接入的中继器数量因考虑时延和衰减都有具体的限制。例如在 IEEE 802.3 标准中，最多允许 4 个中继器连接 5 个网段。假如使用粗同轴电缆构造一个以太局域网，每一段粗同轴电缆的最大长度为 800m，则利用 4 个中继器可以将整个网络扩展到 4000m。

中继器负责将信号从一段电缆传送到另一段电缆上，而不管信号是否正常。因为中继器只在两个局域网的网段间实现电气转接，所以其仅用于连接同类型网段，而不能用于连接不同类型的网段。

中继器具有安装简单、造价低廉等优点，主要的缺点是再生电子干扰及错误信号，同时由于中继器双向传递网段间的所有信息，所以很容易导致网络上的信息拥挤。此外，当某个网段出现问题时，可能会引起其他网段间不能正常通信。

（4）集线器（Hub）。集线器是一种多端口的中继器，是网络物理层的一种介质连接设备。集线器作为网络传输介质间的中央节点，克服了介质单一通路的限制。

自 20 世纪 90 年代开始，10Base-T 标准和集线器大量使用，采用非屏蔽双绞线构建的星型局域网逐步取代了采用同轴电缆构建的总线型局域网。星型局域网利用集线器作网络的中心，通过传输介质连接网络上的各个节点。这种结构的优点是：当网络上某条双绞线电缆或节点出现故障时不会影响网络上其他节点的正常工作。

集线器的功能是把从一个端口上接收到的信息广播发送到其他端口上，所以在逻辑上，用集线器组成的局域网仍属于总线型拓扑结构。功能较强的智能集线器除了可以广播收到的信息，还具有性能分析和网络管理等功能，可以进行实时监测、分析、调整资源、隔离故障等工作，实现对网络上的设备进行集中管理。

按传输速率的不同，集线器可以分为 10Mb/s 集线器、100Mb/s 集线器、10/100Mb/s 自适应集线器等，分别用于不同速率的以太网中。按结构和功能的不同，集线器可分为未管理的集线器、堆叠式集线器和底盘集线器 3 类，堆叠式集线器可以把多个独立的集线器堆叠在一起，通过每台集线器母板上的总线相连，方便扩充连接设备的数量。

（5）网桥（Bridge）。网桥的操作涉及 OSI 参考模型中的数据链路层，更准确地说是 MAC 层。在网络互连中，网桥起到数据接收、地址过滤与数据转发的作用，用来实现多个网络系统之间的数据交换。网桥具有两个基本功能：扩展网络和通信分段。网桥可以在各种传输介质中转发数据信号，扩展网络的距离，同时有选择地将带有地址的信号从一个网段传递给另一个网段，有效地限制了两个介质系统中无关紧要的通信。

与中继器相比，网桥具有以下特点：

- 网桥可以实现同类型的局域网互连，而中继器只能实现单一类型网络间的互连。
- 网桥可以实现大范围的局域网互连，而中继器互连的网段数有一定限制（如总线型局域网为 5 段），且不能超过一定距离。
- 网桥可以隔离错误帧，提高网络性能，而中继器是转发所有数据帧，所以采用中继器连接的以太网，随着用户数量的增加，冲突加大，网络性能降低。
- 网桥的引入可以提高局域网的安全性。

图 3-8 给出了网桥的内部逻辑结构。最简单的网桥有两个端口，复杂网桥可以有更多的端口。网桥的每个端口与一个网段（这里所说的网段就是普通的局域网）相连。

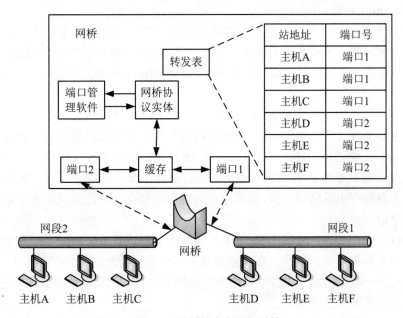

图 3-8 网桥的内部逻辑结构

网桥从端口接收网段上传的数据帧，当收到一个数据帧时，网桥先将数据帧暂存在缓存中，然后进行差错检测，若该帧未出现差错，则通过查找转发表将接收到的数据帧送往对应端口，若该帧出现差错，则丢弃此帧。因此，在同一个网段中通信的数据帧不会被网桥转发到另一个网段，因而不会加重整个网络的负担。

网桥刚接到局域网上时转发表为空，其每接收到一个数据帧，就通过自学习机制建立一条记录，其基本算法如下：

1）网桥从端口 X 收到无差错的帧（若有差错则丢弃该帧），在转发表中查找目的站 MAC 地址。

2）如有该 MAC 地址，则查找出此 MAC 地址对应的端口，假设该端口为 D，然后进行步骤 3），否则转到步骤 4）。

3）如果 D=X，则丢弃此帧（即这时不需要经网桥转发此数据帧），否则从端口 D 转发此帧，转到步骤 6）。

4）向网桥除端口 X 以外的所有端口转发此帧。

5）若源站的 MAC 地址不在转发表中，则将源站的 MAC 地址加入转发表，登记该帧进入网桥的端口号，设置计时器，然后转到步骤 7）。若源站的 MAC 地址在转发表中，则执行步骤 6）。

6）更新计时器。

7）等待新的数据帧，转到步骤 2）。

网桥通过自学习机制在转发表中主要登记以下信息：

● 站地址：登记接收到的数据帧的源 MAC 地址。

● 端口：登记接收到的数据帧进入该网桥的端口号。

● 时间：登记接收到的数据帧进入该网桥的时间。

网桥按照其转发表的建立方法可分为两类：透明网桥（Transparent Bridge）和源路由选择网桥（Source Routing Bridge）。

透明网桥由各个网桥自己决定数据帧的路由选择，局域网上的各节点不负责路由选择，网桥对于互连局域网的各节点来说是"透明"的。透明网桥一般用于互连使用相同 MAC 层协议的网段，例如连接两个以太网段或两个令牌环网。透明网桥的最大优点是容易安装，是一种即插即用设备。

源路由选择网桥由发送数据帧的源节点负责路由选择，网桥假定每个节点在发送数据帧时都已经清楚地知道发往各个目的节点的路由，因而在发送数据帧时将详细的路由信息放在数据帧的首部，为了发现适合的路由，源节点以广播方式向目的节点发送用于探测的发现帧，发现帧将在整个通过网桥互连的局域网中沿着所有可能的路由传送，当这些发现帧到达目的节点时就沿着各自的路由返回源节点，源节点在得到这些路由信息之后从所有可能的路由中选择出一个最佳路由。

（6）交换机（Switch）。1993 年，出现了局域网交换设备，之后交换机技术得到迅速发展。交换机是一个具有简化、低价、高性能和高端口密集等特点的交换产品，工作在 OSI 参考模型的第二层——数据链路层。其主要作用是把局域网分成网段、减少流量、避免冲突、增加带宽，以便提高局域网的性能。

局域网交换机上有多个端口，每个端口连接一个设备，与集线器类似，因此有人把局域网交换机称为交换式集线器，但二者的工作原理不同。交换机可以把多个端口输入的、来自不同节点的数据同时转发到正确的端口，实现多对节点之间的并发通信，从而提高局域网的整体带宽。

与网桥和集线器相比，交换机具有以下性能：

1）通过支持并行通信提高了交换机的数据吞吐量。

2）将传统的一个大局域网上的用户分成若干工作组，每个端口连接一台设备或一个工作组，有效解决了网络拥挤现象。这种方法也称为网络微分段（Micro-segmentation）技术。

3）支持 VLAN 技术，VLAN 的出现给交换机的使用和管理带来了更大的灵活性。后续章节将专门介绍 VLAN 技术。

4）端口密度大，适合构建较大规模局域网。

（7）路由器（Router）。路由器是实现网络层服务的设备，它工作在 OSI 参考模型的第三层——网络层。路由器处理网络层的数据报，并根据数据报的网络地址决定数据报的转发。由于处理的层次高，因此与集线器、交换机相比，路由器具有更强的网络互连功能。

1）路由器的功能。路由器提供了各种速率的链路或子网接口，用于连接多个逻辑上分开的网络。在网络通信中，路由器具有判断网络地址和选择 IP 路径的作用，可以在多个网络环境中构建灵活的链接系统，通过不同的数据分组以及介质访问方式对各个子网进行链接。路由器是属于网络层的一种互连设备，它可以利用通信协议本身的流量控制来控制信息的传递，解决通信拥挤的问题。同时，它可以过滤网络中的错误信息和广播风暴，使网络传输保持最佳的带宽。

路由器的功能就是将不同子网之间的数据进行传递，主要功能如下：

- 网络互连：路由器支持各种局域网和广域网接口，主要用于互连局域网和广域网，实现不同网络之间的通信。
- 数据处理：提供包括分组过滤、分组转发、优先级、复用、加密、压缩和防火墙等功能。
- 网络管理：提供包括路由器配置管理、性能管理、容错管理和流量控制等功能。

路由器能够连接本地网络和远程网络，本地接口一般连接局域网传输介质（如光纤、同轴电缆、双绞线），远程接口则必须与远距离传输介质相适配（例如连接电话线使用调制解调器，无线通信使用无线收发射机）。路由器是主动的、智能的网络节点，参加管理网络，提供对资源的动态控制。

2）路由器的优点。

- 路由器通常比网桥更灵活。它能根据价格、线速、线路延迟等因素在多条路径中做出选择。
- 路由器在子网之间提供了一道"防火墙"，可以防止广播风暴和一个子网的偶然事件对其他子网的影响，且路由器网络比桥接网络更容易管理。
- 基于路由器的网络支持任何拓扑结构，且更易于适应网络规模的增长和复杂性的提高。
- 路由器提供了冗余的网络路径，能够分散负载，充分利用带宽。

3）路由器的缺点。

- 路由器设置复杂，其安装软件和实现的功能相对较为复杂。
- 使用路由器实现不同网段上端点系统的通信较困难。每段网络具有不同的网络地址，网段间的通信要求网络管理员为端系统指定网络地址。
- 如果路由器运行静态路由算法，则配置路由表比较麻烦。

（8）网关（Gateway）。在一个计算机网络中，如果必须连接不同类型且协议差别较大的网络（例如把 IBM 公司的 SNA 与 PC 网络互连在一起），那么就需要使用一种称为网关的设备，我们称网络层以上的中继系统为网关。

网关的功能体现在 OSI 参考模型的高层，其基本功能是互连不同的协议框架，进行协议转换，数据重新分组，以便能在两个不同的网络系统之间进行通信。所有其他互连设备要求互连系统低层协议相同，而网关仅要求最顶层协议相同。

网关的特性主要体现在以下几个方面：

- 执行互连网络间协议的转换，参与通信协议的转换。
- 执行报文存储转发及流量控制。
- 提供虚电路接口及相应服务。
- 支持应用层互通及互连网络间的网络管理功能。

典型的网关应用是网络 PC 用户访问大型主机。我们可以用一台装有网关的计算机来替代在每一台计算机上安装的与大型主机连接的接口设备和电缆，这台网关计算机可使网络上的每个用户都能访问大型主机资源。

3.3　典型局域网的组建

3.3.1　组建简单局域网

近年来，随着计算机及其配件价格的不断下降及网络的日益普及，小型的简单网络广泛被使用，如构建家庭网络、宿舍网络、小型办公网络等。这些网络的特点是计算机数量少，一般只有 2~10 台。组建小型局域网，网络功能要求比较单一，组网目的多为共享资源，如共享打印机、扫描仪和其他硬件等，对网络系统的稳定性和安全性等方面的要求并不是很高。

下面给出常见的小型局域网组网实例。

（1）家庭网络。不同于企业网络，家庭网络的主要用途是资源共享和共享上网，其中最主要的是共享上网。

最简单的有线网络是双机对联网络，早期拥有两台以上计算机的家庭，为了充分利用计算机资源，希望能够将这些计算机连接起来，组成一个小型家庭网络。如果在家庭中仅有两台计算机，那么用户甚至不需要购买集线器、交换机等网络中间设备，直接将这些计算机通过网络电缆连接在一起即可。需要注意的是，两台计算机之间的连接需要使用双绞线（双绞线制作方法参见 4.2.2 节）。如图 3-9 所示，PC1、PC2 使用双绞线直连，PC1 同时通过 ADSL Modem 接入 Internet，此时 PC2 通过 PC1 可访问 Internet。

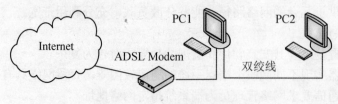

图 3-9　两台计算机的组网方案

随着 ADSL 宽带逐渐升级为光纤宽带和路由器无线功能的增强，互联网从以计算机为中心的传统互联网时代进入以智能手机为中心的移动互联网时代，联网设备除了计算机，还有智能手机、平板电脑或其他无线终端设备，因此家庭网络的组建也发生了变化。如图 3-10 所示，计算机、打印机和手机通过无线路由器接入 Internet，光网络单元（Optical Network Unit，ONU，俗称光猫）通过光纤接入 Internet，所有设备都可以访问 Internet。

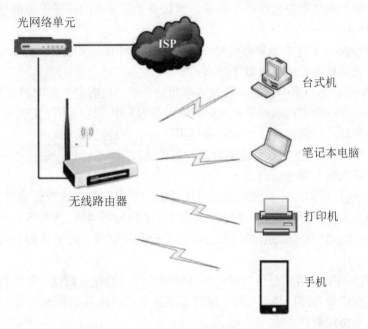

图 3-10　家庭无线网络的组网方案

（2）工作组局域网。一个小型工作室或一个宿舍可能有 3 台或 3 台以上的计算机，我们称这种规模的网络为工作组局域网。由于联网计算机超过了两台，一般采用交换机（数量少时可以使用 Hub）构成星型拓扑结构连接，根据计算机数量可以选择 8 口、12 口、24 口交换机，若计算机数量超过 24 台，则可以采用多台交换机级联的方式扩展网络规模，计算机与交换机之间使用双绞线连接。

为了实现共享上网，工作组交换机连到骨干以太网交换机（如宿舍连接到校园网），或者使用宽带接入 Internet（家庭或公司多采用此方式），此时上网速度由带宽决定。采用宽带接入 Internet 的拓扑结构如图 3-11 所示，也可以将交换机换成无线路由器，实现无线组网。

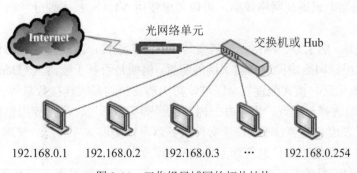

图 3-11　工作组局域网的拓扑结构

3.3.2　组建中小型办公局域网

中小型企业组建的办公网络通常包括数十台至数百台计算机，通过建立企业内部网络实现资源共享、办公自动化等需求，从而达到提高工作效率、节约资金的目的。这种局域网应用复杂，网络实现的功能不仅仅是数据通信，共享文件、打印机、扫描仪等资源，同时通过设置各种应用服务器为网络用户提供统一服务，例如基于数据库的各种管理信息系统的应用。

1．应用特点

实现各种资源共享是中小型办公局域网最基本的特点，如文件共享、打印机共享等。此外，中小型办公局域网还应具有以下特点：

（1）数据的安全、集中管理。资源共享的一个重要内容是实现对数据的统一管理。一些重要的数据可以存放在专门的计算机（如网络服务器）中，这样不仅实现了数据的共享，还便于数据的安全管理，只需要对这一台计算机采取安全管理措施，就可以保证重要数据的安全，防止数据的丢失。同时，也可以对重要数据设置访问权限，不同用户根据不同的权限使用数据，避免单机操作带来的不安全问题。

（2）网络远程访问。计算机可以通过电话线、互联网等方式远程访问本地网络。例如，当某个员工出差在外时，可以通过远程访问功能登录到公司网络，从网络上调用所需要的资料，或者将重要资料反馈给公司。通过远程访问，对于一些重要内容还可以与公司其他人员进行"面对面"交流。

（3）协同操作。随着信息化建设的快速增长，海量的业务数据、文档数据需要实时共享，繁杂的办事流程需要各部门协调实现，这就要求各单位内部各个系统之间实现知识共享，各行政单位之间实现协同操作。

2．需求分析

在构建中小型办公局域网的时候，根据网络应用特点并考虑计算机的数目，需要确定以下内容：

（1）网络规模及拓扑。根据局域网承载的计算机数量和分布情况确定交换机的数量、网络拓扑结构。目前，一般采用以交换机为中心的星型拓扑结构，当网络中的用户计算机数量较多时，通过配置核心交换机级联多台交换机来扩展网络规模。

（2）IP 地址规划。中小型办公局域网一般采用私有 IP 地址，若网络计算机数量不超过254 台，则可以配置一个标准 C 类私有 IP 地址，如使用 192.168.0.0 网段，子网掩码为255.255.255.0；若网络计算机数量超过 254 台，则可以使用两个或多个 C 类私有 IP 地址。当然，为了突出应用类型或提高网络效率，可以考虑使用 VLAN 技术划分子网，具体配置参见后面章节。

（3）安全考虑。由于办公网络一般需要与 Internet 连接，所以需要考虑设置防火墙，保证局域网的安全。根据网络规模选择防火墙的配置，例如是否基于隔离区（Demilitarized Zone，DMZ，也称非军事化区）模式配置安全区域、防火墙支持的最大连接数量等。

（4）服务器的选择与配置。根据办公需要选择购买服务器，常见应用包括文件服务器、数据库服务器、代理服务器等。通过设置文件服务器可以实现文件的统一管理和共享，设置数据库服务器实现办公环境下的信息管理系统的应用，如财务管理、设备管理、客户管理等，客户计算机通过客户机/服务器（Client/Server，C/S）模式访问数据库，若基于浏览器/服务器

（Browser/Server，B/S）模式应用数据库，则网络还要配置 Web 服务器；通过代理服务器可以提高 Internet 访问速度，并能提高安全性。

（5）接入 Internet。在接入 Internet 方面，中小型办公局域网可以选择专线接入方式。

3．组网实施

随着网络设备价格的下降，目前组建的局域网一般都采用交换式局域网。一般来说，中小型办公局域网的规模不是很大，有几十台计算机；地理范围在一个办公楼或一个园区内，通信距离较近。为适应这一特点，在网络建设实施时应考虑以下因素：

- 网络应标准化，以支持网络扩展和互连。
- 应满足吞吐量和响应时间的要求，尤其要考虑负载峰值和平均吞吐量。
- 网络传输距离和拓扑结构应满足用户的现场环境和介质访问的要求。
- 传输介质应满足网络带宽、抗干扰和安装等要求。
- 工作站应具有相应的处理速度及内存容量。
- 网络管理软件应支持多种服务、管理功能及兼容性要求。

如图 3-12 所示为一个比较典型的中小型办公局域网的逻辑连接示意图。

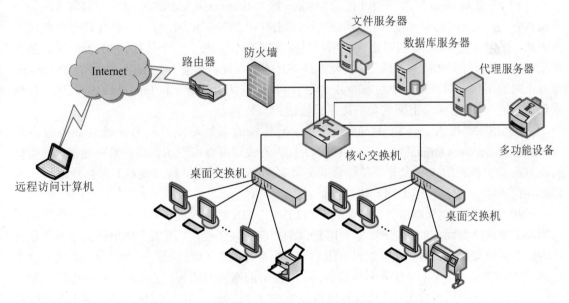

图 3-12　典型的中小型办公局域网的逻辑连接示意图

组建中小型办公局域网所需要的主要设备具体如下：

（1）网络连接介质。组网方案确定后，网络连接介质也就随之确定。一般在中小型办公局域网中使用双绞线进行连接，除非特殊需要（两个办公楼连接）或经费充足，一般不需要铺设光纤。建议购买 5 类以上的高品质的品牌双绞线，以避免劣质产品造成网络不稳定。

（2）服务器。服务器是办公网络应用的核心设备，服务器的性能和质量好坏直接关系到网络应用的效果。因此，推荐购买高品质的品牌服务器，而不要用普通的 PC 来代替，尤其不要使用组装机作为服务器。在选择服务器时主要考虑的因素包括品牌、CPU 型号、内存大小、硬盘速度等。

（3）交换机的选择。中小型办公局域网可以使用 VLAN 技术，能够有效控制广播风暴，提高网络的性能。管理员可以根据不同的职能部门或地理位置来考虑 VLAN 的设计。为了灵活配置 VLAN，需要网络中的桌面交换机和核心交换机都支持 VLAN 划分，并设置一个具有三层交换功能的交换机作为核心交换机实现 VLAN 之间的互访。

（4）打印机共享。共享文件和文件夹以及共享打印机是一个很典型的资源共享应用。通过共享文件和文件夹，方便用户将文件和文件夹从一台机器复制或搬移到另一台机器上。通过共享打印机，无须每个用户拥有独立的打印机，多个用户共享一台打印设备且无须来回移动，从而极大地节省了开销，让有限的资源发挥最大的作用。

3.3.3 接入 Internet

如前所述，无论个人建立家庭网络还是企业建立办公局域网，一般都需要连接 Internet，通过接入 Internet 获取网络上的信息。将一台计算机或网络接入 Internet，需要借助公共数据通信网络、计算机网络或有线电视网。常用的接入 Internet 的方式一般有 3 种，即电话拨号方式、专线方式和无线方式。对于学校和企事业单位的用户来说，通过局域网以专线接入 Internet 是最常见的接入方式。

（1）普通 Modem 接入。通过普通 Modem 接入 Internet 是早期的网络用户最常采用的一种接入方式。普通 Modem 接入是指用户通过拨打 ISP 的特服电话接入 Internet 的一种低速上网方式。采用普通 Modem 拨号上网的用户只需要拥有一台 PC、一个普通的 Modem 和一条电话线即可，在拨打 ISP 接入号码后，就能通过 ISP 的接入设备连接 Internet。这时，普通 Modem 拨号上网的用户可以获得一个动态的 IP 地址，用户可以使用该地址和 Internet 上的其他计算机通信。普通 Modem 拨号上网的最高速率只能达到 56Kb/s。

（2）ISDN 接入。普通 Modem 拨号上网传输的信号是模拟信号。综合业务数字网（Integrated Services Digital Network，ISDN）接入方式则可以实现端到端的数字连接，并可以实现双向的对称通信，国内的窄带综合业务数字网 N-ISDN（俗称一线通）最高速率可达到 128Kb/s，用户还可以一边上网一边打电话。

1980 年，国际电报电话咨询委员会 CCITT 对 ISDN 的定义是：ISDN 是以综合数字电话网为基础发展演变而成的通信网，它能够提供端到端的数字连接，用来支持包括话音和非话音在内的多种电信业务，用户能够通过有限的一组标准化的"多用途用户—网络接口"接入这个网络。图 3-13 显示了 ISDN 中各种设备的连接。图中的网络终端 NT 是用户与网络连接的第一道接口设备。终端适配器 TA 是将现有模拟设备的信号转换成 ISDN 帧格式进行传递的数模转换设备，有内置的插卡式设备和外置的独立式设备两种。

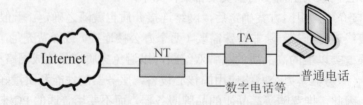

图 3-13　ISDN 中各种设备连接示意图

相对于普通 Modem 接入，ISDN 接入具有以下几个方面的优势：

1）多种业务的兼容性。ISDN 可以提供电话、传真、图像等多种业务。

2）完全的数字传输。ISDN 能够提供端到端的数字连接，即终端到终端之间的通信完全是数字化的，由于数字通信比模拟通信具有良好的传输特性，所以其信息的传输速度更快。

3）根据用户的需求提供不同的标准化接口。根据接入速率的不同，可以将 ISDN 分为两大类：ISDN 基本速率接口（Basic Rate Interface，BRI）和 ISDN 基群速率接口（Primary Rate Interface，PRI）。BRI 提供两个 B 通道和一个 D 通道（即 2B+D），B 通道的传输速率为 64Kb/s，通常用于传输用户数据；D 通道的传输速率为 16Kb/s，通常用于传输控制和信号信息。PRI 提供的通道情况在不同国家和地区有所不同，这由他们所采用的脉冲编码调制（Pulse Code Modulation，PCM）基群格式而定。在北美洲和日本，PRI 可以提供 23B+1D 的带宽，总传输速率为 1.544Mb/s；在欧洲、澳大利亚、中国和其他一些国家，PRI 可以提供 30B+1D 的带宽，总传输速率为 2.048Mb/s。

4）用户使用更加方便。由于可以同时使用连接在一对普通电话线上的两部终端，所以用户可以一边上网一边打电话，另外两台计算机或两部电话还可以同时上网或同时通话。用户可以将电话机、传真机和计算机连接在一起同时使用一条线路。

5）费用较低。ISDN 能够将各种业务综合在同一个通信网络中，这样就提高了通信网络的利用率，使用户获得最大的收益。

（3）ADSL 接入。如今宽带接入技术中使用较多的是 DSL 技术，包括 HDSL、SDSL、VDSL、ADSL 等，这些技术在信号的传输速率、传输距离和实现方式上各有不同。其中，ADSL 接入技术在我国普通用户中是使用最多的一种接入技术，它有效地提高了用户连接到 Internet 的速度。

ADSL（Asymetric Digital Subscriber Loop）技术即非对称数字用户环路技术，就是利用现有的一对电话铜线，为用户提供上、下行非对称的传输速率（带宽）。ADSL 的国际标准于 1999 年获得批准，它允许高达 8Mb/s 的下行速率和 1Mb/s 的上行速率，2002 年发布的 ADSL2 下行速率经过不断的改进，已经可以达到 12Mb/s，其上行速率仍然是 1Mb/s，随着 ADSL2+的出现，它使用双绞线上的双倍带宽（2.2 MHz）把下行速率翻了一倍，达到 24Mb/s。它最初主要是针对视频点播业务开发的，随着技术的发展，逐步成为了一种较方便的宽带接入技术，为电信部门所重视。图 3-14 显示了 ADSL 中各种设备的连接。图中的滤波分离器也称滤波器，作用是将 ADSL 所使用的高频信号与传输语音的低频信号分离开来。ADSL Modem 是最重要的一个设备，功能是将电话线上传输的模拟信号转换成计算机能够识别的数字信号，同时又将计算机发出的数字信号转换成模拟信号通过电话线发送出去。

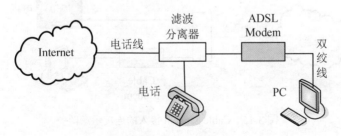

图 3-14　ADSL 中各种设备连接示意图

这种宽带接入技术具有以下特点：

● 可直接利用现有用户电话线，无须另铺电缆，节省投资。

- 渗入能力强，接入速率快，适合于集中与分散的用户。
- 能为用户提供上、下行不对称的传输带宽，符合应用特点。
- 采用点到点的拓扑结构，用户可独享高带宽。
- 可广泛用于视频业务及高速 Internet 等数据的接入。

ADSL 技术作为一种宽带接入技术，可以为用户提供以下多种业务：

1）高速的数据接入。用户可以通过 ADSL 宽带接入方式快速浏览 Internet 上的各种信息，进行网上交谈、收发电子邮件、获得所需要的信息。

2）视频点播。由于 ADSL 技术传输的非对称性，所以特别适合用户对音乐、影视和交互式游戏的点播。

3）网络互连业务。ADSL 宽带接入方式可以将不同地点的企业网或局域网连接起来，避免企业分散所带来的麻烦，同时又不影响各用户对互联网的访问。

4）家庭办公。支持企业员工家庭办公，通过高速的接入方式，员工从自己企业信息库中提取所需要的信息，甚至面对面地和同事进行交谈，完成工作任务。

5）远程教学、远程医疗等。随着生活水平的提高，人们可以在家里接受教育和再教育以及得到必要的医疗保障，通过 ADSL 宽带接入方式，人们可以获得图文并茂的多媒体信息，或者和老师或医生进行交谈。

总之，由于 ADSL 的高带宽的特点，提高了网络访问速度，给用户带来更大的利益。

（4）Cable Modem 接入。我国有线电视网发展迅速，其覆盖范围甚至超过了电信网，因此通过有线电视网进行数据传输、访问 Internet 也已成为一种主要的宽带接入方式。

电缆调制解调器（Cable Modem）是一种将数据终端设备（计算机）连接到有线电视网，使用户能进行数据通信，访问 Internet 等信息资源的设备。其主要功能是将数字信号调制到射频（RF）信号以及将射频信号中的数字信息解调出来。Cable Modem 一般有两个接口，一个用来连接墙上的有线电视接口，另一个用来和计算机连接。普通的 Cable Modem 可以实现两个不同方向的数据处理。它可以把上行的数字信号转换成模拟信号，在接收下行信号时，Cable Modem 把模拟信号转换成数字信号，交给计算机处理。为了保证信号的调制解调和传输，Cable Modem 不仅包含调制解调部分，还包含电视接收调谐、加密解密和协议适配等部分。Cable Modem 接入的连接示意图如图 3-15 所示。

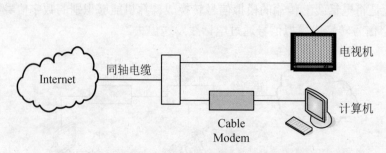

图 3-15　Cable Modem 接入的连接示意图

Cable Modem 接入 Internet 与普通的电话线接入方式相比具有一定的优势，主要体现在以下几个方面：

1）速度快。使用 Cable Modem 接入 Internet，其下行速率可达到 36Mb/s，上行速率也可达到 10Mb/s。即使采用了 ADSL 接入技术，下行速率也没有超过 10Mb/s。

2）不需要拨号和登录过程。在硬件连接完成后，用户可以随时建立和 Internet 的连接，不像电话线接入方式，需要等待几秒钟。

3）Cable Modem 可以保证上网和电视接收两不误。由于只占用了有线电视系统的一部分频谱，因而用户在上网时不影响其收看电视。

（5）无线接入。随着笔记本电脑、手机等移动通信工具的普及，用户端的无线接入业务量在不断增长。无线接入也是对现有的有线接入的补充，甚至在许多环境下无线接入比有线接入更具优势。无线接入主要分为移动接入和固定接入两大类。移动接入借助 GSM、CDMA 等技术实现连接。固定接入是从交换节点到固定用户终端采用无线接入，如数字直播卫星（Direct Broadcasting Satellite，DBS）接入和本地多点分配业务（Local Multipoint Distribution Service，LMDS）等接入方式。

1）GSM 接入技术。全球移动通信系统（GSM，也称为全球通）接入技术属于第二代移动通信技术，也是现在比较成熟的一种通信技术。该技术也是目前个人通信的一种常见技术。它采用窄带时分多址（Time Division Multiple Access，TDMA）技术，允许在一个射频内同时进行 8 组通话。GSM 网络具有较强的保密性和抗干扰能力，同时可以保证清晰的音质，并且通话稳定。目前，中国移动和中国联通各拥有一个 GSM 网络。笔记本电脑安装一块 GSM 上网卡即可实现移动上网。

2）CDMA 接入技术。码分多址（Code Division Multiple Access，CDMA）具有话音清晰、不易掉话、发射功率低和保密性强等特点，其发射功率只有 GSM 手机发射功率的 1/60。同 GSM 接入技术一样，CDMA 接入也是一种比较成熟的无线通信技术。

与 GSM 接入技术不同的是，CDMA 并不给每一个通话者分配一个确定的频率，而是让每一个频道使用所能提供的全部频谱。因此，CDMA 具有高效的频带利用率和更大的网络容量。另外，CDMA 系统采用编码技术，其编码有 4.4 亿种排列组合，这也使 CDMA 技术在安全性方面比较出色。

3）卫星接入。卫星接入是利用卫星通信系统提供的接入服务，它由人造卫星和地面站组成，用卫星转发地面站传入的无线电信号。卫星通信在 20 世纪 50 年代就已开始使用，初期的主要功能是弥补有线系统的不足，提供电话、电传和电视信号的传输服务，后来开始提供数据接入服务。进入 20 世纪 90 年代后，随着 Internet 和移动通信的迅速发展，卫星通信进入了一个崭新时期，广泛用于宽带多媒体服务和移动用户接入服务，例如能够为用户提供电话、电视和数据接入服务的 VSAT（Very Small Aperture Terminal）卫星通信系统。

（6）DDN 接入。数字数据网（Digital Data Network，DDN）是利用数字信道传输数据信号的数据传输网，它的传输介质有光纤、数字微波、卫星信道等。与其他的接入方式相比，DDN 接入方式一般用于满足中大型企业的 Internet 接入需求。

DDN 向用户提供半永久性的数字连接，它的传输时延较短，避免了分组网络中传输时延长的缺点。而且，DDN 接入可以根据用户需要在约定的时间内提供所需要的带宽，信道容量的分配和接续可以在计算机控制下进行，具有极大的灵活性，能够满足企业用户的业务需求。

在国内，企业用户可以通过 DDN 专线接入 ChinaNet，通信速率可根据用户需要在 $N\times64$Kb/s（$N=1\sim32$）之间选择。由于专线接入的线路比较稳定，企业同时可以得到在 Internet 上使用的公共 IP 地址，所以其在建立企业网站等方面能够提供更好的保证。

3.4 组建无线局域网

无线局域网（WLAN）是计算机网络与无线通信技术相结合的产物。无线局域网利用电磁波在空气中发送和接收数据，而无需线缆介质，因此所需的基础设施不需要埋在地下或隐藏在墙里。WLAN 技术使计算机连接网络具有移动性，能够快速、方便地部署和变更。与有线网络相比，WLAN 具有以下优点：

（1）安装便捷。无线局域网的安装简单，不需要布线或开挖沟槽。

（2）覆盖范围广。在有线网络中，网络设备的安放位置受网络信息点位置的限制，而无线局域网的通信范围不受环境条件的限制，网络的传输范围得到大大拓宽。

（3）经济节约。由于有线网络缺少灵活性，这就要求网络规划者要尽可能地考虑未来发展的需要，所以往往导致预设大量利用率较低的信息点，而一旦网络的发展超出了设计规划，又要花费较多的费用进行网络改造。WLAN 不受布线节点位置的限制，具有传统局域网无法比拟的灵活性，可以避免或减少以上情况的发生。

（4）易于扩展。WLAN 有多种配置方式，能够根据需要配置几个用户的小型网络到上千个用户的大型网络，并能够提供"漫游"等特性。

由于 WLAN 具有多方面的优点，所以其发展十分迅速。在最近几年，WLAN 已经在医院、商场、工厂和学校等民用领域和军用领域得到广泛应用。

3.4.1 无线局域网的分类

架构无线局域网使用无线网卡、无线 AP 等设备。根据传输载体的不同，有以下两种主要工作方式：

（1）红外线（Infrared Ray，IR）系统。红外线局域网采用小于 1μm 波长的红外线作为传输载体，有较强的方向性。它使用低于可见光的部分频谱，不受无线电管理部门的限制。红外信号要求视距传输，窃听困难，对邻近区域的类似系统也不会产生干扰。在实际应用中，由于红外线具有很高的背景噪声，受日光、环境照明等影响较大，所以一般要求较高的发射功率，当采用 LED（发光二极管）技术时，很难获得高的比特速率。

（2）无线电波（RW）系统。采用无线电波作为无线通信的传输载体，覆盖范围广，应用更加广泛。使用扩频方式通信时，一方面，直接序列扩频技术因发射功率低于自然背景噪声，具有很强的抗干扰、抗噪声、抗衰落能力，安全性和可用性较高；另一方面无线局域网使用的频段主要是 S 频段（2.4～2.4835GHz），这个频段也称为工业科学医疗频段（Industry Science Medical，ISM），在许多国家使用不受限制，属于工业自由辐射频段，不会对人体健康造成伤害。因此，无线电波成为无线局域网最常用的无线传输媒体。

无线接入技术在发展过程中标准众多，主流标准包括 802.11 系列标准、蓝牙（Bluetooth）、家庭网络（HomeRF）和高性能无线电局域网（HIPERLAN）等标准。

（1）IEEE 802.11 系列标准。IEEE 802.11 是目前无线局域网广泛采用的标准，包括以下系列标准。

1）IEEE 802.11。1990 年，IEEE 802 LAN/MAN 标准委员会成立 IEEE 802.11 无线局域网标准工作组，研究工作在 2.4GHz 开放频段的无线设备和网络发展的全球标准。1997 年 6 月，又提出 IEEE 802.11（又称 Wi-Fi、Wireless Fidelity、无线保真）标准，标准中物理层定义了数据传输的信号特征和调制，定义了两个 RF 传输方法和一个 IR 传输方法，RF 传输方法采用扩频调制技术满足绝大多数国家的工作规范。

在该标准中，RF 传输标准包括跳频扩频（FHSS）和直接序列扩频（DSSS），工作在 2.4～2.4835GHz 频段。直接序列扩频采用 BPSK（二进制相移键控）和 DQPSK（差分正交相移键控）调制技术，支持 1Mb/s 和 2Mb/s 数据速率。跳频扩频采用 2～4 电平 GFSK（高斯频移键控）调制技术，支持 1Mb/s 数据速率。红外线传输方法工作在 850～950nm 段，峰值功率为 2W，使用 4 或 16 电平脉冲定位调制技术，支持数据速率为 1Mb/s 和 2Mb/s。

2）IEEE 802.11b。1999 年 9 月，IEEE 802.11b 被正式批准。它是在 IEEE 802.11 基础上的进一步扩展，采用直接序列扩频（DSSS）技术和补偿编码键控（CCK）调制方式，其物理层分为 PLCP（物理层会聚协议）和 PMD（物理媒体相关子层）子层。PLCP 是专为写入 MAC 子层而准备的一个通用接口，并且提供载波监听和无干扰信道的评估；PMD 子层则承担无线编码的任务。IEEE 802.11b 实行动态传输速率，允许数据速率根据噪声状况在 1Mb/s、2Mb/s、5.5Mb/s、11Mb/s 等多种速率下自行调整。

3）IEEE 802.11a。IEEE 802.11a 是 IEEE 802.11 标准的补充，采用正交频分复用（OFDM）扩频技术和 QFSK（Quadrature Frequency Shift Keying，正交频移键控）调制方式，大大提高了传输速率和整体信号质量。IEEE 802.11a 和 IEEE 802.11b 都采用 CSMA/CA（载波侦听多点接入/冲突避免）协议，但物理层有很大的不同，而 IEEE 802.11a 工作在 5.15～8.825 GHz 频段，数据传输速率可达到 54 Mb/s。

4）IEEE 802.11g。2001 年 11 月，IEEE 颁布 IEEE 802.11g。它是一种混合标准，有两种调制方式：IEEE 802.11b 中采用的 CCK 和 IEEE 802.11a 中采用的 OFDM。因此，它既可以在 2.4GHz 频段提供 11 Mb/s 数据传输速率，也可以在 5 GHz 频段提供 54 Mb/s 数据传输速率。

5）IEEE 802.11i。IEEE 802.11i 对 WLAN 的 MAC 层进行了修改与整合，定义了严格的加密格式和鉴权机制，以改善 WLAN 的安全性。主要包括两项内容：Wi-Fi 保护访问（WPA）和强健安全网络（RSN），于 2004 年颁布实施。

6）IEEE 802.11e/f/h。IEEE 802.11e 标准对 MAC 层协议提出改进，支持多媒体传输和服务质量（QoS）机制。IEEE 802.11f 定义访问节点之间的通信，支持 IEEE 802.11 的接入点互操作协议（IAPP）。IEEE 802.11h 用于 IEEE 802.11a 的频谱管理技术。

（2）蓝牙（Bluetooth）。蓝牙（IEEE 802.15）是一种支持大容量近距离无线数字通信的技术标准，其目标是实现最高数据传输速度 1Mb/s（有效传输速率为 721kb/s）、最大传输距离为 10cm～10m，通过增加发射功率可达到 100m。蓝牙比 IEEE 802.11 具有更好的移动性，此外蓝牙具有成本低、体积小的特点，可用于更多的设备。

蓝牙技术一般内嵌在笔记本电脑、Palm 和 PDA（个人数字助理）、Windows CE 设备、蜂窝手机、PCS（个人通信服务）电话及其他外设的转发设备中。现在的规范允许 7 个"从属"设备和一个"主"设备进行通信。几个这样的小网络（piconet）也可以连接在一起，通过灵活的配置彼此进行沟通。

（3）家庭网络（HomeRF）。HomeRF 技术是由 HRFWG（Home RF Working Group）工作组开发的，该工作组于 1998 年成立，主要由 Intel、IBM、Companq、3Com、PHILIPS、Microsoft、Motorola 等几家大公司组成，旨在制定 PC 和用户电子设备之间无线数字通信的开放性工业标准，为家庭用户建立具有互操作性的音频和数据通信网，HomeRF 采用了 IEEE 802.11 标准中的 CSMA/CA 协议，以竞争的方式来获取信道的控制权，在一个时间点上只能有一个接入点在网络中传输数据，规定了高级别的优先权并采用了带有优先权的重发机制，确保了实时性"流业务"所需的带宽（2～11Mb/s）和低干扰、低误码。

（4）高性能无线电局域网（HIPERLAN）。HIPERLAN（High Performance Radio LAN）是由欧洲电信标准化协会（ETSI）的宽带无线电接入网络（BRAN）小组制定的无线局域网标准，已推出 HIPERLAN1 和 HIPERLAN2 两个版本。HIPERLAN2 在欧洲得到了比较广泛的支持。

HIPERLAN 网络工作在 5GHz 频段，采用了正交频分复用（OFDM）调制技术，数据是通过移动终端（Mobile Terminal, MT）和 AP 之间事先建立的信令连接进行传输，可达到 54Mb/s 的传输速率。此外，HIPERLAN 实现了自动频率分配，AP 在工作过程中同时监听环境干扰信息和邻近的 AP，进而根据无线信道是否被其他 AP 占用和环境干扰最小化的原则选择最合适的信道。在安全性方面，HIPERLAN2 网络支持鉴权和加密。通过鉴权，只有合法的用户才可以接入网络，而且只能接入通过鉴权的有效网络。

HIPERLAN 的协议栈具有很大的灵活性，HIPERLAN2 网络既可以作为交换式以太网的无线接入子网，也可以作为第三代蜂窝网络的接入网，并且这种接入对于网络层以上的用户是完全透明的。

3.4.2 无线局域网的拓扑结构

WLAN 有两种主要的拓扑结构，即自组织 WLAN（也就是对等网络，即人们常说的 Ad-Hoc 网络）和基础结构 WLAN（Infrastructure Network）。

1. 自组织 WLAN

自组织 WLAN 是一种对等模型的网络，也称 Ad-Hoc 网络，适用于临时组网需要（如应急事件处理现场）。例如一组移动计算机（也称工作站 STA）采用相同的工作组名、扩展服务集标识号（ESSID）和密码等参数，以对等方式互连，在 WLAN 的覆盖范围之内进行点对点（图 3-16）或点对多点之间的通信。

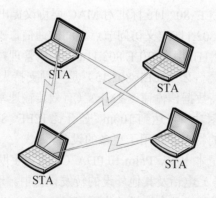

图 3-16　点对点通信

组建自组织 WLAN 不需要增添任何网络基础设施，仅需要带有无线网卡的移动节点及配置相应的协议。在这种拓扑结构中不需要有中央控制器的协调，自组织 WLAN 使用非集中式的 MAC 协议，如 CSMA/CA。

在自组织 WLAN 中，某一个节点可能会暂时处于另一个节点的传输范围以外，它接收不到另一个节点的传输信号，因此无法在这两个节点之间直接建立通信，此时这两个节点需要借助中间节点进行通信。

2. 基础结构 WLAN

基础结构 WLAN 利用高速的有线网络扩展了 WLAN 范围。在这种拓扑结构中，移动节点在访问节点（AP）的协调下接入无线信道，同时通过 AP 将无线网络与有线网络连接起来，如图 3-17 所示。

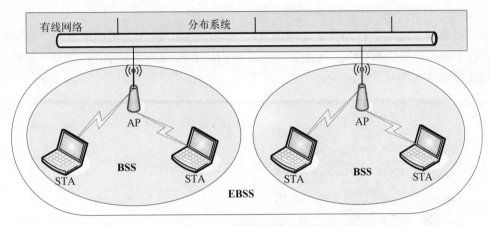

图 3-17　基础结构 WLAN

基础结构 WLAN 一般使用集中式 MAC 协议（也可以使用非集中式 MAC 协议），如轮询机制，此时协议的大部分功能都由接入点执行，移动节点只需要执行协议的一小部分功能。在基础结构 WLAN 中存在许多 AP 及其覆盖范围下的移动节点所形成的蜂窝小区，称为基本服务集（Basic Service Set，BSS），通过 AP 连接分布系统（Distribution System，DS，一般指有线网络）构成扩展基本服务集（Extend BSS，EBSS）。在目前的实际应用中，大部分 WLAN 都是基于基础结构 WLAN 应用的。

一个用户从一个地点移动到另一个地点，从一个 BSS 到另一个 BSS，称为"漫游"。漫游功能要求 BSS 之间有合理的重叠，以便用户不会中断正在通信的链路连接。访问节点之间也需要相互协调，以便用户透明地从一个 BSS 漫游到另一个 BSS。

3.4.3　无线局域网的组建与设置

目前应用最广泛的 WLAN 遵循 IEEE 802.11 系列标准，下面介绍 WLAN 的组建与设置。

1. 组建基础结构 WLAN

如上所述，基础结构 WLAN 是采用无线 AP 实现 STA 的相互通信或与有线网络通信。因此，构架基础结构 WLAN 前，需要准备 AP，每台计算机应安装无线网卡，图 3-18 给出了不同接口的无线网卡，包括 USB、PCMCIA、PCI 等接口。目前市场上许多笔记本电脑都内置了无线网卡。

组建基础结构 WLAN，首先需要安装 AP，一般无须对 AP 进行设置（除非配置安全机制和密钥），当需要通过 AP 访问有线网络时，使用双绞线将 AP 连到有线网络的交换机上即可。

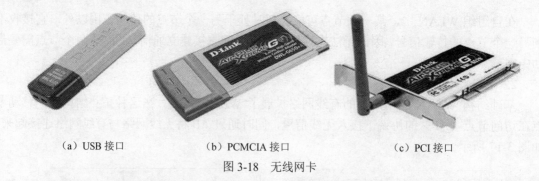

（a）USB 接口   （b）PCMCIA 接口   （c）PCI 接口

图 3-18 无线网卡

客户机系统启动后会自动搜索可用的 AP，在如图 3-19 所示的页面中单击"显示可用网络"会显示所有可用的 WLAN。图中显示了名为 6408 的无线网络，单击"连接"按钮可以使计算机连接到该无线网络中。

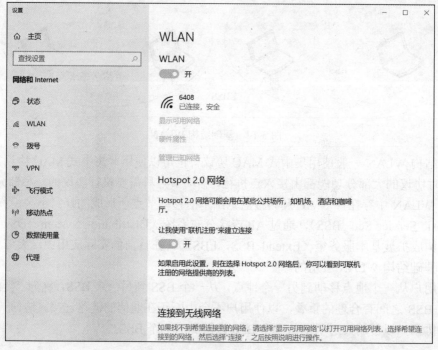

图 3-19 选择无线网络

2. 组建自组织 WLAN

如上所述，无线局域网还可以配置为自组织 WLAN，此时无需 AP，配置计算机可直接通过无线网卡相互通信，构成一个无线网络。在计算机上设置 SSID 之前需要先确认该计算机是否支持承载网络，输入 netsh wlan show drivers 命令后会显示如图 3-20 所示的信息，若有"支持的承载网络：是"信息，则可以进行下一步配置，反之则需要更新网卡驱动程序版本使计算机支持承载网络。

接下来配置该计算机的 SSID，然后启动承载，具体命令如图 3-21 所示。配置好 SSID 并启动承载后，其他计算机就可以通过本机的"显示可用网络"查看到 AP001，如图 3-22 所示。正常连接后，这些计算机之间就可以相互发送数据、共享文件了。

图 3-20　计算机支持承载网络

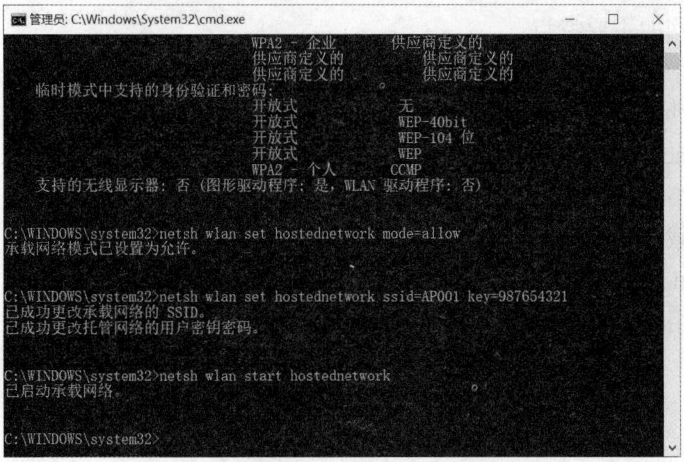

WPA2 - 企业　　　　　供应商定义的
供应商定义的　　　　　供应商定义的
供应商定义的　　　　　供应商定义的
临时模式中支持的身份验证和密码：
开放式　　　　　无
开放式　　　　　WEP-40bit
开放式　　　　　WEP-104 位
开放式　　　　　WEP
WPA2 - 个人　　　　　CCMP
支持的无线显示器：否（图形驱动程序：是，WLAN 驱动程序：否）

C:\WINDOWS\system32>netsh wlan set hostednetwork mode=allow
承载网络模式已设置为允许。

C:\WINDOWS\system32>netsh wlan set hostednetwork ssid=AP001 key=987654321
已成功更改承载网络的 SSID。
已成功更改托管网络的用户密钥密码。

C:\WINDOWS\system32>netsh wlan start hostednetwork
已启动承载网络。

C:\WINDOWS\system32>

图 3-21　配置自组织 WLAN 的 SSID 信息

图 3-22　查看配置好的 SSID

本 章 小 结

局域网是使用最广泛的一类计算机网络，其特点为传输速率较高、误码率低、价格低廉，实现了局部环境内的计算机相互通信及资源共享。以太网技术是主流局域网标准，支持100Mb/s、1Gb/s、10Gb/s 传输速率。目前局域网多采用交换机连接成星型拓扑结构，使用路由器实现网间互连。

本章给出了几种典型局域网的组建实例，介绍了局域网的设计方法，详细论述了各类局域网的组成、结构和功能，以及接入 Internet 的方式。

习 题

1. 目前组建局域网大多采用的是哪种网络结构？为什么？
2. 简述局域网的主要特点。
3. 请组建一个星型宿舍网，并实现计算机之间的互通。
4. 利用 Switch 构建局域网与利用传统的 Hub 构建局域网有哪些区别？
5. 接入 Internet 的方法有几种？
6. 与有线网络相比，WLAN 具有哪些优点？
7. 根据传输载体的不同，WLAN 有哪几种主要工作方式？
8. 什么是 Bluetooth？
9. 什么是自组织 WLAN？

实 训

实训 1 组建中小型交换式局域网

1. 目的与要求

（1）目的：练习局域网的设计方法，掌握局域网组建技术，包括硬件设备选择和软件配置。

（2）要求：已知某企业组建自己的办公网络，网络集中在一个四层楼内，1～4 层的办公计算机分别有 10 台、30 台、8 台、24 台，试规划该办公网络的拓扑结构、布局和 IP 地址规划。

2. 主要步骤

（1）做好需求分析：对网络应用特点及设备实际分布进行分析，列出硬件设备共享需求、软件应用需求。

（2）规划拓扑结构：根据需求分析进行拓扑结构的规划与设计。

（3）设备选型与配置：选择网络设备、通信线缆、服务器等。

（4）规划 IP 地址：选择 IP 地址及子网掩码。

（5）软件选择与配置：根据应用需求选择软件产品，设置相应服务。

3. 思考

如何提高网络的数据传输速率?

实训 2 组建无线局域网设计

1. 目的与要求

(1) 目的:理解 WLAN 的工作原理,掌握 WLAN 的组建方法。

(2) 要求:已知某公司的各部门经理都配备了笔记本电脑,现需要在办公室配置无线局域网,提供无线上网环境。该公司各部门集中在 2、3 层开放式办公间内。总经理室在 4 层,公司信息部在 4 层(负责管理公司的网络)。公司局域网已经连接到 Internet 上,公司网关为 192.168.0.1,其他 IP 为 192.168.0.2~192.168.0.255。

2. 主要步骤

(1) 做好需求分析:对该公司的办公环境进行详细调查,并列出网络应用需求。

(2) 选择 AP 设备:选择合适的 AP 设备,并选择合适的安装位置。

(3) AP 的安装与配置:安装 AP 并与交换机连接,设置 AP 管理用户账户和密码,进行基本设置。

(4) 笔记本电脑的网卡设置:笔记本电脑自带无线网卡,正确安装无线网卡驱动,并测试与 AP 的连通性;配置网络协议,保证笔记本电脑可以访问有线网络和 Internet。

(5) AP 的安全设置:网络连通正常,配置 AP 安全模式,如 EAP 或 IEEE 802.11i,无线终端可通过配置无线网卡防火墙来进一步提高网络访问安全性。

3. 思考

无线宽带路由器的作用与部署。

第4章 网络工程布线

本章主要介绍网络布线系统的基本概念和应用，介绍双绞线、光纤的物理特性、分类、制作与测试，讨论综合布线系统的组成、标准、设计。学习本章，重点掌握双绞线、光纤的应用、分类与制作，掌握综合布线系统的设计方法、标准。

- 双绞线的应用、分类、制作与测试。
- 光纤的应用、分类、制作与测试。
- 综合布线系统的概念、组成、标准、设计与施工。
- 综合布线系统设计实例。

4.1 网络传输介质概述

网络数据的传输需要有传输介质，或称传输媒体。常用的传输介质可分为两类：有线传输介质和无线传输介质。在计算机网络应用中，有线传输介质主要有同轴电缆、双绞线和光纤，无线传输介质主要有无线电波和红外线等。本章主要介绍有线传输介质。

同轴电缆是由一根空心的外圆柱导体及其所包围的单根内导线组成，如图4-1所示。它的屏蔽性能好，抗干扰能力强，主要用于组建总线型拓扑结构的局域网。早期的局域网多使用同轴电缆，现在已很少使用了。有线电视系统中使用的就是同轴电缆（型号为75ΩRG-59）。

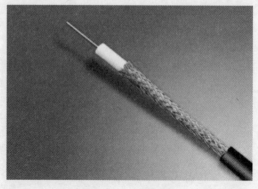

图4-1 同轴电缆

4.2 双 绞 线

4.2.1 双绞线及其分类

双绞线（Twisted Pair，TP）由两根具有绝缘保护层的铜导线按一定密度互相绞在一起，其外部包裹金属层或塑胶外皮。常用的双绞线由被分成 4 对的 8 根不同颜色的线按一定的密度扭绞在一起，成对扭绞的作用是尽可能地减少电磁辐射与外部电磁干扰的影响。铜导线的直径为 0.4～1mm，其扭绞方向为逆时针，绞距为 3.81～14cm，相邻线对的扭绞长度差约为 1.27cm。双绞线的缠绕密度、扭绞方向和绝缘材料将直接影响它的特性阻抗、衰减和近端串扰等技术指标。

双绞线按其外部包缠的外皮材料的不同可分为屏蔽双绞线（Shielded Twisted Pair，STP）和非屏蔽双绞线（Unshielded Twisted Pair，UTP），如图 4-2 和图 4-3 所示。非屏蔽双绞线由多个线对外包裹一层塑胶护套构成。非屏蔽双绞线由于无屏蔽层，所以具有安装简便、较细小、成本低、节省空间等优点。屏蔽双绞线是在护套内增加了金属屏蔽层，按增加的金属屏蔽层的数量和绕包方式，又可分为金属箔双绞线（Foil Twisted Pair，FTP）、屏蔽金属箔双绞线（Shielded FTP，SFTP）和屏蔽双绞线（STP），一般将这 3 种双绞线统称为屏蔽双绞线（STP）。在双绞线中增加屏蔽层的目的就是提高电缆的物理性能和电气性能，减少电缆信号传输中的电磁干扰。因此，屏蔽双绞线比非屏蔽双绞线有更高的传输速率，但价格较高，安装复杂。除某些特殊场合（如受电磁辐射严重、对传输质量要求很高等）使用 STP 外，一般情况下都采用 UTP。

图 4-2 屏蔽双绞线   图 4-3 非屏蔽双绞线

双绞线可以用来传输模拟声音信号，同样适用于数字信号的传输，特别适用于较短距离的信号传输。

非屏蔽双绞线可分为 3 类（CAT3）、4 类（CAT4）、5 类（CAT5）、超 5 类（CAT5e），以及 6 类（CAT6）和 7 类（CAT7）。其中，3 类 UTP 适应以太网（10Mb/s）对传输介质的要求，是早期局域网中广泛使用的传输介质；4 类 UTP 因标准的推出比 3 类 UTP 晚，而传输性能与 3 类 UTP 相比提高不多，所以一般较少使用；5 类 UTP 因价廉质优广泛应用于快速以太网（100Mb/s）；超 5 类与 5 类 UTP 相比，衰减和串扰更小，性能得到很大提高，主要用于千兆以太网（1000Mb/s）。6 类适用于传输速率高于 1Gb/s 的应用，可以传输语音、数据和视频，适合高速和多媒体网络需要。

目前，采用以太网标准组建局域网多使用 5 类 UTP 和交换机构成星型拓扑结构，其有效传输距离为 100m。当双绞线的质量较好、周围环境的干扰不强时，可适当加长双绞线的长度。在双绞线产品中，主要的品牌有安普（AMP）、西蒙（Siemon）、朗讯（Lucent）、丽特网络（NORDX/CDT）、IBM 公司的 ACS 银系列等。

4.2.2 双绞线的制作与测试

双绞线一般用于星型拓扑结构的布线,每条双绞线两端安装的 RJ-45 连接器（俗称水晶头）与网卡、交换机相连。图 4-4 所示为水晶头实物图，图 4-5 给出了两端都带有 RJ-45 连接器的双绞线，常称其为双绞线跳线。

图 4-4 水晶头实物图

图 4-5 双绞线跳线

EIA/TIA（美国电子工业协会/电信工业协会）标准中规定了两种制作双绞线的线序，即 EIA/TIA 568A 与 EIA/TIA 568B。为保持最佳的兼容性，普遍采用 EIA/TIA 568B 标准制作双绞线。需要注意的是，在一个网络中布线应采用一种线序标准。两种标准在制作双绞线时的线序如表 4-1 所示，其中引脚如图 4-6 所示（注意 RJ-45 接头方向）。

表 4-1 线序标准

引脚	1	2	3	4	5	6	7	8
T568A 标准	白绿	绿	白橙	蓝	白蓝	橙	白棕	棕
T568B 标准	白橙	橙	白绿	蓝	白蓝	绿	白棕	棕

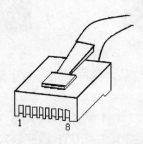

图 4-6 RJ-45 接头引脚顺序

实际上，EIA/TIA 568A 标准与 EIA/TIA 568B 标准的区别就是把一个标准的引脚 1 和 3 对调，2 和 6 对调。

双绞线跳线一般有 3 种线序：直通、交叉和全反。

（1）直通线。直通线两端的线序相同，例如双绞线两端都采用 EIA/TIA 568A 标准（或 EIA/TIA 568B 标准）制作，如图 4-7（a）所示。直通线一般用来连接两个性质不同的接口，如 PC 到交换机/集线器，交换机/集线器到路由器。

（2）交叉线。交叉线的两端使用不同的标准，一端按 EIA/TIA 568A 标准接线，另一端按 EIA/TIA 568B 标准接线，如图 4-7（b）所示。交叉线一般用于连接两个性质相同的端口，如交换机到交换机、集线器到集线器、主机到主机、主机到路由器等。

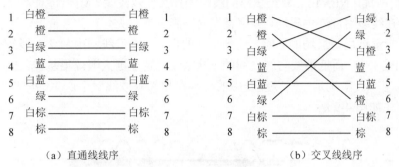

（a）直通线线序   （b）交叉线线序

图 4-7　线序示意图

（3）全反线。全反线的两端都采用一个标准，但一端的顺序是 1～8，而另一端顺序是 8～1。这种连接方式主要用于主机的串口和路由器（或交换机）的 Console 端口连接。

目前，许多交换机可以自动识别线序，即无论用直通线还是交叉线连接相同设备或不同设备均可正常工作。

在以太网中，并不是 RJ-45 插座的 8 个引脚中的每一个引脚都会用到。在 100Base-T 网络中，RJ-45 插头的引脚 1 和引脚 2 连接的是 8 芯双绞线中的一对线，而引脚 3 和引脚 6 连接的是另外一对线。其中一对线用于发送数据，另一对线则用于接收数据。其余第 4、5、7、8 引脚则作为保留而未被使用。也就是说，100Base-T 网络只要使用 RJ-45 插头的第 1、2、3、6 共 4 个引脚就可以导通，当然这不符合 EIA/TIA 标准。因此，在实际架设 100Base-T 网络时建议最好将 8 个引脚全部都接上双绞线，以适应将来发展的需要。

双绞线跳线在制作时需要 RJ-45 压线钳，如图 4-8（a）所示，通过剪断、剥皮和压制等操作完成双绞线的制作。制作好的双绞线的连通性测试可使用如图 4-8（b）所示的测试仪，当然也可以使用后续章节介绍的专业测试仪器来全面测试线缆的性能指标。

 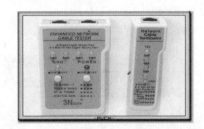

（a）RJ-45 压线钳   （b）双绞线连通测试仪

图 4-8　双绞线工具及测试仪

4.2.3　双绞线的性能参数

双绞线的性能参数主要有以下几个：

（1）衰减（Attenuation）。衰减是指链路中传输所造成的信号损耗（以分贝 dB 为单位表示）。一般造成衰减的原因包括电缆材料的电气特性和结构、不恰当的端接、阻抗不匹配形成的反射、发热等。如果衰减过大，会导致电缆链路传输数据不可靠。

衰减与双绞线的线缆长度和信号的频率有关，线缆越长，信号频率越高，信号衰减越大。由于衰减随频率而变化，因此在线缆测试中应测量应用范围内的全部频率上的衰减。

（2）近端串扰（NEXT）。双绞线内的线缆为什么要双绞呢？由于每对双绞线上都有电流流过，所以会在线缆附近产生磁场，频率越高这种影响就越大。为了尽量抵消线与线之间的磁场干扰，包括抵消近场与远场的影响，达到平衡的目的，双绞线利用两条导线绞合在一起，这样由于相位相差180°而抵消线与线之间的干扰。绞距越小则抵消效果越佳，也就越能支持较高的数据传输速率。串扰是一对双绞线中的信号在相邻双绞线对中产生的容性和感性耦合现象。串绕的产生如图4-9所示。

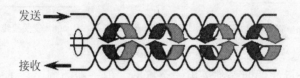

发送
接收

图4-9　串扰的产生

串扰的大小以实际信号幅度与耦合信号幅度之比来衡量。如果实际信号的幅度与耦合信号的幅度都是在同一端测量的，则称为近端串扰（Near End Cross Talk，NEXT），以 dB 来表示。NEXT 的值越大，线路上的串扰就越小，传输通路的质量也就越好。由于串扰与数据信号的频率有关，所以要测量不同频率下所有线对组合的串扰大小。例如，如果被测对绞电缆中有4 根双绞线对，则至少要测量 12 次。在 TSB 67 标准中，描述了频率范围在 1～31.25MHz、间隔为 250kHz 的 NEXT 测量方法。在实际应用中，为了减轻串扰干扰，将对绞电缆中的线对绞合起来，这也是为什么局域网中使用的对绞电缆（TIA/EIA 3 类、4 类、5 类线）的绞合度比电话电缆（TIA/EIA 1 类线）要高得多。

使用专业线缆测试仪可以精确测量 NEXT 值，例如福禄克（FLUKE）测试仪通过时域到频域的转换（测试的结果是频率的函数），测量时在时域发送一个方波信号（相当于无数正弦波的叠加），针对 5 类线测量范围可以为 1～100MHz，针对 6 类线测量范围可以为 1～250MHz。近端串扰测量示例如图 4-10 所示。

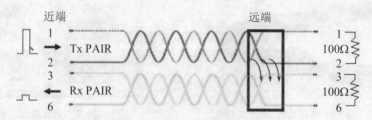

近端　　　　　　　　　　　　　　远端
1　Tx PAIR　　　　　　　　　　　　1　100Ω
2　　　　　　　　　　　　　　　　2
3　Rx PAIR　　　　　　　　　　　　3　100Ω
6　　　　　　　　　　　　　　　　6

图4-10　近端串扰的测量

NEXT 的大小不仅取决于线缆本身，而且连接通路的接收器、最终的连接头，以及制作连接时的技术水平都对它有很大影响。保持线对紧密地绞接和线对间的平衡可以有效降低串扰。在施工时，为降低串扰，打开绞接的长度一般不能超过 13mm。

此外，在链路两端测量到的 NEXT 值是不一样的，因此所有的测试标准都要求在链路两端测量 NEXT 值。

（3）特性阻抗。特性阻抗是指电缆无限长时的阻抗，由电缆的各种物理参数，如电感、电容、电阻的值决定，而这些值又取决于导体的形状、同心度、导体之间的距离和电缆绝缘层的材料。网络的良好运行取决于整个系统中一致的阻抗，阻抗的突变会造成信号的反射，从而使信号传输发生畸变，导致网络错误。各种电缆具有不同的特性阻抗，双绞线电缆则有 100Ω、120Ω 和 150Ω 三种。

（4）衰减串扰比（ACR）。由于衰减效应，接收端所接收到的信号是最微弱的，但接收端也是串扰信号最强的地方。对非屏蔽电缆而言，串扰是从其发送端感应过来的最主要的杂信号。为了正确评价衰减和串扰对传输通路误码率的影响，一般需要测量双绞线的衰减串扰比（Attenuation-to-Crosstalk Ratio，ACR）。ACR 是近端串扰（NEXT）与衰减（A）的差值，ACR（dB）=NEXT（dB）−A（dB）。ACR 体现的是电缆的性能，也就是在接收端信号的富裕度，因此 ACR 值越大越好。ACR 的值越趋近于 0dB，通信差错的概率就越大。

（5）回波损耗。回波损耗是由电缆连接器的阻抗异常引起的，反射信号叠加在有用信号上就会产生信号抖动，将测得的实际信号波形与相关标准给出的样图相比较，就可以得出信号抖动的大小。与 NEXT 相同，反射也以 dB 来表示，也应在不同频率下进行多次测量。

（6）线缆长度。可以用时域反射计（Time Domain Reflectometer，TDR）测量，即由 TDR 向被测线缆插入测试信号脉冲，并记录脉冲从被测线缆对端返回所经历的时间（以 ns 为单位），然后再乘以该线缆中的信号传播速度即可得到被测线缆的长度。因为被测线缆段的两端及沿途的连接点处均会产生反射信号，所以这种测量方法能够检测线缆的故障数量及其位置。

（7）远端串扰（FEXT）与等电平远端串扰（ELFEXT）。远端串扰（Far End Cross Talk，FEXT）类似于 NEXT，但其信号是从近端发出的，而串扰杂信号则是在远端测量到的。FEXT 也必须在链路的两端进行测量。

FEXT 并不是一种很有效的测试指标。电缆长度对测量到的 FEXT 值的影响会很大，这是因为信号的强度与它所产生的串扰及信号在发送端的衰减程度有关。因此，两条型号一样的电缆会因为长度不同而有不同的 FEXT 值，这时可以用等电平远端串扰（Equal Level Far End Cross Talk，ELFEXT）值的测量来代替 FEXT 值的测量。EXFEXT 值是 FEXT 值减去衰减量后的值，也可以将 ELFEXT 理解成远端的 ACR。为了测量 ELFEXT，测试仪的动态量程（灵敏度）必须比所测量的信号低 20dB。

（8）累加功率（PSNEXT）。累加功率（Power Sum NEXT，PSNEXT）实际上是一种计算公式，而不是一个测量步骤。PSNEXT 值是由 3 对线对另一对线的串扰的代数和推导出来的。PSNEXT 与 ELFEXT 的测量对像千兆以太网必须使用 4 对线传输信号的网络来说是非常重要的。在每一条链路上会有 4 组 PSNEXT 值。

（9）传播延迟（Propagation Delay）。传播延迟是指一个信号从电缆一端传到另一端所需的时间。一般 5 类 UTP 的延迟时间在每米 5～7ns。ISO 则规定 100m 链路最差的时间延迟为 1μs。这就是局域网要有长度限制的主要原因之一。

（10）延迟差异（Delay Skew）。延迟差异是一种在 UTP 电缆里传播延迟最大与最小的线对之间的传输时间差异。有些电缆厂家考虑到铜缆材料的缺点，将一对或两对线对换成了其他材料，这样就会产生较大的时间差异。尤其在运行千兆以太网的应用时，过大的时间差异会导致同时从 4 线对发送的信号无法同时抵达接收端的情况。一般要求在 100m 链路内的最长时间差异为 50ns，但最好在 35ns 以内。

（11）结构化回损（SRL）。结构化回损（Structural Return Loss，SRL）所测量的是电缆阻抗的一致性。由于电缆的结构无法完全一致，因此会引起阻抗发生少量的变化。阻抗的变化会使信号产生损耗。SRL 与电缆的设计及制造有关，它不像 NEXT 一样常受到施工质量的影响。SRL 以 dB 表示，其值越大越好。

4.3   光纤与光缆

4.3.1   光纤及其分类

光纤（光导纤维的简称）是一种传输光束的介质。用于计算机网络通信的光纤一般采用石英玻璃制成的横截面积较小（直径在几微米到 120 微米）的双层同心圆柱体。典型的光纤结构自内向外为纤芯、包层和涂覆层，如图 4-11 所示。

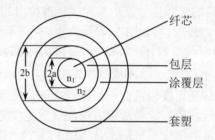

图 4-11   光纤的结构

包层的折射率略小于纤芯的折射率，按几何光学的全反射原理，光线被束缚在纤芯中传输。在包层外面是 5～40μm 的涂覆层，作用是增强光纤的机械强度，同时增加光纤的柔韧性。光纤的最外面常有 100μm 的缓冲层或套塑层。纤芯和包层是不可分离的，两者组成裸光纤。用光纤工具剥去外皮和塑料层后，暴露在外面的是涂有包层的纤芯。实际上，我们很难看到真正的纤芯。使用光纤有以下几个优点：传输距离远、传输带宽高、数据安全性高、传输抗干扰性强。

一般光纤可以从材料成分、制造方法、传输点模数、工作波长等方面来进行分类。但从网络工程设计角度考虑，一般根据光纤的传输点模数可将其分为单模光纤（Single Mode Fiber，SMF）和多模光纤（Multi Mode Fiber，MMF）。"模"是指以一定角速度进入光纤的一束光。

单模光纤采用固体激光器作光源，多模光纤则采用 LED 作光源。单模光纤的纤芯直径很小，在给定的工作波长上只能以单一模式传输，传输速率高、容量大、距离远，通常在建筑物之间或地域分散时使用。多模光纤的芯线粗，在给定的工作波长上能以多个模式同时传输信号，从而形成模分散，限制了带宽和距离，因此多模光纤的传输速度低、距离短，但成本低，一般用于建筑物内或地理位置相邻的环境下。多模光纤的纤芯直径一般为 50～200μm，而包层直径的变化范围为 125～230μm，如常用的光纤纤芯直径为 62.5μm，包层为 125μm，也就是通常所说的 62.5/125μm 规格。

在网络工程中，短距离一般采用 62.5/125μm 规格的多模光纤，户外长距离布线（大于 2km）则选用 10/125μm 规格的单模光纤。

4.3.2 光缆

光纤传输系统中使用的是光缆而不是光纤。把若干根光纤疏松地置于特制的塑料绑带或铝皮内，再被涂覆塑料或用钢带铠装，加上外护套后就成为光缆。光缆按其中的光纤纤芯的数量可以分成单芯光缆、双芯光缆、多芯光缆等，如图 4-12 所示。

（a）单芯光缆　　　　　　　　　　（b）双芯光缆　　　　　　　　（c）多芯光缆

图 4-12　光缆实物图

光缆用于数据传输具有以下优点：

（1）频带较宽，传输容量大。多模光纤的带宽可达 2000MHz，单模光纤的带宽可达 10GHz 以上。

（2）电磁绝缘性能好。光纤中传输的是光束，由于光束不受外界电磁干扰与影响，而且本身也不向外辐射信号，因此它适用于长距离、安全性要求高的信号传输。当然，抽头困难是它固有的难题，因为割开的光纤需要再生和重发信号。

（3）衰减较小。在较长距离和范围内，光纤传输信号是一个常数。

（4）成本低。较小的衰减可以减少整个通道中继器的数量，中继器的间隔可以较大，从而降低成本。

（5）传输质量高。根据贝尔实验室的测试，当数据传输速率为 420Mb/s 且传输距离为 119km 无中继器时，其误码率为 10^{-8}，可见光纤的传输质量很好。

4.3.3 光纤的制作与测试

1. 光纤的连接方式

光纤传输具有单向特性，如果进行双向通信，那么就需要使用双股光纤。若需要对不同频率的光进行多路传输和多路选择，则需要光学多路转换器。

安装光纤需要格外谨慎。连接每条光纤时都要磨光端头，通过电烧烤或化学环氯工艺与光学接口连在一起，确保光通道不被阻塞，光纤不能拉得太紧，也不能形成直角。光纤的连接方式主要有永久性连接、应急连接、活动连接 3 种。

（1）永久性连接（又称热熔接）。熔接是指用放电的方法，通过光纤熔接机把两条光纤熔合到一起，合成一段完整的光纤，一般用于长途接续、永久固定连接。在所有光纤的连接方式中，永久连接的信号衰减最低，典型衰减为 0.01～0.03dB/点，但在连接时需要专用设备（光纤熔接机）和专业人员进行操作，而且连接点也需要专用容器保护起来。

（2）应急连接（又称冷熔、压接）。应急连接用机械和化学的方法，将两根光纤固定并粘接在一起，并用套管固定，与热熔接相比这种方法更方便，但信号衰减大，典型衰减为 0.1～0.3dB/点。这种连接方式的主要特点是连接迅速、可靠，但连接点长期使用会不稳定，衰减也会大幅度增加，一般用于短时间内应急。

（3）活动连接（又称连接器连接）。活动连接是利用各种光纤连接器件（插头和插座），将站点与站点、站点与光纤连接起来的一种方法。这种方法灵活、简单、方便、可靠，多用在建筑物内的计算机网络布线中，如设置配线架，其典型衰减为 1dB/接头。

光纤的制作工具有开缆工具、光纤剥离钳、光纤剪刀、光纤连接器、压接钳、光纤切割工具、光纤熔接机、光纤工具箱等。

2. 光纤跳线

一般网络布线工程中可选用现成的光纤跳线和尾纤。常见的光纤连接器（接口）有 ST 型和 SC 型，ST 型是圆头的，SC 型是方头的。其他还有 LC 型、FJ 型、MT-RJ 型和 VF45 型微型光纤连接器，如图 4-13 所示。

光纤跳线是两端带有光纤连接器的光纤软线，如图 4-14 和图 4-15 所示。和双绞线跳线一样，光纤跳线用于连接网络设备、配线架、服务器和工作站等。不同的光纤接头要对应相应的光纤插座（也称为光纤耦合器，如图 4-16 所示）和不同接口的光纤收发器。

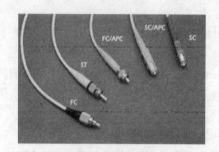

图 4-13　光纤连接器

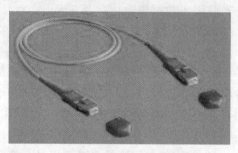

图 4-14　SC 型光纤跳线

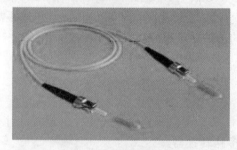

图 4-15　ST 型光纤跳线

图 4-16　光纤插座

光纤尾纤的一端是光纤，另一端连光纤连接器。一条光纤跳线剪断后就形成两条光纤尾纤。

4.3.4　光纤的应用

光纤通信以其信息容量大、保密性好、重量轻、体积小、无中继段距离长等优点被广泛应用在通信、交通、工业、医疗、教育、航空航天和计算机等行业。

在进行计算机网络设计时，应根据实际应用情况，参考光纤的应用范围和机械性能指标，选择合适的光纤产品。在组建内部网（Intranet）时，常采用单模光纤作远距离骨干通信链路，采用多模光纤作近距离骨干通信链路。根据所使用光纤的类型，在交换机上需配置单模或多模光电转换接口，前者比后者贵得多。

采用以太网标准，光纤可支持 10Mb/s、100Mb/s、1000Mb/s 传输速率，但在不同传输速率下采用不同类型、不同波长的光纤通信距离有不同限制。例如在 IEEE 802.3z 中，定义千兆以太网在 1Gb/s（1000Mb/s）速率下传输，1000Base-SX 标准允许多模光纤在使用短波长传输时采用 62.5μm 光纤最远通信距离可达 220～275m，采用 50μm 光纤通信距离可达 500～550m。1000Base-LX 标准支持多模光纤（50μm）传输 550m，单模光纤传输 3km，在设计网络选择光纤时一定要注意传输速率与通信距离的要求。

4.4　综合布线系统及设计

4.4.1　综合布线系统概述

1. 综合布线系统的定义与特点

综合布线系统定义为：通信电缆、光缆、各种软电缆及有关连接硬件构成的、能支持多种应用的通用布线系统。综合布线是一种模块化的、灵活性极高的建筑物内或建筑群之间的信息传输通道。它既能使语音、数据、图像设备和交换设备与其他信息管理系统彼此相连，又能使这些设备与外部相连。

目前在商用建筑布线工程的实施上遵循结构化布线系统（Structured Cabling System，SCS）标准，它仅限于电话和计算机网络的布线。结构化布线系统的代表产品称为规整化布线系统（Premises Distribution System，PDS）。通常我们所说的综合布线系统是指结构化布线系统。

综合布线系统的特点有以下几个：

（1）实用。支持数据、语音和多媒体等多种系统的通信，适应未来技术发展的需要。

（2）灵活。一个信息接入点可支持多种类型的设备，可连接计算机设备或电信设备。

（3）开放。可以支持不同的计算机网络结构，支持各个厂家的网络设备。

（4）模块化。使用的所有接插件都是积木式的标准件，使用和管理方便。

（5）易扩展。系统非常容易扩充，在需要时可随时在系统中增加设备。

（6）经济。一次投资建设，长期使用，维护方便，整体投资经济。

2. 综合布线系统标准

国际和国内综合布线系统的主要标准有以下几个：

（1）ISO/IEC IS 11801。1993 年 10 月，ISO/IEC（国际标准化组织/国际电工委员会）颁布 ISO/IEC IS 11801 文件，该文件称为"创始性的用户建筑布线"标准文件，它将综合布线系统划分为 3 个子系统，规定了墙上插座、水平干线子系统电缆、跳线尤其是连接线路的衰减值、串扰值、反射值等电气性能参考值。

（2）CELENEC EN 50173。欧洲电工标准化委员会（CENELEC）在 ISO/IEC IS 11801 标准基础上制定颁布了欧洲的标准 CELENEC EN 50173（信息技术—通用布线系统），并得到欧洲共同体批准，从 1995 年 7 月开始执行。CELENEC EN 50173 与 ISO/IEC IS 11801 基本上一致，但比 ISO/IEC IS 11801 严格，它更强调电磁兼容性，提出采用线缆屏蔽层使线缆内部的双绞线对在高带宽传输的条件下具备更强的抗干扰能力和防辐射能力。

（3）EIA/TIA 568A/568B。EIA/TIA 于 1995 年 10 月正式颁布商业建筑通信布线标准 EIA/TIA 568A。EIA/TIA 568B 由 EIA/TIA 568A 演变而来，经过 10 个版本的修改，于 2002 年 6 月正式出台。它将综合布线系统划分为 6 个子系统。本章后面介绍的内容主要依据该标准。

（4）中国工程建设标准化协会。中国工程建设标准化协会颁布的标准有两个，即《建筑与建筑群综合布线系统工程设计规范》（GB/T 50311—2000）和《建筑与建筑群综合布线系统工程验收规范》（GB/T50312—2000）。这两个标准都是在美国标准基础上结合我国特点编制的，将综合布线系统划分为 6 个子系统。这两个标准只是关于 100MHz 5 类布线系统的标准，不涉及超 5 类以上的布线系统。

4.4.2　综合布线系统的组成

一般地，综合布线系统以非屏蔽双绞线和光缆为主要传输介质，采用分层星型拓扑结构。综合布线系统包括工作区子系统、水平子系统、管理子系统、垂直干线子系统、设备间子系统、建筑群子系统 6 个子系统，如图 4-17 所示。每一个子系统相互独立，单独设计，单独施工。每一个子系统均可视为独立的单元组，修改任一子系统不影响其他子系统。

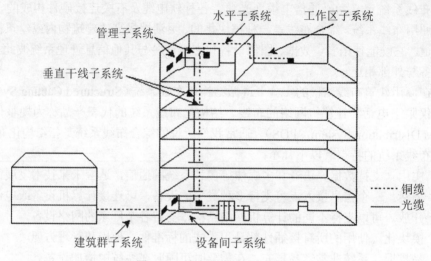

图 4-17　综合布线系统的组成

1. 工作区子系统

工作区是工作人员利用终端设备进行工作的地方，工作区子系统由终端设备、连接到水平子系统信息插座之间的连线线缆等组成，如图 4-18 所示。终端设备可以是电话、数据终端和计算机等。

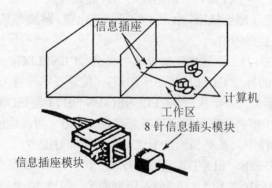

图 4-18　工作区子系统

2．水平子系统

水平子系统又称平面楼层系统，是同一楼层内铺设的线缆，是综合布线系统水平走线部分，提供楼层配线间至用户工作区的通信干线和端接设施，如图 4-19 所示。水平主干线通常使用屏蔽双绞线或非屏蔽双绞线，也可以根据需要选择光缆。采用双绞线构成的水平主干子系统，通常最远延伸距离不能超过 90m。水平子系统的布线方式一般走墙体内或地面里的线槽或在天花板吊顶内布线，不提倡走地面线槽。线槽应选择金属管或阻燃强度高的管材。

3．管理子系统

在综合布线系统中，管理子系统是垂直干线子系统和水平子系统的连接、管理系统，对本楼层所有的信息点实现配线管理及功能变换，由通信线路互连设施和设备组成，通常设置在楼层的设备配线间内。其主要设备包括配线架、跳线、交换机、理线器、机柜等，如图 4-19 所示。

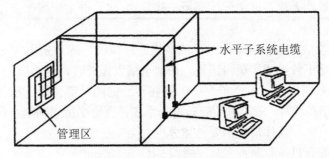

图 4-19　水平与管理子系统

4．垂直干线子系统

垂直干线子系统又称主干线子系统或垂直竖井系统，是综合布线系统的垂直走线部分，负责从管理子系统到设备间子系统的连接，一般指从主交换机（楼宇交换机）到分交换机（楼层交换机）之间的布线，提供各楼层管理间和设备间设备之间的互连，如图 4-20 所示。

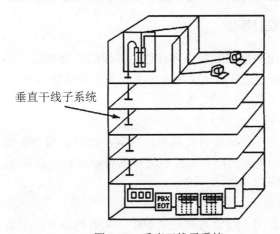

图 4-20　垂直干线子系统

垂直干线子系统一般采用光纤或大对数双绞线电缆，并通常铺设在弱电竖井内（在新的建筑物中，通常在每一层同一位置都有封闭型的小房间，称为弱电竖井）或专用上升管路内。垂直干线子系统也称为骨干子系统或干线子系统。

5. 设备间子系统

设备间子系统又称机房子系统，是在每一幢大楼的适当地点放置进出线设备、网络互连设备的场所。设备间子系统包括主配线架及各种公共设备。它的功能是将各种公共设备（包括计算机主机、数字程控交换机、各种控制系统等）与主配线架连接起来，同时也是网络管理和值班人员的工作场所。通过设备间子系统可以完成各楼层配线子系统之间通信线路的调配、连接和测试，可以与本建筑物外的公用通信网连接。

为便于布线、节省资金，设备间一般选择在大楼的中间，距离各楼层均比较近。同时设备间要远离干扰源，内外环境要求相对较高，这些都直接影响系统的性能和稳定性。

6. 建筑群子系统

建筑群子系统（又称户外系统）是建筑物间相互连接所采用的通信电缆、光纤、微波等以及相连接的所有设备（包括保护装置）。在由多幢建筑物构成建筑群时，经常选择地理位置处于中心地带的建筑物为建筑群主配线架所在建筑物，建筑群主配线架直接与其他各建筑物的主配线架相连。

建筑群子系统通信线路通常采用单模或多模光纤线缆，或者采用大对数铜线对电缆。其铺设方式一般采用地下管道或沟渠内铺设。在地下铺设困难时，也可以采用架空铺设。

尽管综合布线系统规定了 6 个子系统，但并不一定同时都需要，应根据具体情况而定。例如，当给单幢楼宇布线时，就不需要建筑群子系统；当给平房式别墅小区布线时，就不需要垂直干线子系统。总之，具体情况需要具体分析。

布线的方法主要有以下几种：

（1）暗道布线。暗道布线指已在地板下和墙体内预埋了管道的布线方法，主要用于新建建筑。

（2）天花板吊顶内布线。天花板吊顶内布线是指将布线放在天花板吊顶里。

（3）墙壁线槽布线。这是一种明铺方式，主要用在没有暗敷管槽的已建成建筑物中。在施工中应尽量把缆线固定在隐蔽的装饰线下或不易被碰触的地方，保证缆线安全。

4.4.3　综合布线系统设计等级

在网络工程设计时，应根据实际需要选择适当等级的综合布线系统。对于建筑物的综合布线系统，一般可以根据其复杂程度定义为 3 种不同的布线系统等级：基本型综合布线系统、增强型综合布线系统和综合型综合布线系统。

1. 基本型综合布线系统

基本型综合布线系统是一种经济有效的布线方案，适用于综合布线系统中配置较低的场合，主要以铜芯双绞线作为传输介质。它能够支持语音或综合型语音/数据产品，并能够全面过渡到综合型综合布线系统。

2. 增强型综合布线系统

增强型综合布线系统适用于综合布线系统中中等配置的场合，主要以铜芯双绞线作为传输介质。它不仅支持语音和数据的应用，而且支持图像、影像、影视、视频会议等。另外，增强型综合布线系统还能为增加的功能提供发展的余地。

3. 综合型综合布线系统

综合型综合布线系统适用于综合布线系统中配置标准较高的场合，一般用双绞线和光缆混合布线作为传输介质。

　　所有基本型、增强型、综合型综合布线系统都能支持语音、数据、图像等系统，能随工程的需要转向更高功能的布线。它们之间的主要区别在于：支持语音和数据服务所采用的方式；在移动和重新布局时实施线路管理的灵活性。

　　综合布线系统的发展包括集成布线系统和智能家居布线系统。

　　集成布线系统的基本思想是回答下列问题："现在的综合布线系统对语音和数据系统的综合支持给我们带来一个启示，能否使用相同或类似的综合布线思想来解决楼宇自控系统的综合布线问题，使各楼宇控制系统都像电话/计算机一样成为即插即用的系统呢？"西蒙公司根据市场的需要，在 1999 年初推出了整体大厦集成布线（Total Building Integration Cabling，TBIC）系统。TBIC 系统扩展了综合布线系统的应用范围，以双绞线、光缆和同轴电缆为主要传输介质，支持语音、数据及所有楼宇自控系统弱电信号远传的连接，为大厦铺设一条完全开放的、综合的信息高速公路。它的目的是为大厦提供一个集成布线平台，使大厦真正成为即插即用大厦。

　　智能家居布线系统是一个小型的综合布线系统，它可以作为一个完善的智能小区综合布线系统的一部分，也可以完全独立成为一套综合布线系统。它以实现家庭信息化为目标，基本实现三电（电话、电视、电脑）一体，三线（电话线、数据线、有线电视线）合一，发展交互式电视技术。智能家居布线也要参照综合布线标准进行设计，但其结构相对简单。

4.4.4　综合布线的主要设备及工具

1. 信息插座

　　信息插座的外形类似于电源插座，其作用是为计算机提供一个网络接口。信息插座一般包括信息插座模块、信息插座面板，墙上型信息插座还需要配上底盒，以便嵌入墙体，产品形态如图 4-21 所示。

　　（a）信息插座模块　　　　　　　（b）信息插座面板（单孔、双孔）　　　　　（c）信息插座底盒

图 4-21　信息插座产品形态

　　信息插座面板可以根据不同的需求进行选择，如单孔、双孔、双绞线/光纤混合等，有些甚至还有闭路视频接口。信息插座面板的外观有英式、美式和欧式 3 种。国内普遍采用英式信息插座面板，为 86mm×86mm 正方形规格。信息插座面板一般为平面插口，也有设计成斜口插口的。由于存在结构上的差异，不同厂商的信息插座面板和信息插座模块可能不配套，因此工程安装时，两者应尽量选择同一厂商的产品。

　　预埋在墙体里的信息插座底盒一般是塑料材质，也有金属材质的，一个信息插座底盒安装一个信息插座面板，且信息插座底盒的大小必须与信息插座面板的制式相匹配。

　　信息插座可以安放在墙壁、地面或桌面上，一般要求采用标准的 RJ-45 插头，可采用明盒或暗盒安装，可根据实际工作区大小确定信息点数（信息插座数）。工作区子系统一般都是非永久固定系统，用户经常根据需要进行移动或改变。

信息模块分为打线模块（又称冲压型模块）和免打线模块（又称扣锁端接帽模块）两种。打线模块需要专用打线工具将每个电缆线对的线芯端压接在插座上，图 4-22 和图 4-23 给出了两种打线工具。扣锁端接帽采用了一种简单快速的"压入"安装方式，端接帽每次扣锁时能确保导线全部端接并且防止导线滑动。也有一些类型的模块既可用打线工具也可用扣锁端接帽压接线芯。所有模块的每个端接槽都有 T568A 和 T568B 接线标准的颜色编码。

图 4-22　单打线工具

4-23　多对打线工具

2．配线架

配线架通常放置于管理间、设备间内。使用配线架布线更规范，其可用来调整网络拓扑结构，拓展网络更简捷。系统管理人员利用配线架可以很方便地对网络进行管理维护。

配线架在小型网络中不是必需的。例如，在一间办公室内部建立一个网络，可以用双绞线跳线直接把计算机和交换机连接起来。而在楼宇或建筑群综合布线系统中，一层楼上的所有终端都需要通过线缆连接到管理间的分交换机上。这些线缆的数量很多，如果都直接接入交换机，则很难辨别交换机接口与各终端间的关系。因此，为了便于管理，在综合布线系统中必须使用配线架，如图 4-24 所示。

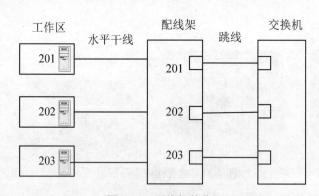
图 4-24　配线架的作用

配线架通常可分为主干配线架（即一端来自外部线路，另一端接建筑楼宇内部网络）、分支配线架（通常用于建筑楼宇内部，如垂直干线子系统或水平子系统）、建筑群配线架、建筑配线架和楼层配线架。每个楼层的线缆在楼层配线架处集中；各楼层配线架的线缆在建筑配线架处集中；建筑配线架的线缆最后将汇集到建筑群配线架处。

根据连接线缆的类型，网络工程中常用的配线架有双绞线配线架和光纤配线架。

（1）双绞线配线架。双绞线配线架的作用是在管理子系统中将双绞线进行交叉连接，用在主配线间和各分配线间。双绞线配线架的种类和型号有很多，每个厂商都有自己的产品系列，并且对应 3 类、5 类、超 5 类、6 类和 7 类线缆分别有不同的规格和型号，在具体项目中，应参阅产品手册，根据实际情况进行配置。图 4-25 和图 4-26 给出了双绞线配线架正面跳线插口和背面配线板示意图，图 4-27 给出了配线工具及配线方法示意图（俗称打线）。

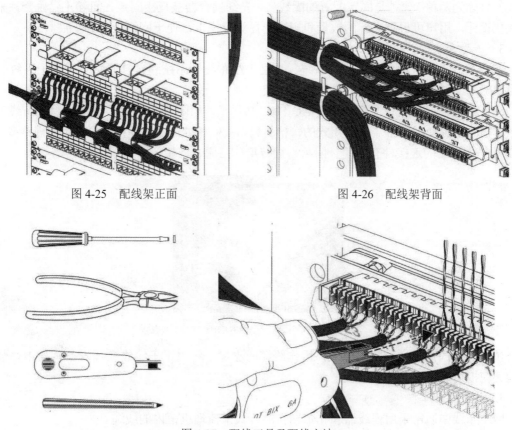

图 4-25 配线架正面   图 4-26 配线架背面

图 4-27 配线工具及配线方法

（2）光纤配线架。光纤配线架的作用是在管理子系统中将光缆进行连接，通常用在主配线间和各分配线间。多芯光缆一般从光纤配线架的后部接入，其中每条光纤通过熔接或压接连接到光纤尾纤，并接入对应的光纤耦合器；耦合器的前部可以插接光纤跳线，用以进行光纤跳接或接入网络设备或服务器等。图 4-28 给出了一种光纤配线架。

图 4-28 一种光纤配线架

光纤配线架是光传输系统中的一个重要的配套设备，主要用于光缆终端的光纤熔接、光连接器的安装、光路的调配、多余尾纤的存储和光缆的保护等，使光纤通信网络可以灵活使用。

根据光纤配线架结构的不同，光纤配线架可分为壁挂式和机架式。壁挂式光纤配线架可直接固定在墙体上，一般为箱体结构，适用于光缆条数和光纤芯数都较少的场所。机架式光纤配线架可分为两种：一种是固定配置的配线架，光纤耦合器被直接固定在机箱上；另一种采用模块化设计，用户可根据光纤的数量和规格选择对应模板，便于网络调整和扩展。

3. 线管和线槽、桥架

综合布线工程中，水平布线子系统、垂直干线布线子系统和建筑群主干布线子系统的施工材料除线缆材料外，最重要的是管槽和桥架。

线管分为钢管和塑料管，线槽主要是 PVC 塑料槽，如图 4-29 所示。线槽是综合布线工程明敷管槽时广泛使用的带盖板封闭式的管槽材料，盖板和槽体通过卡槽合紧，品种规格多。与 PVC 塑料槽配套的连接件有阳角、阴角、直转角、三通、连接头、终端头等。

图 4-29　 线槽示意图

桥架通常固定在楼顶或墙壁上，用作线缆的支撑。将水平干线线缆铺设在桥架中，装修后的天花板可以将桥架完全遮蔽。

4. 线缆整理工具

网络布线中通常采用理线器和扎带捆扎的方式来梳理机柜内的线缆。

（1）扎带。扎带分为尼龙扎带和金属扎带。使用带有标签的尼龙扎带，在整理线缆的同时可以加以标记；使用带有卡头的尼龙扎带，可以将线缆稳定地固定在面板上。

（2）理线架（过线槽）。在配线架上安装理线架，用于支撑和理顺电缆。理线架为电缆提供平行进入 RJ-45 模块的通路，使电缆在压入模块之前不再多次直角转弯，从而减少自身的信号损耗，同时也能保证布线的美观、规范。

5. 机柜与机架

目前很多工程级设备的面板宽度都为 19 英寸标准机柜，如图 4-30 所示。使用机柜，不仅可以增强电磁屏蔽、削弱设备工作噪声、减少设备占地面积、便于使用和维护等，通常还具备提高散热效率、空气过滤等功能，用于改善精密设备工作环境质量。

19 英寸标准机柜内设备安装所占高度用一个单位 "U" 表示，1U=44.45mm。机柜一般都是按 nU 的规格制造。多少个 "U" 的机柜表示能容纳多少个 "1U" 的配线设备和网络设备。例如，24 口配线架高度为 1U 单位，普通型 24 口交换机一般的高度为 1U 单位。

一般是配线架在机柜下部，交换机在其上部，每个配线架之间要有一个理线器，每个交换机之间也要有理线器，正面的跳线从配线架中出来后要全部放入理线器，然后从机柜侧面绕到上部的交换机间的理线器中，再进入交换机。这样既美观又方便管理。

与机柜相比，机架（如图 4-31 所示）具有价格相对便宜、搬动方便的优点。不过机架一般为敞开式结构，不像机柜通常采用全封闭或半封闭结构，所以不具备增强电磁屏蔽、削弱设备工作噪声、防尘等特性。机架适合要求不高的设备叠放，以减少占地面积。

图 4-30 机柜

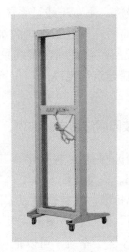

图 4-31 机架

当然，电工工具箱等在布线施工中也是必不可少的，工具箱一般包括钢丝钳、尖嘴钳、斜口钳、剥线钳、一字螺丝刀、十字螺丝刀、测电笔、电工刀等常用工具，以及一些常用小材料，如水泥钉、自攻螺钉、塑料膨胀管等。

4.5 综合布线系统设计实例

4.5.1 综合布线设计准备工作

在综合布线系统设计前，应进行下列设计准备工作：

（1）与布线项目工程用户一起进行用户需求分析。

（2）考察现场、查阅图纸、熟悉建筑物的结构。

（3）理顺与建筑物整体工程的关系。

（4）掌握设计的标准、要点、原则和步骤。

（5）根据网络拓扑结构确定综合布线的系统结构。

（6）熟悉布线产品市场，为工程选择布线产品。

（7）绘制布线系统图和施工图纸。

综合布线系统通常要覆盖一幢建筑物或几幢建筑物，因此在整个综合布线系统设计过程中必须根据建筑物的建筑结构来选择各个子系统的分布及相应的设计方法，具体包括以下几个方面：

（1）确定设备间的位置和大小。设备间的位置可考虑与安装了其他系统配套设备的房间合用，以节省房间面积和减少线路长度，但要求各个系统中安装主机的房间在建筑设计中尽量相邻。

（2）确定管理间的位置和大小。由于管理间不仅要安放配线架、交换机等网络设备，还要对本楼层的所有信息点进行管理,因此应根据每层楼信息点的密集程度和位置确定管理间的位置和大小。

（3）设计垂直干线子系统。垂直干线子系统是通信网络的骨架,是把设备间的电缆引向各个楼层的设施。垂直干线子系统一般由管道、电缆孔、通道和电缆井组成。

（4）确定管理间到工作区的水平布线。水平子系统在智能化建筑中分布到各个楼层,几乎覆盖各个楼层,它是综合布线系统中最为烦琐复杂的支线部分,最邻近用户。

（5）安排建筑物电缆入口位置。根据用户引入线的位置及路由的需要设计通信电缆引入建筑物的进出口。

4.5.2 校园网综合布线实例

某小型校园网有 5 幢楼宇,其中教学实验楼 4 幢,图书馆 1 幢。各个楼宇之间的距离为 200～300m。信息点约 500 个。其中一号教学楼共七层,现需要完成综合布线系统的设计。要求符合国际标准,支持快速以太网的应用,能适应将来技术的发展。

经过分析,其设计方案的主要内容如下:

（1）工作区子系统。可以把每个需要使用网络的房间看作一个工作区子系统,设计时考虑以下几点:

1）工作区内的线槽铺设合理、美观。

2）安装在墙壁上的信息插座建议应距离地面 30cm 以上。

3）信息插座与计算机终端设备的距离建议保持在 5m 以内。

4）每一个工作区至少应配置一个 220V 交流电源插座。

（2）水平子系统。水平子系统将电缆线从每一楼层的工作区的信息插座上引到管理间的配线架上,结构多为星型。其设计涉及水平子系统的传输介质和部件集成。设计者应根据建筑物的结构特点,从路线最短、造价最低、施工方便、布线规范等几个方面考虑布线,可采用直接埋管线槽方式、架空方式,不提倡地面线槽方式。水平布线一般选用 5 类 UTP,注意其传输距离不要超过 90m。如果需要更高宽带应用,则可以采用光缆。

（3）管理子系统。可在每一楼层设置一个管理间用来管理该楼层的信息点。可在管理间放置机柜,安装交换机、配线架等网络设备。管理子系统提供了与其他子系统连接的手段,管理员可以安排或重新安排路由,通信线路应能方便延续到建筑物内部的各个信息插座。

（4）垂直干线子系统。垂直干线子系统的任务是通过建筑物内部的传输电缆把各个楼层管理间的信号传送到设备间,直到传送到最终接口,再通往外部网络。应选择电缆长度最短、最安全、最经济的路由。通常宜选带门的封闭型通道来铺设干线电缆。垂直干线子系统一般选用超 5 类 UTP 电缆或多模光纤。

（5）设备间子系统。设备间是在每幢大楼的适当地点设置进线设备,是管理人员进行网络管理及值班的场所。设备间子系统包括综合布线系统的建筑物进线设备、电话和计算机等主机设备。设备间内的所有进线终端设备应该采用色标区别各种不同用途的配线区,便于用户对整个系统的管理。可选择中间楼层靠近楼梯的房间,以方便管理。要求室内有电源、干净、干燥、安全。

（6）建筑群子系统。建筑群子系统中的建筑群配线架等设备安装在室内,而其他所有线路设施都安装在室外,受客观环境和建设条件影响较大。由于综合布线系统大多采用有线通信方式，所以一般通过建筑群子系统与公用通信网连成。由于楼间距超过 200m，所以可采用多模光纤。建筑群子系统的建筑方式应尽量采用地下铺设，当然根据具体情况也可以采用架空、直埋等方式。

综合布线产品选型应遵循以下原则：

1）满足功能需求。
2）满足环境实际。
3）选用主流产品。
4）符合相关标准。
5）性能价格比原则。
6）售后服务保障。

生产综合布线产品的国内外厂商有康普（CommScope）、罗格朗（Legrand）、施耐德电气（Schneider）、西蒙（Siemon）、大唐电信（DTT）、清华同方、天纪（Telege）、德特威勒（DATWYLER）等。

4.5.3 布线系统的验收与测试

（1）布线系统的验收。布线的施工工艺质量影响整个网络布线的质量，所以对布线必须进行认证测试，以决定链路是否能达到设计要求。这里我们以 5 类 UTP 为例介绍认证测试内容。

对综合布线系统的测试实质上就是对线缆的测试。据统计，约有一半以上的网络故障与电缆有关，电缆本身的质量及其安装质量都直接影响网络运行，而且线缆一旦施工完毕，想要维护很困难。

TIA/EIA 568A 的 TSB67《非屏蔽双绞线电缆布线系统传输性能现场测试规范》于 1995 年被正式通过，它全面地定义了电缆布线的现场测试内容、方法和对测试仪器的要求。随后的 ISO/IEC IS 11801 标准同样对网络布线的测试制定了相应的标准。

TSB67 中首先定义了两种测试模式：基本链路（Basic Link）和通道（Channel）。Basic Link 不包括用户端使用的电缆（这些电缆包括连接用户 PC 与信息插座或配线架与交换机的连接线），测试要求严格；而 Channel 是作为一个完整的端到端链路定义的，它包括连接网络站点和交换机的全部链路，以及用户的末端电缆。选择哪种测试模式应根据用户的实际需要。

对于电缆的测试，一般遵循"随装随测"的原则。根据 TSB67 的定义，现场测试一般包括接线图、链路长度、衰减和近端串扰等部分。

1）接线图。接线图用来测试、验证链路是否正确连接。它不仅是一个简单的逻辑连接测试，而且要确认链路一端的每一个针与另一端相应的针连接，同时对串扰进行测试，保证线对正确绞接。出现的错误可能包括以下几个：

- 开路：指线路中有断开现象，一般造成此现象的原因是水晶头处线缆接触不良，使用线缆测试设备都能定位故障点。
- 短路：指线路中有一根或多根线金属内芯互相接触，导致短路。
- 错对/跨接：指在布线过程中两端的打线方法错误，即一端使用了 EIA/TIA 568A 另一端使用了 EIA/TIA 568B 的打法，通常此种打线方法用在网络设备的级连或者网卡之间的连接，但作为一般的布线来说要求两端的打线方法应一致，至于模块的打线方法可以参考上面的色标。

- 反接：由于一对线的两端正负极连接错误，一般认为奇数线号为正电极，偶数线号为负电极，如 EIA/TIA 568B 中为引脚 1 的白橙线为第一线对的正极，引脚 2 的橙线为负极，这样可以形成直流环路。

- 串绕：打线中常见的一种错误，产生的主要原因是没有严格遵守打线标准，标准中规定 1、2 为一线对，3、6 为二线对，如果把 3、4 打成了二线对则会造成较大的信号泄漏，即产生了 NEXT，这样会导致用户上网困难或间接性中断，尤其在 100Mb/s 的网络中尤为明显。

2）链路长度。根据 TIA/EIA 606 标准的规定，每一条链路长度都应记录在管理系统中。注意这里所说的"长度"是线缆绕对的长度，并不是线缆表皮的长度，因为线缆绕对的长度要比线缆表皮的长度长，并且 4 对绕对的线缆线对的绞率不同，每对长度可能不同。

一般精确计算线缆的长度时，需要有准确的额定传输速率（Nominal Velocity of Propagation，NVP）值，由于 NVP 具有 10%的误差，所以在测量中应考虑稳定因素。从测试仪得到的长度测量结果只能是较好的近似值而不会是精确值。NVP 的计算公式如下：

NVP=信号在线缆中传输的速度/信号在真空中传输的速度×100%

一般 NVP 值为 69%，此值可以咨询生产厂商。

3）衰减。衰减是沿链路的信号损失的测量，过量衰减会使电缆链路传输数据不可靠。衰减随频率的变化而变化，所以应测量应用范围内的全部频率上的衰减，一般步长为 1MHz。TSB67 定义了一个链路衰减的公式，并给出了 20℃时两种测量模式的衰减允许值表。

4）近端串扰：前面已经给出了 NEXT 的概念，此处不再赘述。由于串扰也是随频率变化的，TSB67 标准规定，5 类 UTP 链路必须在 1～100MHz 的频宽内测试串扰，测试步长为：在 1～31.25MHz 频率范围内，最大步长为 0.1MHz；在 31.26～100MHz 频率范围内，最大步长为 0.25MHz。

NEXT 需要在双绞线链路的每一对线之间测试，如 4 对双绞线要进行 6 组测试。同时，对 NEXT 要进行双向测试。

（2）布线系统的测试。布线系统的测试过程一般分成以下 3 步：

1）布线施工人员随装随测，此时只测试电缆的通断、打线方法、长度和走向。例如，可以使用福禄克公司的 F620 进行这种测试，通常这是给布线施工人员使用的一般性电缆检测工具。

2）当电缆布线施工完毕后，需要对全部电缆系统进行认证测试，此时要根据国际或国家标准，如 TSB67、ISO/IEC IS 11801 等，对电缆系统进行全面检查、测试，以保证所安装的电缆系统符合标准。此时需要测试各种电气参数，最后给出测试报告。测试报告中包括了测试的时间、地点、操作人员姓名、使用的标准和测试的结果。

3）施工完毕，需要由第三方对电缆系统进行抽测。抽测代表公正，同时是对施工的验收。电缆系统抽测的比例通常为 10%～20%。

本 章 小 结

综合布线是网络工程中的重要环节，完成通信介质的部署、铺设与测试，是保证网络通信基础设施稳定性、可靠性的重要工作。双绞线、光纤是组建局域网、园区网的主要通信介质，掌握它们的应用特点、制作方法和测试方法是进行网络设计和建设的基本要求。本章重点介绍了综合布线系统的设计、系统实施过程与原则以及验收标准，并通过典型综合布线系统的设计实例帮助读者理解综合布线系统的概念与应用。

习　题

1．简述综合布线系统的主要标准。

2．简述综合布线系统的组成。

3．综合布线系统常用的传输介质有哪几种？简述各自的特点及应用场合。

4．简述双绞线的分类及性能指标。

5．一根非屏蔽双绞线中共有几芯几对，每对的颜色是怎样的？

6．简述光纤的结构和类型。

7．综合布线系统的常用配件有哪些？配线架的作用是什么？

8．怎样制作双绞线跳线？

9．光纤的主要连接方式有哪 3 种？常见的光纤接头主要有哪 3 种？

10．简述标准机柜的结构、尺寸和性能指标。

11．"1U"的含义是什么？

12．简述综合布线系统的工程设计步骤。

13．练习双绞线与 RJ-45 连接器的连接。

14．识别常见的双绞线信息插座，掌握其安装方法以及与双绞线的连接方法。

15．练习使用一根双绞线的两端分别连接信息插座与配线架。

16．综合布线系统的工业标准有哪些？

17．识别常见的线槽、桥架及其附件，了解它们的基本作用以及使用条件和方法。

18．访问 2~3 个采用综合布线系统构建的校园网或企业网，观察该校园网或企业网各子系统所采用的传输介质和布线方法，注意布线系统与用户需求以及建筑物地理环境之间的关系。

19．访问一个采用综合布线系统构建的校园网或企业网，观察该网络系统的基本组成以及每一部分的覆盖范围、结构和所采用的设备，并且判断该网络的设计等级。

20．到市场上调查目前常用的某品牌的 4 对超 5 类和 6 类 UTP，观察双绞线的结构和标识，对比两种双绞线的价格以及性能指标。

21．到市场上调查目前常用的光缆，包括光纤跳线、室内光缆和室外光缆，观察各种光缆的结构，了解各种光缆的价格、性能指标及主要应用。

22．访问采用综合布线系统构建的校园网与企业网，观察该布线系统所采用的线缆连接器、配线架、线槽、桥架及各种附件，了解这些部件在网络中的作用和安装方法。

23．阅读几个不同布线厂商提供的分别适用于小型公司、校园、大型企业的完整的综合布线设计方案，了解目前一般厂商针对不同用户需求以及不同地理环境提供的网络布线产品和布线方法。

24．请考察所在教学楼或宿舍楼的环境以及楼中各用户对网络的需求，结合所学知识选择合适的传输介质、线缆连接器和其他布线产品，选择适当的布线方法为该教学楼或宿舍楼设计一个综合布线系统，并且写出网络布线方案。

实　　训

实训 1　双绞线的制作

1．目的与要求

（1）了解与布线有关的标准。

（2）理解 3 类 UTP 的应用。

（3）掌握 3 类 UTP 的制作。

2．主要步骤

（1）剥线。用压线钳的剥线部分在线缆的一端剥出一定长度的线缆。按白绿、绿、白橙、蓝、白蓝、橙、白棕、棕的顺序分离 4 对电缆，并将它们捋平。维持该颜色顺序及电缆的平整性，用压线钳把线缆剪平，并使未绞合在一起的电缆长度不要超过 1.2cm。

（2）压线。将线缆放入 RJ-45 连接器，在放置过程中注意 RJ-45 连接器的把子朝下，RJ-45 连接器的口对着自己，并保持线缆的颜色顺序不变，确认护套也被插入插头。把电缆推入得足够紧凑，从而确保从终端查看插头时能够看见所有的导体，并检查线序以及护套的位置，确保它们都是正确的。把插头紧紧插入压线钳的压线部分，彻底对其进行压接。

（3）利用同样的方法制作线的另一端（线对的颜色根据是直通、交叉、全反有所不同，可参考 4.2 节）。

（4）连通性测试。使用双绞线测线仪测试所做线缆的连通性。

3．思考

如何制作直通、交叉、全反线，它们的线序有何不同？

实训 2　免打线模块的端接

1．目的与要求

（1）了解信息模块的应用。

（2）掌握免打线模块的端接方法。

2．主要步骤

（1）用双绞线剥线器将双绞线塑料外皮剥去 2～3cm。

（2）按信息模块扣锁端接帽上标定的 B 标（或 A 标）线序打开双绞线。

（3）理平、理直线缆，斜口剪齐导线（便于插入）。

（4）线缆按标示线序方向插入扣锁端接帽，注意开绞长度（至信息插座底盒卡接点）不能超过 13mm。

（5）将多余导线拉直并弯至反面。

（6）从反面顶端处剪平导线。

（7）用压线钳的硬塑套将扣锁端接帽压接至信息插座底盒。

免打线模块端接完成后的效果如图 4-32 所示。

图 4-32　免打线模块的端接

3. 思考

信息模块的作用是什么？

实训 3　双绞线配线架的连接

1. 目的与要求

（1）掌握压线钳的使用方法。

（2）掌握打线工具的使用方法。

（3）掌握配线架的端接方法。

2. 主要步骤

（1）利用压线钳将线缆剪至合适的长度。

（2）利用剥线钳剥除双绞线的绝缘层包皮（大约 2.5cm）。

（3）依据所执行的标准和配线架的类型将双绞线的 4 对线按照正确的颜色顺序一一分开。注意，千万不要将线对拆开。

（4）根据配线架上所指示的颜色将导线一一置入线槽。将打线工具的刀口对准信息模块上的线槽和导线，垂直向下用力，听到"喀"的一声，模块外多余的线则被剪断。

（5）重复步骤（2）～（4）的操作，端接其他双绞线。

（6）将线缆理顺，并利用尼龙扎带将双绞线与理线器固定在一起。

（7）利用尖嘴钳整理扎带，配线架端接完成。

3. 思考

如果打线时不按照配线架上指示的颜色，会出现什么问题？

实训 4　常见双绞线测线仪的使用

1. 目的与要求

（1）掌握网络电缆测试仪 FLUKE620 的使用方法。

（2）掌握用 DSP-2000 测试仪测试双绞线的方法。

（3）学会撰写双绞线测试报告。

2. 主要步骤

（1）使用 FLUKE620 测试仪测试双绞线的连通性、电缆长度。

（2）用 DSP-2000 测试仪测试双绞线的近端串扰、衰减。

（3）撰写双绞线认证测试报告。

3. 思考

对双绞线进行测试时可能会有哪些故障？其原因是什么？

第5章　交换机的配置与管理

本章导读

　　交换机是常见的计算机网络互连设备，初学者需要了解它的基本工作原理、配置与管理方法。本章主要介绍交换机的基本概念和工作原理、交换机的基本配置、虚拟局域网的基本配置等内容。读者应在理解三层交换、虚拟局域网等相关概念的基础上重点掌握交换机的工作原理、配置与管理等内容。

本章要点

* 交换机的基本概念。
* 交换机的工作原理。
* 交换机的基本配置。
* 虚拟局域网的基本配置。

5.1　交换机概述

　　交换机按照工作层次的不同可以分为二层交换机、三层交换机和四层交换机。二层交换机工作在 OSI 参考模型的第二层，即数据链路层，能识别 MAC 地址，通过解析数据帧中目的主机的 MAC 地址将数据帧快速地从源端口转发至目的端口。三层交换机是带路由功能的交换机，工作在 OSI 参考模型的第三层，即网络层，相当于一个多端口的路由器，能根据 IP 地址转发数据包，当然三层交换机也可工作在 OSI 参考模型的第二层。四层交换机工作在 OSI 参考模型的第四层，即传输层，依据 TCP/UDP 应用端口号，支持传输层数据报交换应用，可以为网络应用资源提供最优分配，实现应用服务的负载均衡。本节将重点讨论二层交换机。

5.1.1　交换机的工作原理

1. 交换机的逻辑结构

　　交换机逻辑上由两部分组成：输入/输出接口和数据转发逻辑。其中输入/输出接口用于连接网络中的节点设备，数据转发逻辑则负责把数据转发到正确的端口。

　　交换机数据转发逻辑结构如图 5-1 所示，一般包括以下 4 个部分：

　　（1）端口接口：与交换机物理接口对应的逻辑单元实现所有的一层和二层交换机功能。

　　（2）过滤/转发逻辑：负责转发接收到的数据帧。数据帧到达后，交换机将其目的 MAC 地址与 MAC 地址表中的 MAC 地址列比较，若能查找到相应表项，并且目的端口与源端口（接收到该数据帧的端口）不同，则转发数据帧至目的端口，若目的端口与源端口一致，则丢弃该数据帧；若查找不到相应表项，则将数据帧广播到所有端口（除了接收到该数据帧的端口）。

（3）学习逻辑：其功能是动态维护 MAC 地址表。交换机刚刚初始化时，MAC 地址表为空，交换机每接收一个数据帧，学习逻辑部件将其 MAC 地址及对应端口添加或更新到 MAC 地址表中。

（4）MAC 地址表：包括两列信息，节点的 MAC 地址及其对应端口。MAC 地址表通过学习逻辑部件动态更新，并被转发逻辑部件用于过滤/转发数据帧。MAC 地址表是交换机性能的一个重要参数，其大小决定了局域网中可接入网络设备的数量。

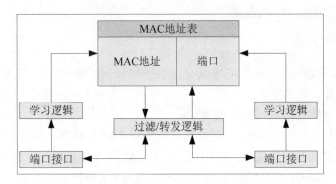

图 5-1　交换机数据转发逻辑结构

2．交换机的转发方式

交换机如何转发数据帧呢？通常采用 3 种转发方式：直通转发式、存储转发式和碎片隔离式。其中，存储转发式是目前交换机的主流交换方式。

（1）直通转发式（Cut-through）。交换机一旦解读到数据帧目的地址，就开始向目的端口发送数据帧。通常，交换机在接收到数据帧的前 6 个字节时就已经知道目的地址，从而可以决定向哪个端口转发这个数据帧。直通转发式的优点是转发速率快、延时短和整体吞吐率高，缺点是交换机在没有完全接收并检查数据帧的正确性之前就已经开始转发数据，这样在通信质量不高的环境下，交换机会转发不完整数据帧和错误数据帧，消耗网络带宽资源。因此，直通转发式适用于网络链路通信质量较好、错误数据帧少的网络环境。

（2）存储转发式（Store and Forward）。采用存储转发技术，交换机首先存储接收到的数据帧，然后决定如何转发。这样，交换机可以在转发之前检查数据帧的完整性和正确性。优点是不转发残缺的数据帧，缺点是转发速率比直通转发式慢。因此，存储转发式比较适合普通链路质量的网络环境。

（3）碎片隔离式（Fragment Free）。碎片隔离式是介于直通转发式和存储转发式之间的一种交换方式。它在转发前先检查数据帧的长度是否达到 64 字节（512 bit），如果小于 64 字节，则说明是假帧（或称残帧），丢弃该数据帧；如果大于 64 字节，则转发该帧。这种转发方式的数据处理速度比存储转发式快，比直通转发式慢，但由于能够避免残帧的转发，所以被广泛应用于低档交换机中。

交换机可以看作一台特殊的计算机，它也由硬件和软件组成。软件部分主要是互联网际操作系统（Internetwork Operation System，IOS，区别于苹果系统 iOS），交换机的启动及正常运行都由 IOS 控制。硬件部分主要包括 CPU、端口和存储介质等。交换机的端口主要包括以太网端口（Ethernet）、快速以太网端口（Fast Ethernet）、吉比特以太网端口（Gigabit Ethernet）

和控制台端口（Console）等。存储介质主要包括只读存储器（Read Only Memory，ROM）、闪存（Flash Memory，Flash）、非易失性随机存取存储器（Non-Volatile Random Access Memory，NVRAM）和动态随机存取存储器（Dynamic Random Access Memory，DRAM）等。其中，ROM相当于 PC 的基本输入输出系统（Basic Input Output System，BIOS），交换机加电启动时，将首先运行 ROM 中的程序，对交换机硬件自检并引导启动 IOS；Flash 相当于 PC 的硬盘，但速度要快得多，主要存储 IOS，可通过写入新版本的 IOS 来实现对交换机的升级；NVRAM 用于存储交换机的配置文件。ROM、Flash 和 NVRAM 中的内容在掉电时不会丢失。DRAM 是一种可读写存储器，相当于 PC 的内存。

5.1.2 交换机的分类

从广义上划分，交换机可分为广域网交换机和局域网交换机。广域网交换机主要应用于广域网中的网络互连，提供通信的基础平台；而局域网交换机则应用于局域网，用于连接终端设备，本章介绍的交换机指局域网交换机。

从传输介质和传输速度上划分，交换机可分为以太网交换机、快速以太网交换机、千兆以太网交换机、万兆以太网交换机、FDDI 交换机、ATM 交换机和令牌环交换机等。

从网络规模角度划分，交换机可分为企业级交换机（又称核心交换机）、部门级交换机（又称骨干交换机）和工作组级交换机（又称桌面交换机）3 种。

从结构上划分，交换机可分为固定端口交换机和模块化交换机。固定端口交换机只能提供有限的端口和固定类型的接口，其连接的用户数量和所使用的传输介质存在一定的局限性。模块化交换机（如具有插槽的裸机上安装的接口模块）提供了更大的灵活性和可扩充性，用户可任意选择不同数量、不同速率和不同接口类型的模块，满足不同的网络需求。

从网络协议分层划分，交换机可分为二层交换机、三层交换机和四层交换机。二层交换机根据数据链路层的信息（MAC 地址）完成不同端口间的数据交换。工作组级交换机一般采用二层交换。三层交换机具有路由功能，能识别网络层的 IP 信息，并将 IP 地址用于网络路径的选择，能够在不同网段间实现数据的线速交换，一般用于汇聚层。四层交换机不仅可以完成端到端的交换，还能根据端口主机的应用特点确定或限制其交换流量。简单地说，四层交换机是基于传输层数据包的交换过程的一类基于应用层用户应用交换需求的新型局域网交换机。

5.1.3 交换机产品简介

目前生产交换机的主流厂商主要有思科（Cisco）、华为 3Com 公司、神州数码和锐捷网络等。网络集成项目中常见的 Cisco 交换机有以下几个系列：1900/2900 系列、3500 系列、6500系列。它们分别使用在网络的低端、中端和高端。下面以 Cisco 交换机产品为例对交换机进行介绍。

1. Cisco 低端交换机

Cisco 低端交换机产品的典型代表是 1900/2900 系列，通常用作接入层交换机。例如，2950系列交换机是一种固定配置、可堆叠的设备，具有较好的性价比。图 5-2 所示为 Cisco Catalyst 2950-T24 交换机，该交换机有固定的 24 个 10/100M 自适应以太网端口和 2 个 10/100M 自适应上行链路以太网端口，提供了快速以太网连接，可放置于主配线间和中间配线间，作为楼层交换机或桌面交换机。

2．Cisco 中端交换机

Cisco 中端交换机产品中的 3500 系列使用广泛，很有代表性。3500 系列交换机是一种企业级可堆叠交换机，具备高可用性、可扩展性和安全性，可作为中型网络的线速三层交换机，可用作接入层或汇聚层交换机。图 5-3 所示为 Cisco Catalyst 3560-24 交换机，该交换机提供了 24 个 10/100M 以太网端口和 2 个千兆以太网扩展端口。

图 5-2　Cisco Catalyst 2950-T24 交换机

图 5-3　Cisco Catalyst 3560-24 交换机

3．Cisco 高端交换机

Cisco 高端交换机产品中的 6000 系列是企业数据网最常用的产品。6000 系列交换机专门为需要千兆扩展、高可用性、多层交换的应用环境设计，主要面向园区骨干连接等场合。6000 系列交换机由 6000 和 6500 两种型号的交换机构成，都包含 6 个或 9 个插槽型号，支持相同的超级引擎、相同的接口模块，具有高密度通信端口（更多的光纤快速以太网端口、更多的 10/100M 以太网端口）、更高的吞吐速率、三层路由功能，容错性能好，软件支持丰富的协议，提供服务等级/服务质量等。图 5-4 所示为 Cisco Catalyst 6500 系列交换机。

图 5-4　Cisco Catalyst 6500 系列交换机

5.1.4　交换机的性能指标

选择交换机时一般考虑以下几方面的因素：

（1）应用要求：应用场合、网络规模、性能要求等。

（2）性能指标：端口数量、交换速率、是否可堆叠、是否可扩展等。

（3）厂家品牌：品牌往往与其通用性、服务、质量相对应。

（4）性价比：在满足应用需求的前提下，具有良好的性能、可接受的价格。

选择交换机最重要的依据还是其性能指标。理解技术参数是选购交换机时比较不同厂商产品的重要依据，下面介绍交换机的一些主要性能指标。

1. Mp/s

Mp/s，即每秒可转发多少百万个数据帧。其值越大，交换机的交换处理速度也就越快。

2. 背板带宽

背板带宽（也称为交换带宽）是指交换机的交换能力，单位为千兆比特/秒，即 Gb/s。因为交换机是端口独占带宽的，所以在内部要为端口通信建立一条条单独的链路，而背板带宽就是在同一时刻所建立的链路带宽的总和。一般交换机的背板带宽从几 Gb/s 到上百 Gb/s 不等。一台交换机的背板带宽越高，所能处理数据的能力就越强。一般来讲，如果交换机的标称背板带宽大于或等于所有端口能提供的总带宽，那么在背板带宽上是线速交换的，其中总带宽的计算公式如下：

$$总带宽=端口数×相应端口速率×2（全双工模式）$$

线速交换是指能够按照网络通信线路上的数据传输速度实现无瓶颈的数据交换。通俗地说就是进来多大的流量就出去多大的流量，不会因为设备处理能力等问题造成吞吐量的下降。

3. 是否支持组播

组播不同于单播（点对点通信）和广播，它可以跨网段将数据发送给网络中的一组节点，在视频点播、视频会议、多媒体通信中应用较多。

4. 是否支持 QoS

QoS 是 Quality of Service（服务质量）的缩写，利用 QoS 可以给不同的应用程序分配不同的带宽。QoS 机制能够识别通过交换机的数据帧的特征，并根据这些特征采取不同的传输策略，对于多媒体数据传输意义重大。

5. 是否具有广播抑制功能

在某些情况下，交换机需要转发广播帧，但应能在广播帧超过一定数量的时候加以限制，即广播抑制功能。

6. 是否支持端口聚合功能

端口聚合是指将若干个端口捆绑聚合在一起，形成一个逻辑端口。使用端口聚合，可成倍提高端口的通信带宽。

7. 支持的协议

例如是否支持 IEEE 802.1q（VLAN 标准协议），以实现跨交换机的 VLAN；是否支持 IEEE 802.1d（生成树协议），防止网络出现环路。在大型网络中，为提高网络的可靠性，往往采用冗余链路的方式保证网络的连通，为防止网络出现环路，交换机必须支持运行生成树协议（STP）。生成树协议通过一定的算法将交换机的某些端口阻塞，从而使网络形成一个无环路的树状拓扑结构。

8. 管理功能

交换机的管理功能是指用户能够访问、配置交换机。通常，交换机厂商都提供管理软件远程管理交换机。一般可管理的交换机支持简单网络管理协议（SNMP），而复杂一些的交换机会增加通过内置远端网络监控（Remote Network Monitoring，RMON）组件来支持 RMON 主动监视功能，有的交换机还允许外接 RMON 单元监视端口的网络状况。

9. 扩展性

对于核心层交换机，应注意其扩展性，通常应是模块化的交换机，能在未来根据应用需要添加功能模块，增强交换机的功能和接口。

　　10．可堆叠性

　　随着网络规模的扩大，需要连接的计算机数量不断增加，例如在楼宇布线中，某一层楼汇集了大量的计算机用户，可能需要多台交换机。如果将它们串联在一起，会出现明显的通信瓶颈，如果交换机具有堆叠模块，多台交换机可以通过专有连线连接在一起，逻辑上构成一台交换机，从而提高整体网络性能。

　　除上面讨论的性能指标外，选择交换机时还需要考虑拥塞控制、流量控制、运行方式与速度的自动协商、电源冗余、容错、支持热插拔等性能指标。

　　网络中利用交换机提高了数据的交换速度和效率，但连接在交换机上的所有设备仍处于同一个广播域。在局域网中，广播帧大量被使用，将占用大量的网络带宽。网络越大、用户数越多，就越容易形成广播风暴（指由于网络中的广播帧过多而导致的网络拥塞）。因此，必须对广播域进行隔离，以抑制广播风暴的产生。

　　要隔离广播域，可划分子网并使用路由器互联，但路由器的成本较贵，并会成为网络通信中的瓶颈。为利用交换机实现广播域的隔离，产生了虚拟局域网（VLAN）技术。

5.1.5　三层交换技术

　　二层交换技术从网桥发展到 VLAN，在局域网建设和改造中得到了广泛的应用。二层交换技术工作在 OSI 参考模型的第二层，即数据链路层。它按照所接收到数据包的目的 MAC 地址来进行转发，对于网络层或高层协议来说是透明的。它不处理网络层的 IP 地址，也不处理高层协议如 TCP、UDP 的端口地址，只需要数据包的物理地址即 MAC 地址，数据交换是靠硬件来实现的，优点是速度快，但是它不能处理不同 IP 子网之间的数据交换。传统的路由器可以处理大量的跨越 IP 子网的数据包，但是它的转发效率比二层交换技术低。因此，既要利用二层交换技术转发效率高这一优点，又要处理三层 IP 数据包，就诞生了三层交换技术。

　　三层交换技术就是二层交换技术加三层转发技术，是相对于二层交换技术提出的，因其工作在 OSI 参考模型中的第三层而得名。传统的路由器也工作在 OSI 参考模型的第三层，它可以处理跨越 IP 子网的数据报文转发，但是它的转发效率比较低，而三层交换技术在 OSI 参考模型中的第三层实现了分组的高速转发，效率大大提高。简单地说，三层交换技术就是"二层交换技术+路由转发"。它的出现解决了二层交换技术不能处理不同 IP 子网之间的数据交换的问题，打破了局域网中网段划分之后网段中的子网必须依赖路由器进行管理的局面，又解决了传统路由器低速、复杂所造成的网络瓶颈问题。

　　一个具有三层交换功能的设备是一个带有第三层路由功能的二层交换机，但它是两者的有机结合，并不是简单地把路由器设备的硬件及软件叠加在局域网交换机上。假设两个使用 IP 协议的站点 A 和站点 B 通过三层交换机进行通信，两个站点直连三层交换机，如图 5-5 所示。发送站点 A 在开始发送数据时，已知目的站点 B 的 IP 地址，但尚不知道其 MAC 地址，此时需要采用地址解析协议（Address Resolution Protocol，ARP）来确定目的站点 B 的 MAC 地址。发送站点 A 把自己的 IP 地址与目的站点 B 的 IP 地址相比较，采用其软件中配置的子网掩码提取出目的站点 B 的网络地址，从而确定目的站点 B 是否与自己在同一子网内。

图 5-5　两个站点直连三层交换机示意图

　　若目的站点 B 与发送站点 A 属同一子网，发送站点 A 广播一个 ARP 请求，目的站点 B 返回其 MAC 地址，发送站点 A 得到目的站点 B 的 MAC 地址后将这一地址缓存起来，并用此 MAC 地址封装数据帧发送数据，在这一过程中，三层交换机的二层交换模块学习了发送站点 A 和目的站点 B 的 MAC 地址，保存到二层交换模块中的 MAC 地址表中。之后发送站点 A 和目的站点 B 通信使用各自缓存的对方 MAC 地址封装发送给对方的数据帧，三层交换机查找 MAC 地址表确定将数据帧转发到目的端口。

　　若 A、B 两个站点不在同一子网内，如发送站点 A 要与目的站点 B 通信，发送站点 A 要向"默认网关"发出 ARP 请求包，而"默认网关"的 IP 地址其实是三层交换机的第三层交换模块，即主机 A 所属的 VLAN 的 IP 地址。当发送站点 A 广播发送一个 ARP 请求，三层交换机收到该请求后，如果三层交换模块在以前的通信过程中已经知道目的站点 B 的 MAC 地址，则向发送站点 A 回复目的站点 B 的 MAC 地址；否则三层交换模块根据路由信息向目的站点 B 广播一个 ARP 请求，目的站点 B 得到该请求后向三层交换模块回复其 MAC 地址，三层交换模块保存此地址并回复给发送站点 A，同时将目的站点 B 的 MAC 地址发送到二层交换引擎的 MAC 地址表中。从这以后，发送站点 A 向目的站点 B 发送的数据包便全部交给二层交换模块处理，信息便可以高速交换。

　　三层交换技术具有以下特点：有机地将二层交换技术和三层路由功能结合，充分利用硬件实现，使数据交换加速；优化的路由软件提高了路由过程的效率；除必要的路由决策过程外，大部分数据转发过程由二层交换模块处理；多个子网互连时只是与三层交换模块的逻辑连接，不像传统的外接路由器那样需要增加端口。

　　当局域网中应用 VLAN 技术后，采用 VLAN 技术划分的多个子网间需要相互通信，此时需要使用三层交换功能。三层交换机具有丰富的 VLAN 划分方法，结合二层交换机的 VLAN 支持能力可以灵活构建分布的跨交换机的 VLAN 应用，使用三层交换机实现 VLAN 之间的通信。

　　图 5-6 给出了三层交换机工作过程的一个实例。图中局域网被划分为两个子网：192.168.1.0/24、192.168.2.0/24。一般地，在三层交换机上划分 VLAN 连接两个子网，假设设置 VLAN1（对应三层交换机的三层交换模块）连接子网 192.168.1.0/24，对应 IP 地址为 192.168.1.254/24，该地址作为该子网的网关地址；类似地，三层交换机设置 VLAN2 连接子网 192.168.2.0/24，对应 IP 地址为 192.168.2.254/24，该地址作为该子网的网关地址。

　　现在，站点 X 向站点 S 发送 IP 协议消息，由于站点 X 并不知道站点 S 的确切位置，若站点 X 缓存有默认网关的 MAC 地址，则将此报文转发给默认网关；否则，广播 ARP 请求（目标 IP 为默认网关），交换机响应 ARP 应答并记录站点 X 的相关信息。之后站点 X 将发送给站点 S 的报文直接交付给默认网关（三层交换机）。若交换机内的交换芯片主机路由表缓存有站点 S 的信息（IP 地址、MAC 地址、端口号等），交换机直接将报文转发给站点 S；否则在 VALN2 中广播 ARP 请求查询获得站点 S 的相关信息。此后，站点 X 发送给站点 S 的报文直接由高速转发芯片转发。此时，三层交换机交换芯片中缓存了包括站点 X 和站点 S 信息的主机路由表。

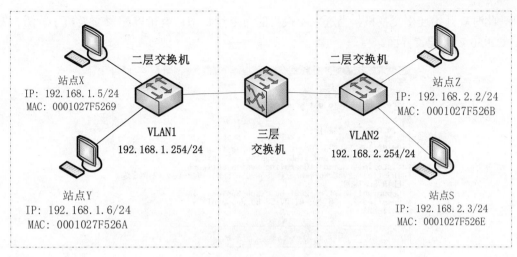

图 5-6 三层交换机工作过程

也许有人会问，有了三层交换机还要路由器做什么呢？那是因为路由器有三层交换机不具备的功能。路由器端口类型多，支持的三层协议多，路由能力强，适合于大型网络之间的互连。虽然不少三层交换机甚至二层交换机都有异质网络的互连端口，但一般大型网络的互连端口不多，互连设备的主要功能不在于在端口之间进行快速交换，而是要选择最佳路径进行负载分担、链路备份和与其他网络进行路由信息交换，这些都是路由器才能完成的功能。

5.2 交换机的配置与管理

如果只把交换机作为 PC 的连接集中点，那么无须对交换机进行任何配置。但如果希望使用交换机的许多高级功能，如 VLAN 功能等，则需要对交换机进行配置。

5.2.1 交换机的配置方法

本节以 Cisco Catalyst 系列交换机为例介绍交换机的配置与管理，该类交换机使用 IOS 操作系统。

对交换机进行配置之前，用户首先需要登录连接到交换机上，登录方式可以选择直接连接交换机的控制台端口（Console）或通过 Telnet 登录。一般来讲，首次配置交换机时，必须采用控制台端口连接方式。交换机设置管理 IP 地址后即可采用 Telnet 方式登录，有的交换机还支持基于 Web 的配置模式。

1. 通过 Console 端口配置交换机

可管理的交换机一般都提供有一个名为 Console 的控制台端口（或称配置口），交换机一般随机配送一根控制线。使用控制线将交换机与 PC 相连，并在 PC 上运行超级终端程序，实现对交换机的访问和配置。

Windows XP 操作系统默认安装了超级终端程序，该程序一般位于"附件"→"通信"群组内。Windows 7 以后的操作系统就不再显示超级终端了，需要下载超级终端并安装。启动超级终端程序，根据提示和实际连接情况设置该连接的名称，如使用 COM 端口，然后按照交换机说明书正确设置串口端口、波特率、数据位、流量控制方式等参数。设置好后单击"确定"

按钮，此时就开始连接交换机，当进入交换机的命令行状态后就可以配置交换机了。图 5-7 所示是 C2950 启动配置界面。

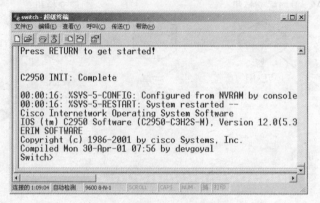

图 5-7　交换机启动配置界面

2. 通过 Telnet 连接配置交换机

在首次通过 Console 端口设置交换机的管理 IP 地址和登录账户、密码（可选）后即可通过 Telnet 连接配置交换机。进入 Windows 的命令行方式（可利用 Windows "开始" 菜单中的 "系统" 命令打开 "命令提示符"），然后执行 "telnet 交换机 IP 地址" 命令登录连接交换机。

假设交换机的管理 IP 地址为 192.168.168.3，在 DOS 命令行输入并执行命令：

telnet 192.168.168.3

若设有密码，那么交换机将要求用户输入登录密码，密码输入时不回显，校验成功后用户即可登录交换机，出现交换机的命令行提示符，如图 5-8 所示。

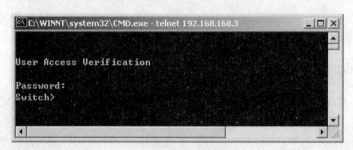

图 5-8　通过 Telnet 连接配置交换机

3. 通过 Web 界面配置交换机

在计算机上运行 Web 浏览器也可以连接至被管理的交换机，具体操作步骤如下：

（1）运行 Web 浏览器，在地址栏中输入被管理的交换机的 IP 地址（如 192.168.1.1）或被管理的交换机的域名，按 Enter 键。

（2）分别在 "用户名" 和 "密码" 文本框中输入管理员的用户名和密码。用户名和密码事先通过 Console 端口进行了设置。

（3）单击 "确定" 按钮，连接到该交换机，此时 Web 浏览器就显示出了交换机的图形管理界面，即可对交换机进行配置。

交换机加电启动后，首先运行 ROM 中的自检程序，对系统进行自检，然后引导运行 Flash 中的 IOS，并在 NVRAM 中寻找交换机的配置文件，将其装入 DRAM 运行，启动过程将在终端屏幕上显示。

对于尚未做任何配置的交换机，在首次启动时会在图 5-7 所示的窗口中询问是否进行配置，输入"yes"进行配置，输入"no"则不作任何配置。一般情况下，可选择输入"no"，以后根据需要进行配置。

5.2.2　交换机的命令模式

Cisco IOS 提供了用户 EXEC 模式和特权 EXEC 模式两种命令执行级别，同时还提供了全局配置、接口配置、Line 配置和 VLAN 数据库配置等多种级别的配置模式。表 5-1 列出了各个命令模式的提示符和访问/退出方法。

表 5-1　Cisco IOS 命令模式

命令模式	访问方法	提示符	退出方法
用户 EXEC 模式	登录	Switch>	命令 exit
特权 EXEC 模式	在用户 EXEC 模式下输入命令 enable	Switch #	直接退出命令 exit、退回用户 EXEC 模式命令 disable
全局配置模式	在特权 EXEC 模式下输入命令 configure terminal	Switch (config)#	退回特权 EXEC 模式命令 exit、end、Ctrl+Z
接口配置模式	在全局配置模式下输入命令 interface 例如 interface ethernet 0/1	Switch(config-if)#	退回全局模式命令 exit、退回特权 EXEC 模式命令 Ctrl+Z
Line 配置模式	在全局配置模式下执行 line vty 或 line console 命令	Switch (config-line)#	退回全局模式命令 exit、退回特权 EXEC 模式命令 Ctrl+Z
VLAN 数据库配置模式	在全局配置模式下执行 vlan database 配置命令	Switch (vlan)#	退回全局模式命令 exit、退回特权 EXEC 模式命令 Ctrl+Z

当用户通过交换机的 Console 端口或 Telnet 会话连接登录到交换机时，所处的命令模式就是用户 EXEC 模式。在该模式下，只能执行有限的一组命令，这些命令通常用于查看、显示系统信息，改变终端设置和执行一些最基本的测试命令，如 ping、traceroute 等。在特权 EXEC 模式下，用户能够执行 IOS 提供的所有命令。在全局配置模式下，配置命令的作用域是全局性的，对整个交换机起作用，如设置交换机的名字等。在接口配置模式下，可对选定的端口进行配置，并且只能执行配置交换机端口的命令。Line 配置模式主要用于对虚拟终端（VTY）和 Console 端口进行配置，Line 配置主要是设置虚拟终端和控制台的用户级登录密码。VLAN 数据库配置模式可实现对 VLAN 的创建、修改、删除等配置操作。

【例 5-1】通过 Console 端口或局域网登录到交换机上，进行几种配置模式状态的切换。

【案例解析】配置命令如下：

```
Switch>enable
Switch #configure terminal
Switch (config)#
Switch (config)#interface fastEthernet 0/1
Switch (config-if)#Ctrl+z
Switch #
```

在任何一种模式下，直接输入"？"并按 Enter 键可获得在该模式下允许执行的命令帮助。若要获得某个命令的进一步帮助提示，可在命令之后加"？"。当记不全命令时，输入命令的前面几个字符，然后按 Tab 键，系统会自动补齐命令的关键字。在不引起混淆的情况下，支持命令简写，如 enable 可简写为 en。若要实现某条命令的相反功能，只需在该条命令前加 no 即可。使用上下光标键↑和↓可以显示历史命令（即前面输入的命令）。

学习交换机的配置后，最好采用真实的交换机设备做实验。但在没有交换机设备或交换机设备数量不足的情况下，可以使用模拟器来虚拟验证。模拟器软件产品有很多，其中 Cisco Packet Tracer 就是如今比较流行且实用的一种，用户可以在网上自由下载。

Cisco Packet Tracer 是由 Cisco 公司发布的一个辅助学习工具，为学习网络设备配置课程的初学者设计、配置、排除网络故障提供了网络模拟环境。用户可以在软件的图形用户界面上直接使用拖曳方法建立网络拓扑结构，并可提供数据包在网络中行进的详细处理过程，观察网络实时运行情况。

5.2.3　一些常用的配置命令

本节以 Cisco Catalyst 系列交换机为例介绍一些常用的配置命令，如设置交换机名称、更改密码、配置管理 IP 地址等，以帮助初学者理解交换机的设置与管理，下列命令中斜体字部分为具体的值。

1. 设置交换机名称

设置交换机名称的命令格式：

　　　Switch(config)#**hostname** *hostname*

默认情况下，交换机的主机名为 Switch。当网络中使用了多个交换机时，为了以示区别，通常根据交换机的应用场合为其设置一个容易被记住的名字。例如：

　　　Switch(config)#hostname student
　　　student(config)#

2. 更改密码

更改密码的命令格式：

　　　Switch(config)#**enable secret/password** *password*

为了提高安全性，通常需要为交换机设置密码。其中 enable secret 命令设置的密码在配置文件中是加密保存的，而 enable password 命令设置的密码在配置文件中是明文保存的。例如：

　　　Switch(config)#enable secret 123456

3. 配置管理 IP 地址

配置管理 IP 地址的命令格式：

　　　Switch(config)#**interface vlan** *vlan-id*
　　　Switch(config-if)#**ip address** *address netmask*

管理 IP 地址仅用于远程登录交换机。若没有配置管理 IP 地址，则交换机只能利用控制端口进行配置和管理。默认情况下，交换机的所有端口均属于 VLAN1，VLAN1 是交换机自动创建和管理的，不能删除。交换机的管理地址一般设置为 VLAN1 接口地址。因此，首先应该选择 VLAN1 接口，然后利用 ip address 配置命令设置管理 IP 地址。例如：

　　　Switch(config)#interface vlan 1
　　　Switch(config-if)#ip address 192.168.1.1 255.255.255.0

4．配置默认网关

配置默认网关的命令格式：

　　Switch(config)#**ip default-gateway** *gateway address*

为了使交换机能与其他网络通信，需要给交换机设置默认网关。网关地址通常是某个三层接口（如三层交换机 VLAN）的 IP 地址，该接口充当路由器功能。例如：

　　Switch(config)#ip default-gateway 192.168.1.100

5．保存配置

对配置进行修改后，为了使配置在下次重启后仍生效，需要将新配置保存到 NVRAM 的启动配置中，这可通过在特权 EXEC 模式执行 write 或 copy running-config startup-config 命令实现。例如：

　　Switch#**write**

　　Building configuration...

　　[OK]

【例 5-2】现有一台 Cisco Catalyst 2950-24 交换机，要求配置该交换机的主机名为 compdept，设置进入特权 EXEC 模式的密码为 teacher，管理 IP 地址为 192.168.10.3/24，默认网关为 192.168.10.1，并保存设置。

【案例解析】配置命令如下：

　　Switch>enable

　　Switch#config t

　　Switch(config)#hostname compdept

　　compdept(config)#enable secret teacher

　　compdept(config)#interface vlan 1

　　compdept(config-if)#ip address 192.168.10.3 255.255.255.0

　　compdept(config-if)#exit

　　compdept(config)#ip default-gateway 192.168.10.1

　　compdept(config-if)#end

　　compdept#write

　　compdept#exit

　　compdept>

6．查看交换机信息

在用户 EXEC 模式和特权 EXEC 模式下都可以使用 show 命令查看交换机的各种信息。

（1）查看 IOS 版本的命令格式：

　　Switch#**show version**

（2）查看配置信息的命令格式：

　　Switch#**show running-config**　　//显示当前正在运行的配置

　　Switch#**show startup-config**　　//显示保存在 NVRAM 中的启动配置

（3）查看端口信息的命令格式：

　　Switch#**show interface** *type mod/port*

其中，type 代表端口类型，通常有以太网端口 Ethernet（10Mb/s）、快速以太网端口 Fast Ethernet（100Mb/s）、吉比特以太网端口 Gigabit Ethernet（1000Mb/s，如千兆光纤端口）和万兆以太网端口 Ten Gigabit Ethernet（10Gb/s）。这些端口类型通常可简约表达为 e、fa、gi 和 tengi。mod/port 代表端口所在的模块和在该模块中的编号。

例如，若要查看 Cisco Catalyst 3560-24 交换机 0 号模块的 24 号端口的信息，命令为

```
Switch#show interface FastEthernet 0/24
```
在实际配置中，该命令通常可简单表达为
```
show int f0/24
```

5.2.4　配置二层交换机端口

二层交换机的功能相对简单，一般涉及 OSI 参考模型的第二层数据管理、端口管理、VLAN 设置等功能，如可以执行保存下载 MAC 端口表、开放/屏蔽端口、监控流量、设置基于端口的 VLAN 等操作。下面介绍一些配置二层交换机端口的常用命令。

1. 选择一个端口

在对端口进行配置之前，应先选择所要配置的端口，端口选择的命令格式为
```
Switch(config)#interface type mod/port
```
type mod/port 在上一节已经提过，这里不再赘述。

2. 选择多个端口

对于 Cisco Catalyst 2950 和 Cisco Catalyst 3560 交换机，支持使用 range 关键字来指定一个端口范围，实现多个端口的同时选择，并对这些端口进行统一的配置。其命令格式为
```
Switch(config)#interface range type mod/start port – end port
```
start port 代表要选择的起始端口号，end port 代表结尾的端口号，连字符"-"代表端口范围，应注意其两端应各留一个空格，否则命令无法被识别。

例如，选择交换机的快速以太网端口 1～24，则配置命令为
```
Switch(config)#interface range f0/1-24
```
注意：对端口的配置命令均在接口配置模式下运行。

3. 为端口指定一个描述性文字

在实际配置中，可对端口指定一个描述性文字，对端口的功能和用途等进行说明，其配置命令格式为
```
Switch(config-if)#description port-description
```
例如，交换机的快速以太网端口 1 为 trunk 链路端口，若给该端口添加一个描述性文字，则配置过程举例如下：
```
Switch(config)#interface f0/1
Switch(config-if)#description --trunk port--
Switch(config-if)#end
Switch#show interface f0/1
FastEthernet0/1 is down, line protocol is down (disabled)
    Hardware is Lance, address is 0060.47d1.3c01 (bia 0060.47d1.3c01)
…（此处省略部分端口 f0/1 的信息）
```

4. 启用或禁用端口

对于没有连接的端口，其状态始终是 shutdown。对于正在工作的端口，可根据管理的需要进行启用或禁用。例如，若发现连接在某一端口的计算机因感染病毒正大量向外发送数据帧，此时管理员可以禁止该端口使用，不允许该主机连接网络。

例如，若要禁用交换机快速以太网的端口 24，则配置过程如下：
```
Switch(config)#int f0/24
Switch(config-if)#shutdown
```
若要重新启用该端口，则配置命令为

Switch(config-if)#no shutdown

5. 端口聚合

端口聚合（EtherChannel，以太通道）用于将多个物理连接当作一个单一的逻辑连接来处理。有的交换机支持将多个端口聚合成一个逻辑端口（EtherChannel），从而提高端口间的通信带宽。例如，使用两个 100Mb/s 的端口进行聚合时，所形成的逻辑端口的通信速率为 200Mb/s；若聚合 4 个端口，则通信速率为 400Mb/s。当 EtherChannel 内的某条链路出现故障时，该链路的流量将自动转移到其余链路上。配置端口聚合的命令格式为

Switch(config-if-range)#**channel-group** *number* **mode [*on/auto*]**

若把 Cisco Catalyst 3560 交换机的 f0/1 和 f0/2 端口聚合成一个端口，则配置命令如下：

Switch(config)#interface range f0/1-2
Switch(config-if-range)#channel-group 1 mode on

5.2.5　配置三层交换机端口

三层交换机支持路由功能，有的三层交换机默认启用了 IP 路由协议，但有的默认没有启用。启动三层交换机协议的路由功能，需要在全局配置模式下对三层交换机执行如下配置命令：

Switch(config)#**ip routing**

三层交换机的端口，既可工作在二层的交换模式，也可工作在三层的路由模式。例如，Cisco Catalyst 3560 交换机默认运行在二层的交换模式下。

为了将端口配置成三层交换机端口，必须执行以下配置命令：

no switchport

相反，要将端口设置为二层交换机端口，配置命令为

switchport

【例 5-3】有图 5-9 所示的网络拓扑结构，试将 Cisco Catalyst 3560 交换机的快速以太网端口 1 的 IP 地址设置为 192.168.1.254/24，作为 192.168.1.0/24 网段的网关，快速以太网端口 5 的 IP 地址设置为 192.168.2.254/24，作为 192.168.2.0/24 网段的网关。

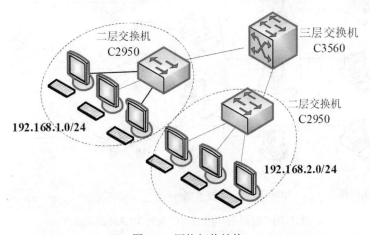

图 5-9　网络拓扑结构

【案例解析】在 Cisco Catalyst 3560 交换机中进行以下配置：

Switch>enable
Switch#config t

```
Switch(config)#hostname C3560
C3560(config)#interface f0/1
C3560(config-if)#no switchport
C3560(config-if)#ip address 192.168.1.254 255.255.255.0
C3560(config-if)#no shutdown
C3560(config-if)#interface f0/5
C3560(config-if)#no switchport
C3560(config-if)#ip address 192.168.2.254 255.255.255.0
C3560(config-if)#no shutdown
C3560(config-if)#end
C3560#write
C3560#exit
```

三层交换机端口的默认状态一般是 shutdown，配置过程中应注意执行 no shutdown 命令启用该端口。

配置好交换机的端口 IP 地址后，可使用命令来查看配置。例如要查看三层交换机端口 1的配置信息，命令为

```
Switch#show interface f0/1
```

5.3 虚拟局域网（VLAN）技术

5.3.1 虚拟局域网简介

虚拟局域网（VLAN）是一种与物理位置无关，根据功能、应用等将局域网从逻辑上划分为一个个独立的网段，从而实现虚拟工作组的一种技术。图 5-10 所示是按照用户所属部门划分 VLAN 的示意图。

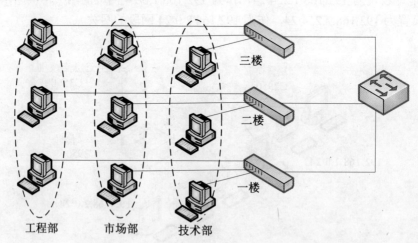

图 5-10　按照用户所属部门划分 VLAN 的示意图

VLAN 的划分可起到以下几方面的作用：

（1）形成一个虚拟的用户组，增加网络的安全性。通过划分 VLAN，可以将一个简单的交换式局域网在逻辑上划分成多个网段，可以根据工作性质、地理位置等多种策略划分 VLAN，

互不干扰，提高局域网的安全性。

（2）减少广播影响。VLAN 的划分，隔离了广播域，控制了数据帧在网络中的传输，减少了广播所消耗的带宽，充分避免了广播风暴的发生。

VLAN 划分的每个网段内所有主机间的通信和广播仅限于该 VLAN 内，广播帧不会被转发到其他网段，即一个 VLAN 就是一个独立的广播域。VLAN 间不能进行直接通信，从而实现了对广播域的隔离。在目前的局域网中，普遍使用 VLAN 技术来隔离和减小广播。

（3）便于对网络进行管理和控制。VLAN 是对端口的逻辑分组，不受任何物理连接的限制，同一 VLAN 中的用户，可以连接在不同的交换机上，并且可以位于不同的物理位置，提高了网络连接、组网和管理的灵活性。

（4）简化移动、增加和修改用户。合理地划分 VLAN 可以方便用户的增加、修改或移动。例如按工作部门（基于物理端口）划分 VLAN，新增用户连上交换机后就属于该私有组，而调到其他部门的人员连上交换机后就属于另一个私有组。又如基于 MAC 地址划分 VLAN，用户从一个办公位置换到另一个办公位置，计算机不变，其所属私有组也不变，方便了移动办公。

此外，像视频点播、证券信息实时广播这类具有组播性质的应用，它们对网络带宽异常敏感，VLAN 的应用会更好地控制广播域，提高网络性能及服务质量。

5.3.2　划分 VLAN 的方法

1. 基于端口的 VLAN

基于端口的 VLAN 是明确指定各物理端口所属的 VLAN，通常也称为静态 VLAN，可以说是基于 OSI 参考模型的第一层（物理层）划分 VLAN。将交换机端口进行分组，每一组定义为一个 VLAN，属于同一个 VLAN 的端口既可来自一台交换机，也可来自多台交换机，即可以跨多台交换机设置 VLAN。例如将交换机 A 的 1、2、3、4 端口和交换机 B 的 1、3、5、7 端口划分在一个 VLAN 中，将交换机 A 的 5、6、7、8 端口和交换机 B 的 2、4 端口划分在另一个 VLAN 中。这种划分方法简单直观，一般以物理位置作为依据。缺点是网络规模较大时要设定的端口数量较多，工作量会比较大。因此，基于端口的 VLAN 划分方式适用于网络拓扑结构变化不多的应用场景。

2. 基于 MAC 地址的 VLAN

基于 MAC 地址的 VLAN 是根据交换机端口所连计算机的 MAC 地址来决定该端口所属的 VLAN。可以说是基于 OSI 参考模型第二层（数据链路层）中的 MAC 子层划分 VLAN。例如，将 MAC 地址为 00-0C-6E-E1-1B-36 的计算机设置为属于名称为 VLAN2 的 VLAN，则该台计算机无论接到交换机的哪个端口，其所连端口都会被自动划归为 VLAN2。

基于 MAC 地址进行 VLAN 划分突破了地域限制，可以理解为是一种动态的划分方法，方便了用户的移动办公。其缺点在于收集用户 MAC 地址及利用这些十六进制数进行设置的工作非常烦琐。当然，现在交换机厂家一般会提供图形化管理工具来简化配置管理工作。

3. 基于协议的 VLAN

基于协议的 VLAN 可以说是基于 OSI 参考模型的第三层（网络层）划分 VLAN。例如将运行 IP 协议的用户划分成一个 VLAN，而将运行互联网数据包交换（Internet Packet Exchange，IPX）协议的用户划分成另一个 VLAN。

例如在一个大型网络中，由于历史的原因，存在多种网络协议类型，将 IPX 协议用户划分在一个 VLAN 中，可以将 IPX 产生的广播控制在一定范围，提高网络通信性能。由于新建网络中协议较单一，所以基于协议的 VLAN 应用较少。在实际应用中，这种划分方法一般与基于 MAC 地址、基于 IP 的划分等其他方法混合应用，使网络管理更加灵活。

4．基于 IP 地址的 VLAN（基于子网的 VLAN）

基于 IP 地址 VLAN 是根据交换机端口所连接的计算机的 IP 地址来决定所属的 VLAN。只要计算机的 IP 地址不变，即使物理位置变化或其他设置改变，拥有该 IP 地址的计算机仍属于原先设定的 VLAN。当然这种方法主要应用在 TCP/IP 网络中。基于 IP 地址划分 VLAN 的优势在于：能够更为简便地改变网络结构，方便用户移动办公。这种划分方法要求交换机支持第三层协议解析能力。

5．基于用户的 VLAN

基于用户的 VLAN 是根据交换机各端口所连的计算机上当前登录的用户来决定该端口属于哪个 VLAN。这里的用户识别信息一般是计算机操作系统登录的用户，例如可以是 Windows 域中使用的用户名。这些用户名信息属于 OSI 参考模型第四层以上的信息，支持此类 VLAN 划分的交换机支持高层协议解析。

上述 5 种 VLAN 的划分方法，在实际应用中可以根据具体情况进行比较选择，或者混合应用。总的来说，决定端口所属 VLAN 时利用的信息在 OSI 参考模型中的层面越高就越适于构建灵活多变的网络。

IEEE 802.1q 定义了 VLAN 标准，统一了各个厂商的 VLAN 实现方案，使符合此标准的不同厂商的设备可以同时在一个网络中使用。值得注意的是，将网络分成多个 VLAN 的最终目的不是隔离各个网络，只是想提高网络的性能和安全性，最终还是需要将各个 VLAN 互连起来，VLAN 之间的互连必须通过路由器或三层交换设备完成。

5.3.3　VLAN 的汇聚链接与封装协议

在单台交换机上设置 VLAN 比较简单。但在实际应用中，通常需要跨越多台交换机的多个端口划分 VLAN，例如按照部门划分 VLAN。同一个部门的员工，可能会分布在不同的建筑物或不同的楼层中，此时的 VLAN 需要跨越多台交换机。

当 VLAN 成员分布在多台交换机的端口上时，如何才能实现彼此间的通信呢？最直接的解决办法就是在交换机上各拿出一个端口用于两台交换机级联，专门用于提供该 VLAN 内的主机跨交换机的相互通信。有多少个 VLAN，就需要占用多少个端口，如图 5-11 所示。

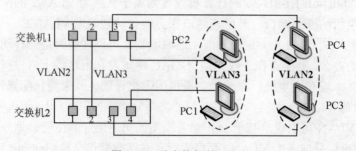

图 5-11　跨交换机的 VLAN

图 5-11 中，交换机 1 的 1、3 端口和交换机 2 的 1、3 端口属于 VLAN2，而交换机 1 的 2、

4 端口和交换机 2 的 2、4 端口属于 VLAN3。这种方式虽然解决了 VLAN 内主机间的跨交换机通信，但每增加一个 VLAN，就需要在交换机间添加一条互连链路，需要额外占用交换机端口，造成交换机端口的浪费，而且扩展性和管理效率都很差。当然，这种方式可以很好地保证 VLAN 内部的带宽。

引入汇聚链路后，交换机的端口按用途分为访问连接（Access Link）端口和汇聚连接（Trunk Link）端口两种。访问连接端口通常用于连接客户 PC，以提供网络接入服务，这种端口只属于某一个 VLAN，并且仅向该 VLAN 发送或接收数据帧；汇聚连接端口属于所有VLAN 共有，承载所有 VLAN 在交换机间的通信流量，如图 5-12 所示。

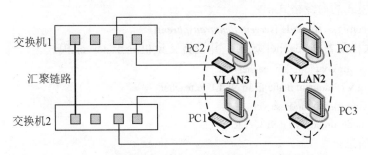

图 5-12　利用汇聚链路实现各 VLAN 内主机的通信

由于汇聚链路承载了所有 VLAN 的通信流量，为了标识各数据帧属于哪一个 VLAN，需要对流经汇聚链路的数据帧进行打标（tag）封装，附加 VLAN 信息，这样交换机就可通过 VLAN标识将数据帧转发到对应的 VLAN 中。目前交换机支持的打标封装协议是 IEEE 802.1q。

5.4　VLAN 的基本配置

在进行 VLAN 配置前，首先应根据应用需求规划 VLAN 划分和 IP 地址分配，然后进行VLAN 的配置和调试。本节以 Cisco Catalyst 系列交换机产品为例介绍 VLAN 的配置方法。

5.4.1　创建 VTP 管理域

VTP 是 VLAN Trunking Protocol 的缩写，称为 VLAN 中继协议或虚拟局域网干道协议，是思科的私有协议。它是一个在建立了汇聚链路的交换机间同步和传递 VLAN 配置信息的协议，即在同一个 VTP 管理域中维持 VLAN 配置的一致性。在创建 VLAN 之前，应首先定义VTP 管理域。VTP 有 server、client 和 transparent（透明）3 种工作模式。

1. server 模式

server 模式是交换机默认的工作模式，运行在该模式下的交换机允许创建、修改和删除本地 VLAN 数据库中的 VLAN，并允许设置一些针对整个 VTP 管理域的配置参数。在对 VLAN进行配置后，VLAN 数据库的变化将传递到 VTP 管理域内所有处于 server 或 client 模式下的其他交换机，以实现 VLAN 信息的同步。另外，处于 server 模式下的交换机同样也可接收同一个 VTP 管理域内其他处于 server 模式下的交换机发送过来的同步信息。

2. client 模式

处于该模式下的交换机不能创建、修改和删除 VLAN，也不能在 NVRAM 中存储 VLAN

配置，主要通过 VTP 管理域内其他处于 server 模式下的交换机的 VLAN 配置信息来同步和更新自己的 VLAN 配置。

3. transparent 模式

处于该模式下的交换机也可以创建、修改和删除本地 VLAN 数据库中的 VLAN，但与 server 模式不同的是，对 VLAN 配置的变化不会传播给其他交换机，即仅对处于 transparent 模式下的交换机自身有效。

创建 VTP 管理域的命令：

Switch(config)#**VTP domain** *domainname*

设置 VTP 模式的命令格式：

Switch(config)#**vtp mode [***server*|*client*|*transparent***]**

例如把交换机配置在 teacher 域中，并设置交换机处于 server 模式下，命令为

Switch(config)#vtp domain teacher

Changing VTP domain name from NULL to teacher

Switch(config)#vtp mode server

Device mode already VTP SERVER.

查看 VTP 信息：

Switch#show vtp status

5.4.2　创建 VLAN

配置好 VTP 管理域、VTP 模式和 trunk 链路后，接下来就可以在 server 模式的交换机上创建 VLAN，创建好后，就会通过 VTP 消息通告给整个管理域中的其他所有交换机来同步和更新 VLAN 配置信息。

创建 VLAN 的配置命令在 VLAN 数据库配置模式下运行，其命令为

Switch#**vlan database**

Switch(vlan)#**vlan** *vlan-id* **name** *vlan-name*

其中，vlan-id 代表要创建的 VLAN 的 ID 号，vlan-name 代表该 VLAN 的名字，为可选项。默认情况下，交换机会自动创建和管理 VLAN1，交换机的所有端口均属于 VLAN1，用户不能删除该 VLAN，用户创建的 VLAN 应该从"2"开始编号。交换机一般可以划分 255 个 VLAN，每个 VLAN 的 ID 号可以是 1 和 4094 之间的任意数字。

查看交换机的 VLAN 配置信息，可在特权 EXEC 模式下执行 show vlan 命令。如果要显示指定 VLAN 的信息，则执行 show vlan vlan-id 命令。

【例 5-4】在名为 School 的 Cisco Catalyst 3560 交换机上创建 ID 号为 2、3、4 的 3 个 VLAN，VLAN 的名称分别为 student、teacher 和 leader。

【案例解析】配置命令如下：

School>enable

School#vlan database

School(vlan)#vlan 2 name student

School(vlan)#vlan 3 name teacher

School(vlan)#vlan 4 name leader

School(vlan)#exit

5.4.3 划分 VLAN 端口

VLAN 的创建可在任意一台工作在 server 模式下的交换机上进行,但要将端口划分给某个 VLAN,必须在该端口所在的交换机上进行。首先选择该端口,然后在接口配置模式下通过以下命令来将端口加入 VLAN:

School(config-if)#**switchport access vlan *vlan-id***

其中,vlan-id 代表将端口划入 VLAN 的 ID 号。

【例 5-5】在例 5-4 的基础上,将 School 交换机的 2~6 号端口划入 student VLAN,将 School 交换机的 7~9 号端口划入 teacher VLAN,将 School 交换机的 10~12 号端口划入 leader VLAN。

【案例解析】配置 School 交换机各端口所属的 VLAN,命令为

```
School#config t
School(config)#interface f0/2              //选择端口
School(config-if)#switchport mode access   //设置为访问连接端口
School(config-if)#switchport access vlan 2 //将端口划入 VLAN2
…              //端口 3、4、5、6 配置类似,命令省略
School(config)#interface f0/7
School(config-if)#switchport mode access
School(config-if)#switchport access vlan 3
…              //端口 8、9 配置类似,命令省略
School(config)#interface f0/10
School(config-if)#switchport mode access
School(config-if)#switchport access vlan 4
…              //端口 11、12 配置类似,命令省略
School#write
```

以上配置方法采用的是逐个端口进行 VLAN 指定,也可使用 range 关键字来选择一个端口范围,以简化对 VLAN 端口的指定。例如,上述配置命令可以改为

```
School#config t
School(config)#interface range f0/2-6
School(config-if-range)#switchport mode access
School(config-if-range)#switchport access vlan 2
…              //类似的配置命令省略
School#copy run start
```

5.4.4 配置汇聚链路和封装方法

在两个交换机上,用于实现汇聚链路的端口需要配置成具有链路聚集(trunking)功能的端口。配置交换机汇聚链路,先选择要配置的交换机端口并设置所用的封装协议,然后通过 switchport mode trunk 配置命令来启用该端口的 trunking 功能,配置过程如下:

Switch(config)#**interface *type mod/port***
Switch(config-if)#**switchport**
Switch(config-if)#**switchport trunk encapsulation [*isl*|*dot1q*]**
Switch(config-if)#**switchport mode trunk**
Switch(config-if)#**switchport trunk allowed vlan [*vlan id*|*all*]**

配置命令说明如下:

switchport 用于设置交换机的端口为二层交换机端口。对于二层交换机不需要运行该命令,

若是三层交换机并且处于三层交换机端口，则应执行该命令。

switchport trunk encapsulation 用于设置汇聚链路采用的打标封装协议，isl 代表 ISL 协议，dot1q 代表 IEEE 802.1q 协议。

switchport mode trunk 用于启用端口的 trunking 功能。若要在该端口上禁用 trunking 功能，则执行 no switchport mode trunk 命令。若要将交换机端口设置为普通的访问连接端口，则可执行 switchport mode access 命令。一般情况下，交换机的端口默认为访问连接端口。

【例 5-6】在图 5-13 所示的网络拓扑结构中，有两台 Cisco Catalyst 3560-24 交换机，名字分别为 School 和 Office，通过第一个光纤模块端口相连。现要求将这两台交换机的相应端口配置为汇聚链路端口，打标封装协议采用 IEEE 802.1q。

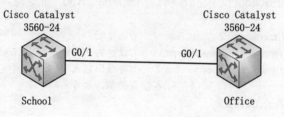

图 5-13　网络拓扑结构

【案例解析】

（1）配置名称为 School 的 Cisco Catalyst 3560-24 交换机，并设置为 server 模式，命令为

```
School>enable
School#vlan database
School(vlan)#vtp domain maindomain
School(vlan)#vtp server
School(vlan)#exit
School#config t
School(config)#interface GigabitEthernet0/1
School(config-if)#switchport
School(config-if)#switchport trunk encapsulation dot1q
School(config-if)#switchport mode trunk
School(config-if)#end
School#write
```

（2）配置名为 Office 的 Cisco Catalyst 3560-24 交换机，将其加入名为 main domain 的 VTP 管理域中并设置为 client 模式。具体配置过程可参见 School 交换机的配置，此处不再赘述。

5.4.5　VLAN 间通信的实现

VLAN 之间互联互访必须通过路由器或三层交换设备。使用三层交换机实现 VLAN 互联，必须在三层交换机上为每个 VLAN 创建一个虚拟子接口，并设置接口的 IP 地址（可以理解为三层交换机上该 VLAN 的 IP 地址），实现虚拟子接口之间的路由，从而实现 VLAN 间的通信。各个 VLAN 对应的虚拟子接口的 IP 地址就成为该 VLAN 的默认网关地址。

设置 VLAN 虚拟子接口 IP 地址的命令格式为

```
Switch(config)#interface vlan vlan-id
Switch(config-if)#ip address address netmask
Switch(config-if)#no shutdown
```

例如，若要给 VLAN 2 设置 IP 地址为 192.168.2.1，子网掩码为 255.255.255.0，则配置命令为

```
School#config t
School (config)#interface vlan 2
School (config-if)#ip address 192.168.2.1 255.255.255.0
School (config-if)#no shutdown
```

设置好 VLAN 虚拟子接口的 IP 地址后，路由模块会自动在路由表中添加相应的路由信息。下面以一个具体的例子来总结以上的配置方法。

【例 5-7】有图 5-14 所示的网络拓扑，C3560 作为核心交换机，C2950 作为接入交换机，使用快速以太网端口 1 作为汇聚链路端口。划分 VLAN2 和 VLAN3 两个 VLAN，其中 C2950 的 2～6 号端口划入 VLAN2，7～12 号端口划入 VLAN3；C3560 的 2～6 号端口划入 VLAN2，7～12 号端口划入 VLAN3。VLAN2 的网段地址为 192.168.2.0/24，网关地址为 192.168.2.1；VLAN3 的网段地址为 192.168.3.0/24，网关地址为 192.168.3.1。试对交换机进行配置，实现 VLAN 间的路由通信。

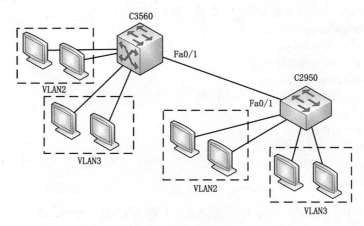

图 5-14　使用汇聚链路的网络拓扑结构

【案例解析】

（1）配置 C3560，命令为

```
Switch>enable
Switch#config t
Switch(config)#hostname C3560
C3560(config)#exit
!设置 VTP 管理域，并设置为 server 模式
C3560#vlan database
C3560(vlan)#vtp domain mydomain
C3560(vlan)#vtp server
C3560(vlan)#exit
!设置汇聚链路端口
C3560#config t
C3560(config-if)#interface f0/1
C3560(config-if)#switchport
C3560(config-if)#switchport trunk encapsulation dot1q
```

```
C3560(config-if)#switchport mode trunk
C3560(config-if)#switchport trunk allowed vlan all
C3560(config-if)#end
!创建 VLAN
C3560#vlan database
C3560(vlan)#vlan 2
C3560(vlan)#vlan 3
C3560(vlan)#exit
!划分各交换机端口所属的 VLAN
C3560#config t
C3560(config)#interface range f0/2-6
C3560(config-if-range)#switchport mode access
C3560(config-if-range)#switchport access vlan 2
C3560(config)#interface range f0/7-12
C3560(config-if-range)#switchport mode access
C3560(config-if-range)#switchport access vlan 3
C3560(config-if-range)#exit
!设置各 VLAN 虚拟接口的 IP 地址，实现 VLAN 通信
C3560(config)#interface vlan 2
C3560(config-if)#ip address 192.168.2.1 255.255.255.0
C3560(config-if)#no shutdown
C3560(config)#interface vlan 3
C3560(config-if)#ip address 192.168.3.1 255.255.255.0
C3560(config-if)#no shutdown
C3560(config-if)#exit
!启动 IP 路由，保存配置信息
C3560(config)#ip routing
C3560(config)#exit
C3560#write
```

（2）配置 C2950。C2950 的配置步骤和命令与配置 C3560 类似，此处不再赘述。需要注意的是，应把 C2950 加入 VTP 管理域，设置为 client 模式。

```
Switch>enable
Switch#config t
Switch(config)#hostname C2950
C2950(config)#exit
!设置 VTP 管理域，并设置为 client 模式
C2950#vlan database
C2950(vlan)#vtp domain mydomain
C2950(vlan)#vtp client
C2950(vlan)#exit
```

注意：C2950 设置为 client 模式后，将无法创建和删除 VLAN，但是可以接收同一个 VTP 管理域中 server 模式的交换机发送过来的同步信息。如本例中 C2950 的 VLAN 配置信息将自动同步到 C2950 交换机中，即 C2950 交换机虽然没有创建 VLAN，但是 VLAN2 和 VLAN3 已经存在于 C2950 的 VLAN 数据库中。

```
!设置汇聚链路端口
C2950#config t
C2950(config-if)#interface f0/1
```

```
C2950(config-if)#switchport mode trunk
C2950(config-if)#switchport trunk allowed vlan all
C2950(config-if)#end
```

注意：C2950 只支持 IEEE 802.1q 协议，它默认就是封装 dot1q，故不需要再配置封装协议的命令。

```
!划分各交换机端口所属的 VLAN
C2950#config t
C2950(config)#interface range f0/2-6
C2950(config-if-range)#switchport mode access
C2950(config-if-range)#switchport access vlan 2
C2950(config)#interface range f0/7-12
C2950(config-if-range)#switchport mode access
C2950(config-if-range)#switchport access vlan 3
C2950(config-if-range)#exit
!保存配置信息
C2950#write
```

（3）配置各 VLAN 中主机的 IP 地址并设置默认网关地址。需要注意的是，VLAN2 中主机的网段地址为 192.168.2.0/24，网关地址应该为 192.168.2.1；VLAN3 中主机的网段地址为 192.168.3.0/24，网关地址应该为 192.168.3.1。

（4）测试网段里和网段间的主机通信。使用 ping 命令测试同一 VLAN 内各主机的连通性，然后 ping 其他 VLAN 中的主机，如果也能 ping 通，则 VLAN 路由配置成功。

5.4.6　生成树协议及其配置

交换式局域网一般有冗余链路和设备，这种设计方式避免了因单点故障而导致整个网络失效的情况。但交换机网络中不允许环路的存在，若不采用环路避免机制，交换机将无休止地广播，导致广播风暴，严重影响网络的性能。

生成树协议（Spanning Tree Protocol，STP）可保证交换机在冗余连接的同时避免网络环路的出现，使两个终端间只有一条最佳的有效路径。其基本思想是以网络中的交换机为节点生成一棵转发树（树本身没有回路），所有的数据只能在这棵树所指示的路径上传输，不会产生广播风暴。

生成树协议的配置比较复杂，下面简单介绍根网桥的两种配置方式。

1. 定义优先级

定义优先级的命令为

```
(config)#spanning-tree vlan <vlan-id> priority <priority>
```

每个 VLAN 生成树协议（Per-VLAN Spanning Tree，PVST）：每一个 VLAN 有一个生成树的计算进程。

2. 定义交换机为根网桥

定义交换机为根网桥的命令为

```
(config)#spanning-tree vlan <vlan-id> root [primary|secondary]
```

为了生成树的负载平衡，需要配置不同的分布层交换机作为不同 VLAN 的根网桥。一般选择楼内分布层交换机作为根网桥，即避免访问层交换机作为根网桥。

需要注意的是，STP 算法开销很大，如果确信网络中没有环路存在，则完全没有必要启用 STP。

习　题

1. 什么是交换机？简述以太网交换机的工作原理。
2. 选购以太网交换机时主要考虑的因素有哪些？
3. 什么是三层交换机？其主要特点与作用是什么？
4. 什么是 VLAN？引入 VLAN 具有什么意义？
5. VLAN 的划分方法有几种？简述它们之间的区别。
6. 设计 LAN 时，如何考虑关键通信链路的冗余与带宽，怎样实现？
7. Cisco IOS 命令模式分为几种？多模式划分方法有什么好处？

实　训

实训 1　交换机的基本配置

1. 目的与要求

（1）掌握交换机的基本配置与管理方法。

（2）需要 Cisco Catalyst 2950 交换机一台、控制线一根、PC 一台（要求安装有超级终端程序）、T568B 标准网线一根。

2. 主要步骤

（1）连接交换机与 PC。

（2）在 PC 上配置超级终端。

（3）登录交换机，进行几种配置模式的转换，观察在各自模式下允许运行的命令；使用 show run 命令查看当前交换机的信息。

（4）配置 Cisco Catalyst 2950 交换机的主机名为 C2950，管理地址为 192.168.1.2；配置 Console 端口的登录密码为 cisco，配置 VTY 0～4 条线路的登录密码为 mycisco，配置进入特权 EXEC 模式的密码为 name，然后将配置保存到 NVRAM 中。

（5）重启交换机（或使用 reload 命令），验证前面所做的配置。

（6）使用 Telnet 登录交换机，进行配置。

（7）假设 PC 连接在交换机的端口 f0/6 上，将端口 f0/6 shutdown，观察交换机的 f0/2 号端口指示灯的编号和计算机网络连接状态的变化，执行 show int f0/6 配置命令，查看该端口的状态，然后执行 no shutdown 命令，再做观察。

3. 思考

按照上面的配置，第 6 个用户可以 Telnet 到交换机进行配置吗？如果不能，应该如何更改设置？

实训 2　单交换机的 VLAN 配置

1. 目的与要求

（1）掌握交换机的 VLAN 配置方法。

（2）需要 Cisco Catalyst 3560 交换机一台、控制线一根、PC 三台、网线三根，网络拓扑结构如图 5-15 所示。

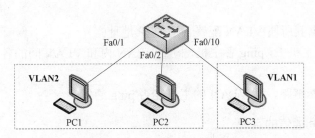

图 5-15　单交换机 VLAN 配置

2．主要步骤

（1）按照图 5-15 所示连接好网络，并配置交换机的名字为 Cisco 3560。

（2）将交换机的 1～6 号端口划入 VLAN2，对应的虚拟接口地址为 192.168.2.1；7～12 号端口划入 VLAN3，对应的虚拟接口地址为 192.168.3.1。

（3）设置 PC1 和 PC2 的主机 IP 地址分别为 192.168.2.11 和 192.168.2.12，网关地址为 192.168.2.1；设置 PC3 的主机 IP 地址为 192.168.3.11，网关地址为 192.168.3.1。

（4）在 PC1 中，分别 ping PC2 和 PC3，看能否 ping 通。若都能 ping 通，则 VLAN 划分成功，VLAN 间通信配置也成功。

3．思考

如上，如果在 PC1 中不能 ping 通 PC3，可能的原因是什么？

实训 3　跨交换机的 VLAN 配置

1．目的与要求

（1）掌握跨交换机的 VLAN 配置方法。

（2）需要 Cisco Catalyst 2950 交换机两台、PC 八台、网线九根，网络拓扑结构如图 5-16 所示。

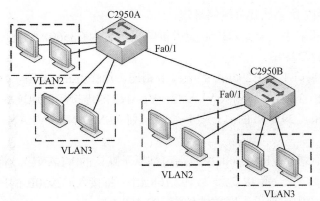

图 5-16　跨交换机 VLAN 配置

2．主要步骤

（1）按照图 5-16 所示构建好网络环境。

（2）配置交换机名字。配置图 5-16 左边交换机名为 C2950A，右边名为 C2950B。

（3）C2950A 和 C2950B 的 2～10 号端口划入 VLAN2，C2950A 和 C2950B 的 11～20 号端口划入 VLAN3。

（4）为主机根据其所属 VLAN 配置合适的 IP 地址。

（5）在一台 PC 主机中，ping 各主机，检查 VLAN 内和 VLAN 间的各主机能否相互通信。

3. 思考

如果不配置 trunk 链路，同 VLAN 的主机能否 ping 通？

实训 4　VLAN 间通信的实现

1. 目的与要求

（1）掌握跨 VLAN 通信的配置方法。

（2）需要 Cisco Catalyst 3560 交换机一台、Cisco Catalyst 2950 交换机两台、PC 四台、网线六根，网络拓扑结构如图 5-17 所示。

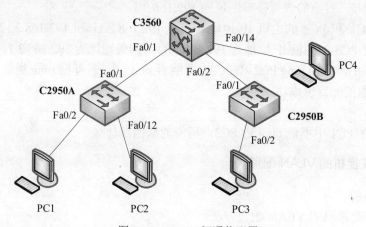

图 5-17　VLAN 间通信配置

2. 主要步骤

（1）按照图 5-17 所示构建好网络环境。

（2）配置交换机名字。配置 C3560 交换机的主机名为 C3560，配置图 5-17 左边交换机名为 C2950A，右边为 C2950B。

（3）C3560 的端口 1 与 C2950A 的端口 1 相连，用作 trunk 链路。将 C3560 的 5～12 号端口和 C2950A 的 2～12 号端口划入 VLAN2，VLAN2 的虚拟接口地址为 192.168.2.1；C3560 的 13～24 号端口和 C2950A 的 13～24 号端口划入 VLAN3，VLAN3 的虚拟接口地址为 192.168.3.1。

（4）C2950B 不划分 VLAN（即所有端口都属于默认的 VLAN1）。将 C3560 的端口 2 设置为三层交换机接口，并设置 IP 地址为 192.168.4.1，将接入 C2950B 的所有 PC 的 IP 地址设为 192.168.4.0/24 网段中的地址，网关地址为 192.168.4.1。

（5）在一台 PC 主机中，ping 各主机，检查 VLAN 内和 VLAN 间的各主机能否相互通信。

3. 思考

如果不配置 trunk 链路，PC1 能否 ping 通 PC3 和 PC4？

第6章 路由器的配置与管理

本章导读

　　路由器是常见的计算机网络互连设备，初学者需要了解它的工作原理、配置与管理方法。本章主要介绍路由器的基本概念、原理、基本配置，路由协议的配置，访问控制列表（ACL）的配置，网络地址转换（NAT）的基本概念与配置等内容。读者应在理解路由选择、ACL、NAT等相关概念的基础上重点掌握路由器的工作原理、配置与管理方法等内容。

本章要点

- 路由器的基本概念、工作原理。
- 路由器的基本配置。
- 路由协议的配置。
- 访问控制列表（ACL）的配置。
- 网络地址转换（NAT）的基本概念与配置。

6.1 路由器的工作原理与分类

　　路由器是一种连接多个网络的互连设备，工作在OSI参考模型的第三层（网络层），为不同网络之间的报文寻找传输路径并转发报文。一般来说，异种网络互连与多个子网互连都应采用路由器来完成，局域网一般通过路由器接入广域网。使用路由器互连网络的最大优点是：各互连子网仍保持各自独立，每个子网可以采用不同的拓扑结构、传输介质和网络协议，网络结构层次分明。

6.1.1 路由器的工作原理

　　交换机技术的发展及完善极大地提高了网络的性能，扩展了网络的规模，但是也带来了两个问题：一个是当网络规模较大时，有可能引起广播风暴，导致整个网络被广播信息充满，直至网络瘫痪；另一个是交换机互连的所有设备处于同一个网络，无法实现局部隔离。

　　路由器利用网络层定义的"逻辑"上的网络地址（即IP地址）来区别不同的网络，实现网络的互连和隔离，保持各个网络的独立性。路由器不转发广播消息，从而把广播消息限制在各自的网络内部，有效缩小了广播域的范围。路由器的主要任务是为经过路由器的每一个数据包寻找一条最佳的传输路径，并将该数据包有效传送到目的站点。在这个过程中，路由器执行了两个最重要的基本功能：路由功能和转发功能。

1. 路由功能

路由功能是指路由器通过运行路由选择协议来学习和维护网络拓扑结构，从而建立、查询和维护路由表（Routing Table）的过程。在路由表中保存着供路由器进行路由选择时所需的关键信息，包含目的地址、目的地址的掩码、下一跳地址、转发端口、路由信息来源、路由优先级、度量值（metric）等。

路由选择协议多种多样，路由信息可以通过多种协议学习而来，其来源方式有直连路由、静态路由、默认路由、动态路由等。一个路由器上可以同时运行多个不同的路由协议，每个路由协议会根据自己的选路算法计算出到达目的网络的最佳路径，但由于选路算法不同，不同的路由协议对某一个特定的目的网络可能选择的最佳路径不同。此时路由器根据优先级选择具有最高路由优先级的路由协议计算出的路径放入路由表，作为到达这个目的网络的转发路径。路由优先级的大致顺序：直连路由>静态路由>动态路由，默认路由的优先级最低。

2. 转发功能

当路由器根据路由表获得到达目的地址的最佳路径后就对数据包进行存储转发，具体过程如下：

（1）当一个数据帧到达某一端口时，端口对该帧进行 CRC 校验并检查其目的地址（数据链路层地址，即物理地址）是否与本端口地址相符。

（2）对符合条件的数据帧，路由器对数据帧进行解封，然后读取 IP 数据包中的目的地址（IP 地址），查询路由表，并根据路由表决定转发接口及下一跳地址。

（3）根据路由表中所查询到的下一跳 IP 地址，通过 ARP 协议获取该 IP 地址对应的 MAC 地址，将转发接口的 MAC 地址作为源 MAC 地址，下一跳 MAC 地址作为目的 MAC 地址，封装数据帧。在此过程前，IP 数据包中 TTL（Time To Live，生存时间）字段的值减 1，重新计算校验和，然后封装 IP 数据包。

（4）封装好的数据帧，经转发接口发送到链路上，转发过程完成。

从上述过程可以看出，路由器转发数据包的时候，始终不会修改 IP 数据包中的 IP 地址，但是会根据选择的路由修改数据帧中的 MAC 地址，从而达到数据转发目的。

6.1.2 路由器的硬件组成

与交换机类似，路由器也可以被看作一台特殊的计算机，它也是由软件和硬件组成。从硬件角度来看，路由器的硬件包括中央处理单元（CPU）、只读内存（ROM）、随机访问内存（RAM）、闪存（Flash Memory）、非易失性内存（NVRAM）、控制台接口（Console Port）、辅助接口（AUX Port）等。

1. 中央处理单元

和计算机一样，路由器也包含"中央处理单元"，也称为中央处理器（CPU），不同系列和型号的路由器，CPU 不尽相同。CPU 作为路由器的中枢，主要负责执行路由器操作系统（IOS）的指令，以及解释、执行用户输入的命令。CPU 还完成与计算有关的工作，例如维护路由所需的各种表项以及做出路由选择等。路由器处理数据包的速度在很大程度上取决于 CPU 的类型，某些高端路由器会拥有多个 CPU 并行工作。

2. 内存

路由器主要有以下几种类型的内存：

（1）只读内存（ROM）。ROM 也称只读存储器，ROM 中的映像（image）是路由器在启动的时候首先执行的部分，负责让路由器进入正常工作状态。路由器的开机自检程序（Power On Self Test，POST）就存储在 ROM 中。有些路由器将一套小型的操作系统存储在 ROM 中，以便在完整版操作系统不能使用时作为备份使用。

（2）随机访问内存（RAM）。RAM 也称随机存取存储器，用来存储用户的数据包队列以及路由器在运行过程中产生的中间数据，如路由表、ARP 缓冲区等。此外，RAM 还用来存储路由器的运行配置文件。当路由器被关闭或重新启动时，RAM 中的内容都将丢失。

（3）闪存（Flash Memory）。闪存是可擦写、可编程的 ROM，主要负责保存操作系统的映像文件，维持路由器的正常工作。如果在路由器中安装了足够大的闪存，则可以保存多个 IOS 映像文件，以提供多重启动功能。默认情况下，路由器用闪存中的 IOS 映像来启动路由器。

（4）非易失性内存（NVRAM）。NVRAM 也称非易失性随机存取存储器，它是一种特殊的内存，在路由器电源被切断的时候，其保存的内容仍能保存，不会丢失。NVRAM 主要用来存储路由器的启动配置文件，当路由器启动时就从其中读取该配置文件。因此，它的名称为 Startup-config，表示启动时就要加载。如果 NVRAM 中没有存储该配置文件，例如一台新的路由器或管理员没有保存配置的路由器，路由器在启动过程结束后就会提示用户是否进入初始化会话模式，也称为 setup 模式。

3. 路由器的接口

路由器具有非常强大的网络连接和路由功能，它可与不同网络进行物理连接，这就决定了路由器的接口技术非常复杂，越是高档的路由器其接口种类就越多，因为它所能连接的网络类型越多。

路由器的接口主要分为局域网接口、广域网接口和配置接口 3 类，常见的路由器接口主要有控制台接口（Console Port）、辅助接口（AUX Port）、RJ-45 接口、串行接口（Serial Port）、光纤接口等。图 6-1 给出了路由器接口示意图。

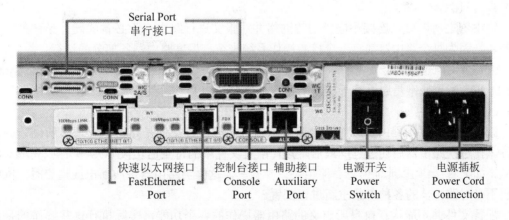

图 6-1 路由器接口示意图

（1）Console 接口。Console 接口通常用来进行路由器的基本配置，使用专用配置连线直接连至计算机的串口，利用终端仿真程序（如 Windows 下的超级终端）对路由器进行本地配置。路由器的 Console 接口多为 RJ-45 接口。

（2）AUX 接口。AUX 接口为异步接口，主要用于远程配置，也可用于拨号连接，还可通过收发器与 Modem 进行连接。AUX 接口与 Console 接口通常被放置在一起，因为它们各自所适用的配置环境不同。

（3）RJ-45 接口。在路由器和局域网的连接中，使用最多的是 RJ-45 接口，它是双绞线以太网接口。因为在快速以太网中也主要采用双绞线作为传输介质，所以根据接口的通信速率的不同，RJ-45 接口又可分为 10Base-T 网 RJ-45 接口和 100Base-TX 网 RJ-45 接口两类。其中，10Base-T 网 RJ-45 接口在路由器中通常标识为"Ethernet"，而 100Base-TX 网 RJ-45 接口则通常标识为"10/100bTX"。这两种 RJ-45 接口仅就接口本身而言是完全一样的，但接口中对应的网络电路结构是不同的，所以也不能随便连接。

利用 RJ-45 接口可以建立广域网与 VLAN 之间，以及与远程网络的连接。如果使用路由器为不同 VLAN 提供路由，可直接利用双绞线连接至不同的 VLAN 接口。但要注意 RJ-45 接口所连接的网络一般都是 100Mb/s 快速以太网以上。如果必须通过光纤连接至远程网络，或者连接的是其他类型的接口，则需要借助收发转换器才能实现彼此之间的连接。

（4）串行接口。在路由器的广域网连接中，应用最多的接口是串行接口。串行接口主要是用于连接目前应用非常广泛的 DDN（数字数据网）、帧中继（Frame Relay）、X.25、PSTN（公用电话交换网）等网络连接模式。在企业网之间有时也通过 DDN 或 X.25 等广域网连接技术进行专线连接。这种同步接口一般要求速率非常高，因为一般来说通过这种接口所连接的网络的两端都要求实时同步。

（5）光纤接口。光纤接口也称 SC 接口，其通常不是直接用光纤连接至工作站，而是通过光纤连接到快速以太网或千兆以太网等具有光纤接口的交换机。这种接口一般在高档路由器中才具有，都以"100b FX"标注。

6.1.3　路由器的软件组成

路由器的软件组成主要包含操作系统和配置文件两大部分。

1. 操作系统

路由器之所以可以连接不同类型的网络并对报文进行路由，除必备的硬件条件外，更主要的还是因为每个路由器都有一个核心操作系统来统一调度路由器各部分的运行。

大部分 Cisco 路由器使用的是 Cisco 网络互连操作系统（Internetworking Operating System，IOS）。IOS 配置通常是通过基于文本的命令行接口（CLI）进行的。

2. 配置文件

配置文件是路由器的第二个主要的软件组成部分，该文件是路由器管理员所创建的文本文件。在每次路由器启动过程的最后阶段，配置文件中的每条语句被 IOS 执行以完成对应的功能，如配置接口 IP 地址信息、路由协议参数等。这样当路由器每次断电或重启时，网络管理员不必对路由器的各种参数重新进行配置。

配置文件并不能执行自身所定义的路由器操作的各个功能，实际执行这些操作的是路由器操作系统（IOS），IOS 负责翻译并执行配置文件中的语句。

配置文件中的语句以无格式文本形式存储，其内容可以在路由器的控制台终端或远程虚拟终端上显示、修改或删除，也可以通过简单文件传输协议（TFTP）服务器上传或下载。

配置文件主要有两种类型：启动配置文件和运行配置文件。

（1）启动配置文件：也称备份配置文件，被保存在 NVRAM 中，并在路由器每次初始化时加载到内存中变成运行配置文件。

（2）运行配置文件：也称活动配置文件，只有在设备启动以后才存在，存在于设备内存中，不在 Flash 上保存，是设备当前使用的配置，而启动配置文件是设备启动时的引导配置。比如，增加了一条命令，只有命令行执行保存操作以后，才会保存到启动配置文件中，否则只会在运行配置文件中。

6.1.4　路由器的分类

路由器产品按照不同的划分标准有多种类型，常见的路由器分类方式有下述几种。

1. 按性能档次划分

按性能档次划分，路由器可分为高、中、低档路由器。

通常将路由器背板交换能力大于 40Gb/s 的路由器称为高档路由器，背板交换能力在 25Gb/s 和 40Gb/s 之间的路由器称为中档路由器，而将低于 25Gb/s 的路由器称为低档路由器。当然这只是一种宏观上的划分标准，各厂家划分标准并不完全一致，实际上路由器档次的划分不仅仅以吞吐量为依据，是有一个综合指标的。以市场占有率较大的 Cisco 公司为例，其 12000 系列的路由器为高端路由器，7500 以下系列的路由器为中低端路由器。

2. 按结构划分

按结构划分，路由器可分为模块化路由器和非模块化路由器。

模块化结构可以灵活地配置路由器，以适应不断增加的业务需求；非模块化结构只能提供固定的接口。通常中高端路由器为模块化结构，低端路由器为非模块化结构。

3. 按功能划分

按功能划分，路由器可分为访问层（接入级）路由器、分布层（企业级）路由器和核心层（骨干级）路由器。

（1）访问层路由器。也称接入级路由器，是本地网络接入互联网的通道，适用于中小规模网络接入互联网。其一般具有访问表过滤、网络地址转换、防火墙等功能，多为固定配置，接口较少，通过扩展可支持同步串口、Token Ring 等接口，如 Cisco 2800、2900、3800、3900 系列均属此类产品。图 6-2 所示为一款 Cisco 2800 系列路由器，图 6-3 所示为一款 Cisco 3900 系列路由器。

图 6-2　Cisco 2800 系列路由器　　　　　　　图 6-3　Cisco 3900 系列路由器

（2）分布层路由器。也称企业级路由器，一般是指规模相对较大的公司的互联网接口设备，或者各个分支机构的上层互连设备。其主要有 Cisco 7200 系列、Cisco 7300 系列、Cisco 7500 系列。它们一般具有高性能处理器、大容量内存、模块化结构、丰富的接口类型。图 6-4 所示为一款 Cisco 7200 系列路由器。

图 6-4 Cisco 7200 系列路由器

（3）核心层路由器。也称骨干级路由器，主要用于企业级的网络互连。核心层路由器主要处于中大型网络核心地位，构成整个网络的核心，处理能力巨大，接口模块以高速模块为主。其一般具有高处理性能、大容量内存、高带宽的互联、冗余设计、支持热插拔交换接口卡等，如 Cisco 7600、12000 等系列。此类设备一般具有丰富的接口类型：Ethernet、Fast Ethernet、Token Ring、FDDI、ATM、Channelized T1、HSSI、Synchronous Serial、ISDN PRI 等。图 6-5 所示为 Cisco 12000 系列路由器。

图 6-5 Cisco 12000 系列路由器

人们有时也把核心层路由器和分布层路由器统称为中间节点路由器，它们主要完成报文的存储和转发，并根据当前的路由表所保持的路由信息选择最好的路径传送报文。

访问层路由器有时也称为边缘路由器，例如一个公司或企业内部网通过边缘路由器与外界广域网相连接，它从外部广域网收集向本企业网络寻址的信息，转发到企业网络中有关的网络段，同时集中企业网络中各个局域网向外部广域网发送的报文。

6.2 路由器的基本配置

与交换机类似，路由器在使用之前必须进行配置。本节以 Cisco 产品为例介绍路由器的配置。

6.2.1 路由器的配置方式

1. Console 方式

对路由器进行初次配置时必须采用此方式。通过随机配送的专用配置连线将 PC 的串口与路由器 Console 接口相连，在 PC 上运行终端仿真软件（如 Windows 系统下的超级终端），完成路由器的配置。也可将 PC 的串口通过专用配置连线与路由器 AUX 接口直接相连，进行路由器的配置。

2. Telnet 方式

通过操作系统自带的 Telnet 程序登录路由器并进行配置。在为路由器设置了管理 IP 地址和用户账户之后，可以通过此方式登录路由器并对其进行配置。

3. 网管工作站方式

通过运行路由器厂家提供的网络管理软件进行路由器配置，如 Cisco 的 CiscoWorks。这种方式一般在已对路由器进行过初始配置、具有管理 IP 地址、需要对路由器配置进行修改时采用。

4. TFTP 服务器方式

TFTP（Trivial File Transfer Protocol）是一个 TCP/IP 简单文件传输协议，使用 TFTP 可以将路由器配置文件从路由器传送到 TFTP 服务器上，也可将配置文件从 TFTP 服务器下载到路由器上。TFTP 不需要用户名和口令，配置文件可以在计算机上使用文本编辑软件直接编辑，使用简单方便。

5. Web 网管方式

通过 HTTPS 方式登录设备，设备内置一个 Web 服务器，用户从终端通过 Web 浏览器登录到设备，使用设备提供的图形界面，从而非常直观地管理和维护设备。此种方式必须确保设备上已经加载了 Web 网页文件。

Web 网管方式虽然是通过图形界面直观地管理设备，便于用户操作，但其提供的是对设备日常维护及管理的基本功能，如果需要对设备进行较复杂或精细的管理，则仍然需要使用命令行方式。

6.2.2　路由器的命令执行模式

路由器加电启动后，首先运行 ROM 中的自检程序对系统进行自检，然后引导运行 Flash 中的 IOS，并在 NVRAM 中寻找路由器的配置文件，将其装入 DRAM 运行。

路由器在首次启动时，在特权 EXEC 模式（提示符为"路由器名+#"，例如 Router#）下执行 SETUP 命令，可以进入路由器配置向导，以询问方式完成相关配置。使用配置向导可以完成对路由器的基本配置，但它不能完全代替手工设置，一些特殊的设置还必须通过手工操作命令完成。进入设置对话过程后，路由器会显示信息提示用户逐步完成设置。任何时刻，用户可按 Ctrl+C 组合键终止配置。一般情况下，可以先不做配置，等以后根据实际应用情况再做配置。

路由器的命令执行过程具有分层的模式，在不同层次使用不同的命令，并只能完成这一层允许的操作。表 6-1 给出了 Cisco 路由器的 6 个管理层次，列出了进入各层的命令及提示符。

表 6-1　Cisco 路由器配置命令模式

命令模式	访问方法	提示符	退出方法
用户 EXEC 模式	登录	Router>	命令 exit
特权 EXEC 模式	在用户 EXEC 模式下输入命令 enable	Router #	直接退出命令 exit、退回用户模式命令 disable

续表

命令模式	访问方法	提示符	退出方法
全局配置模式	在特权 EXEC 模式下输入命令 configure terminal	Router (config)#	命令 exit、end, 退回特权 EXEC 模式命令 Ctrl+Z
接口配置模式	在全局配置模式下输入命令 interface type slot/number 例如 interface ethernet 0/1	Router(config-if)#	退回全局模式命令 exit、退回特权 EXEC 模式命令 Ctrl+Z
Line 配置模式	在全局配置模式下执行 line vty 或 line console 命令	Router (config-line)#	退回全局模式命令 exit、退回特权 EXEC 模式命令 Ctrl+Z
路由配置模式	在全局配置模式下执行 router protocol 配置命令	Router(config router)#	退回全局模式命令 exit、退回特权 EXEC 模式命令 Ctrl+Z

用户 EXEC 模式是管理第一层，用户在该模式下可以查看路由器的连接状态，访问其他网络和主机，但不能查看和更改路由器的设置内容。进入特权 EXEC 模式，用户可以执行所有的用户命令，还可以查看和更改路由器的设置内容。进入全局配置模式，用户可以设置路由器的全局参数，在该模式下可以完成如命名路由器、配置用户登录路由器时的标题信息和使用不同的路由器协议的功能,任何可以影响整个路由器运行的配置命令都必须在全局配置模式下执行。进入接口配置模式，可以设置路由器某个局部接口的参数、特定组件。

6.2.3 路由器常规配置

Cisco 路由器常见的命令如下：

（1）设置路由器名：hostname。
（2）设置特权密码：enable secret/password。
（3）设置端口 IP 地址：ip address。
（4）激活/禁用端口：no shutdown/shutdown。
（5）查看版本及引导信息：show version。
（6）查看运行设置：show running-config。
（7）查看开机设置：show startup-config。
（8）显示端口信息：show interface type slot/number。
（9）配置封装协议：encapsulation {frame-relay | hdlc | ppp}。
（10）网络连通性测试：ping/tracert。

上述命令的具体使用方法可以参考 5.2 节。

【例 6-1】假设有一台 Cisco 2811 路由器，一端通过 F0/0 接口连接局域网 192.168.1.0/24，F0/0 接口为快速以太网接口，一端通过 S0/0 接口连接 192.168.1.0/24 网络，S0/0 接口为串行接口。请给这两个接口配置合适的 IP 地址，并配置路由器的名称为 2811，特权密码为 student。

【案例解析】首先规划路由器接口地址，与局域网 192.168.1.0/24 连接的 F0/0 接口的 IP 地址可配置为 192.168.1.254，子网掩码配置为 255.255.255.0；S0/0 接口的 IP 地址可配置为 192.168.2.254，子网掩码配置为 255.255.255.0。

这两个接口性质是不一样的，F0/0 接口为快速以太网接口，用于连接以太网的交换机或主机，它的地址是子网的网关地址，子网内的设备访问非本网段的数据报文将直接送到默认网关地址处，即送到路由器的相应接口上，亦即 F0/0 接口。

S0/0 接口为串行接口，其用来传输的数据是同步的，连接时需要同步时钟频率，有 DTE 和 DCE 两种接口类型。DTE 和 DCE 的区分只针对串行接口，DCE 是服务端用的设备，需要配置时钟和带宽。例如一台路由器，它处于网络的边缘，有一个串行接口需要从另一台路由器中学习一些参数，具体实施时不需要在这个串行接口上配置"时钟速率"，因为它从对方学到，这时它就是 DTE 接口，而对方就是 DCE 接口。

配置过程如下：

```
Cisco2811#config terminal
Cisco2811(config)#hostname 2811              //配置主机名为 2811
2811(config)#enable secret student           //配置特权密码为 student
2811(config)#interface f0/0
2811(config-if)#ip address 192.168.1.254 255.255.255.0
2811(config-if)#no shutdown                  //配置 F0/0 端口的 IP 地址
2811(config-if)#exit
2811(config)#interface s0/0
2811(config-if)#ip address 192.168.2.254 255.255.255.0
2811(config-if)#clock rate 64000             //配置 DCE 接口的时钟
2811(config-if)#no shutdown                  //配置 S0/0 接口的 IP 地址
2811(config-if)#exit
```

因路由器直接相连这两个网络，故只要两个接口 IP 地址配置正确，两个子网中的主机即可互相连通，可用 ping 命令测试。

```
2811#show ip route
Gateway of last resort is not set
C     192.168.1.0/24 is directly connected, F0/0
C     192.168.2.0/24 is directly connected, F0/1
```

在任何一种模式下，直接输入"？"并按 Enter 键，可获得在该模式下允许执行的命令帮助。若要获得某条命令的进一步帮助提示，可在命令之后输入"？"来获得帮助。当命令记不全时，输入命令的前面几个字符，然后按 Tab 键，系统会自动补齐命令的关键字。在不引起混淆的情况下，支持命令简写，如 enable 可简写为 en。若有实现某条命令的相反功能，则只需在该条命令前加"no"，并执行前缀有"no"的命令即可。使用上下光标键↑和↓，可以显示历史命令（前面输入的命令）。

6.3　路由协议的配置

6.3.1　路由分类与路由表

使用路由器互连网络，路由器根据收到的数据报头的目的地址选择一条合适的路径，将数据报传送到下一台路由器，路径上最后的路由器负责将数据报送交目的地址。数据报在网络中的传输就像是体育运动中的接力赛一样，每一台路由器只负责自己本站数据报通过最优的路径转发，通过多台路由器一站一站的接力，将数据报通过最优路径转发到目的地。Internet 就是成千上万个网络通过基于 TCP/IP 协议的路由器互连起来的国际性网络。

1. 路由分类

根据路由信息产生的方式和特点，也就是路由是如何生成的，路由可以分为直连路由、静态路由、默认路由和动态路由。

（1）直连路由。直连路由是由链路层协议发现的，一般指去往路由器的接口地址所在网段的路径。直连路由无须手工配置，只要接口配置了网络协议地址，并且该接口的管理状态、物理状态和链路协议均为 UP 时，路由器就能够自动感知该链路的存在，接口上配置的 IP 网段地址会自动出现在路由表中且与接口关联，并动态随接口状态变化在路由表中自动出现或消失。其优点是自动发现、开销小，缺点是只能发现本接口所属网段的路由。

（2）静态路由。静态路由是由网络管理员根据网络拓扑手动配置的固定路由。静态路由的优点是简单、高效、可靠。由于静态路由不能对网络的改变做出调整，故其一般用于网络规模不大、拓扑结构固定的网络中。

（3）默认路由。默认路由是一种特殊的静态路由，它的优先级最低。网络管理员手工配置了默认路由后，当路由表中与目的地址之间没有匹配的表项时路由器将把数据包发送给默认路由。

（4）动态路由。动态路由是指路由器能够使用动态路由协议自动建立自己的路由表，且能根据网络拓扑状态变化进行动态调整。动态路由机制依赖于对路由表的维护以及路由器间动态的路由信息交换。路由器间的路由信息交换是基于路由协议实现的，交换路由信息的最终目的是通过路由表找到"最佳"路由。动态路由无须人工维护，但执行路由算法开销大、配置复杂，适用于规模大、拓扑结构复杂的网络。

2. 路由表

路由器转发数据报依靠查找路由表实现。每台路由器都保存着一张路由表，标明了如果要去某个网络，下一步应该把数据报发往哪儿。路由表一般包括以下关键项：目的地址/子网掩码、输出接口、下一跳地址。表 6-2 所示为路由表内容示例。路由表由路由协议建立和维护，路由协议的设计是根据某种路由算法实现的。

表 6-2 路由表内容示例

目的地址	子网掩码	下一跳地址
0.0.0.0	0.0.0.0	10.0.0.1
100.0.0.0	255.255.0.0	20.0.0.1
200.0.0.0	255.255.255.0	198.192.29.1

在一台路由器中可同时配置多条静态路由、一条或多条动态路由。到相同的目的地，不同的路由协议可能会发现不同的路由，这些路由表的表项间可能会发生冲突。因此，各路由协议都被赋予了一个优先级，具有较高优先级的路由协议发现的路由将被加入路由表。不同厂家对于各种路由协议优先级的规定各不相同，通常静态路由具有默认的最高优先级，当其他路由表表项与它矛盾时，均按静态路由转发。除直连路由外，各动态路由协议的优先级可根据用户需求手工配置。

3. 路由的花费

路由的花费标识了到达这条路由所指的目的地址的代价，通常受到线路延迟、带宽、线路占有率、跳数等因素的影响。不同的动态路由协议会选择其中的一种或几种因素来计算花费。花费值最小的路径被认为是到达目标的最佳路径，可加入路由表。不同路由协议对花费的计算所用的度量值不同，所以花费值只用于同一个路由协议产生的路径比较，不能用于不同路由协议间路径的比较。

6.3.2　常用路由协议与算法

1. 距离矢量路由协议与链路状态路由协议

按照工作区域，路由协议可以分为内部网关协议（Interior Gateway Protocols，IGP）和外部网关协议（Exterior Gateway Protocols，EGP）。IGP 在同一个自治系统内部交换路由信息，下面将要介绍的 RIP、OSPF 协议都属于 IGP。EGP 用于连接不同的自治系统，在不同的自治系统之间交换路由信息，主要包括边界网关协议（Border Gateway Protocol，BGP）。自治系统（Autonomous System，AS）就是共享相同的路由策略并在单一管理域中运行的路由器的集合。

按照路由的寻径算法和交换路由信息方式的不同，常用的 IGP 包括距离矢量路由（Distance-Vector，D-V）协议和链路状态路由（Link State）协议。

D-V 路由关心的是到目的网段的距离（跳数）和矢量（方向，从哪个接口转发数据）。使用 D-V 算法的路由器周期性地将自身路由表发送给与其直连的路由器。接收到路由表的相邻路由器将收到的路由表和自己的路由表比较，新的路由或到已知网络开销更小的路由都被加入路由表，并通过增加一个距离矢量数（如一个跳数）来增加距离矢量。相邻路由器再继续向外广播自己的路由表。这个过程发生在直接相连的路由器之间，经过一段时间的传递更新，每台路由器都得到了其他路由器的信息，最终形成一个网络距离的汇集视图。D-V 路由的优点是简单、易配置、易维护和易使用；缺点是扩展性较差，网络变化收敛速度慢（所谓收敛是指一旦网络拓扑发生变化，路由器必须独立地识别新的网络拓扑，并计算出新的路由表的过程）。因此，它适用于规模较小的、几乎没有冗余路径的网络。

链路状态路由协议基于 Dijkstra 算法，有时称为最短路径优先算法。此算法关心网络中链路或接口的状态，每台路由器将自己知道的链路状态向该区域的其他路由器通告。通过这种方式，区域内的每台路由器都建立了一个本区域的完整的链路状态数据库，然后创建自己的网络拓扑图，形成一个到各个目的网段的带权有向图，因而可以通过 Dijkstra 算法来计算它到其他路由器的最短路径。链路状态路由协议使用增量更新机制，只有当链路状态发生变化时才发送路由更新信息。因此，其具有更大的扩展性和快速收敛性，但对路由器的存储器和处理器要求较高，适用于较大的网络。

2. 路由信息协议

路由信息协议（Routing Information Protocol，RIP）是常用的 IGP 协议之一，是基于距离矢量算法的路由协议，其利用单一的距离（跳数）耗费标准来决定要选择的最佳路径。RIP 使用非常广泛，它简单、可靠、便于配置。但是 RIP 只适用于小型的同构网络，因为它允许的最大站点数为 15，任何超过 15 个站点的目的地均被标记为不可达。

3. 开放最短路径优先协议

开放最短路径优先协议（Open Shortest Path First，OSPF）是一种典型的链路状态（Link-state）路由协议，一般用于一个自治系统内。采用 OSPF 路由协议的网络具有路由表收敛速度快、能够适应大型网络、能够正确处理错误路由信息等特点。

6.3.3　路由配置

路由器要能进行路由选择，必须配置相关的路由协议。在结构比较简单的网络中，路由器只需要配置静态路由即可正常工作。

1. 配置静态路由

静态路由的配置方法有两种：带下一跳路由器的静态路由配置和带送出接口的静态路由配置。配置静态路由的命令格式为

　　　　Router(config)#**ip route** *destination destination_mask* [*IP_address*| *interfacename*] [*metric*]

例如：

　　　　ip route 162.1.1.0 255.255.255.0 192.168.0.1

　　　　（目标网段为 162.1.1.0，目标子网掩码为 255.255.255.0，送出接口为下一路由器接口，IP 地址为 192.168.0.1）

　　　　ip route 162.1.1.0 255.255.255.0 Serial0

　　　　（目标网段为 162.1.1.0，目标子网掩码为 255.255.255.0，送出接口为本路由器的 Serial0 接口）

2. 配置默认路由

默认路由也是一种静态路由，简单地说，就是在没有找到任何匹配路由表入口项时使用的路由。配置默认路由的命令格式为

　　　　Router(config)#**ip route 0.0.0.0 0.0.0.0** [*IP_address*| *interfacename*]

例如：

　　　　ip route 0.0.0.0 0.0.0.0 192.168.1.1

表示默认路由都送到接口 192.168.1.1 上。

3. 查看路由表信息

查看路由表信息的命令为

　　　　Router#**show ip route**

6.3.4　RIP 协议基本配置

RIP 是一种距离矢量协议，它根据跳数来判断到达目标的最佳路由，它需要路由器收听和集成来自其他路由器的路由信息。

RIP 通过广播（RIPv1）UDP 报文来交换路由信息，每 30 秒发送一次路由信息更新。RIP 提供跳跃计数（Hop Count）作为尺度来衡量路由距离。跳跃计数是一个包到达目标所必须经过的路由器数目。如果到相同目标有两个不等速或不同带宽的路由器，但跳跃计数相同，则 RIP 认为两个路由是等距离的。RIP 最多支持的跳跃数为 15，即在源网络和目的网络间所要经过的最多路由器数目为 15，跳数 16 表示不可达。

1. 启动 RIP 协议并进入协议配置模式

启动 RIP 协议并进入协议配置模式的命令为

　　　　Router(config)#**router rip**

2. 选择路由版本

选择路由版本的命令为

　　　　Router(config-router)#**version [1|2]**

RIP 协议有 3 个版本：第一版（RIPv1）、第二版（RIPv2）和 RIPng（RIP next generation），其中 RIPng 是 RIPv2 针对 IPv6 的扩展，下面不再详述。RIPv1 的功能非常有限，因为它不支

持 CIDR（无类域间路由选择）地址解析。这就意味着这个协议只是一个有类域协议，只支持默认的网络地址，不支持子网划分。RIPv1 和 RIPv2 的详细区别如表 6-3 所示。

表 6-3　RIPv1 和 RIPv2 的区别

RIPv1	RIPv2
在路由更新的过程中不携带子网信息	在路由更新的过程中携带子网信息
不提供认证	提供明文和 MD5 认证
不支持 VLSM 和 CIDR	支持 VLSM 和 CIDR
采用广播更新	采用组播（224.0.0.9）更新
有类别（Classful）路由协议	无类别（Classless）路由协议

3. 定义关联网络

定义关联网络的命令格式为

　　　　Router(config-router)#**network *IP_address***

其中，参数 IP_address 代表本路由器的接口所在的网络地址，若使用 RIPv1，则只能通告标准的网络地址（标准 A/B/C 类地址）；若使用 RIPv2，则可以通告子网地址。

假如某路由器连接了两个网络，分别是 10.1.0.0/16 和 11.1.0.0/24，如果使用 RIPv1 配置，则配置命令为

　　　　RouteA#config terminal
　　　　RouteA(config)#router rip
　　　　RouteA(config-router)#network 10.0.0.0
　　　　RouteA(config-router)#network 11.0.0.0

如果使用 RIPv2 配置，则配置命令为

　　　　RouteA#config terminal
　　　　RouteA(config)#router rip
　　　　RouteA(config-router)#version 2
　　　　Router(config-router)#no auto-summary　　　//不支持自动汇总到默认网络
　　　　RouteA(config-router)#network 10.1.0.0
　　　　RouteA(config-router)#network 11.1.0.0

4. 显示 RIP 协议配置信息

显示 RIP 协议配置信息的命令为

　　　　Router#**show ip rip database**

6.3.5　OSPF 协议基本配置

OSPF 协议通过路由器之间通告网络接口的状态来建立链路状态数据库，生成最短路径树，每台路由器都维护一个相同的、完整的全网链路状态数据库。每台路由器负责发现、维护与邻居的关系，并将已知的邻居列表和链路费用（Link State Update，LSU）报文描述通过可靠的泛洪（Flooding）与 AS 内的其他路由器周期性交互，学习到整个 AS 的网络拓扑结构，并通过 AS 边界的路由器注入其他 AS 的路由信息，从而得到整个 Internet 的路由信息。每隔一个特定时间或当链路状态发生变化时，重新生成 LSA（Link State Advertisement，链路状态通告），路由器通过泛洪机制将新 LSA 通告出去，以便实现路由的实时更新。

OSPF 协议支持分层路由方式，这使它的扩展能力远远超过 RIP 协议。当 OSPF 网络扩展到几百台甚至上千台路由器时，路由器的链路状态数据库将记录成千上万条链路信息。为了使路由器的运行更快速、更经济、占用的资源更少，网络工程师通常按功能、结构和需要把 OSPF 网络分割成若干个区域，并将这些区域和主干区域根据功能和需要相互连接从而达到分层的目的。

OSPF 协议的实现过程如下：

（1）初始化形成端口初始信息：在路由器初始化或网络结构发生变化（如链路发生变化、路由器新增或损坏）时，相关路由器会产生 LSA 数据包，该数据包里包含路由器上所有的相连链路，亦即所有端口的状态信息。

（2）路由器间通过泛洪机制交换链路状态信息：各路由器一方面将其 LSA 数据包传送给所有与其相邻的 OSPF 路由器，另一方面接收其相邻的 OSPF 路由器传来的 LSA 数据包，根据其更新自己的数据库。

（3）形成稳定的区域拓扑结构数据库：OSPF 协议通过泛洪机制逐渐收敛，形成该区域拓扑结构数据库，这时所有的路由器均保留了该数据库的一个副本。

（4）形成路由表：所有的路由器根据其区域拓扑结构数据库副本采用 Dijkstra 算法计算形成各自的路由表。

1. 启动 OSPF 协议进程并进入 OSPF 配置模式

启动 OSPF 协议进程并进入 OSPF 配置模式的命令格式为

Router(config)#**router ospf** *Process_ID*

参数 Process_ID 代表 OSPF 的进程号，它的范围是 1～65535，ID 号可以在指定的范围内随意设置，它只对本地路由器内部有意义，不同的路由器 PID 可以相同，也可以不同。运行 OSPF 协议的路由器可以同时运行多个进程。

例如：

Router-test(config)#router ospf 10   //路由器启动 ospf 进程，进程号为 10

2. 指定 OSPF 协议起作用的网络范围

指定 OSPF 协议起作用的网络范围的命令格式为

Router(config-router)#**network** *IP_address wildmask* **area** *area-id*

参数 IP_address 是网络地址。

参数 wildmask 是通配符掩码（也称反子网掩码），与子网掩码类似，也是一个 32 位的二进制数。不同的是，通配符掩码中，掩码位"1"表示所对应的 IP 地址位不必匹配，"0"表示对应的 IP 地址位必须匹配。通配符掩码的计算方法为，将子网掩码表示成二进制，然后各位取反，再转换成十进制即可。例如，子网掩码 255.0.0.0 的通配符掩码为 0.255.255.255。

参数 area-id 是区域号。为了解决网络规模增大带来的效率降低等问题，OSPF 协议将自治系统划分为不同的区域。区域在逻辑上将路由器划分为不同的组。每个运行 OSPF 协议的接口必须指明属于某一个特定的区域，区域号是一个从 0 开始的 32 位整数。area-id 为 0 的区域为主干区，一个 OSPF 区域内只能有一个主干区。其他区域维护各自的链路状态信息数据库，非 0 区域之间的链路状态信息交互必须经过主干区。

例如：

Router-test(config-router)#network 192.168.1.0 0.0.0.255 area 0
//将 192.168.1.0 定义为参与 OSPF 的网络，OSPF 覆盖全网设备，设置 OSPF 主区域号为 0

启动配置完成后，OSPF 向本地所有运行协议的接口以组播 224.0.0.5 的形式发送 hello 包。hello 包中会携带本地的 RID 及本地一致的邻居的 RID。之后，将收集到的邻居关系记录在一张表，即邻居表中。

邻居表建立后进行条件匹配，若匹配失败，则将停留在邻居状态，仅通过 hello 包进行周期保活。

如果匹配成功，则开始建立邻居关系。首先，使用未携带数据的 DBD（Database Description，数据库描述报文）进行主从关系选举。然后，使用携带数据的 DBD 包来共享本地目录信息。接着，本地使用 LSR/LSU/LSACK 获取未知的 LSA 信息完成本地数据库的建立，即 LSDB（Link State DataBase，链路状态数据库），生成数据库表。最后，基于本地 LSDB 通过 SPF（Shortest Path First，最短路径优先）算法计算到达未知网段的路由信息，将路由信息加载到路由表中。

3. 显示 OSPF 协议配置信息

显示 OSPF 协议配置信息的命令为

    Router＃**show ip ospf database**

6.3.6　路由配置示例

【例 6-2】假设某集团单位有 3 个子公司分布在一个城市的不同位置，建设企业内部网，需要将这 3 个子公司互连在一起。假设子公司之间通过租用速率 2M 的专线互连，不走互联网，这样会有较高的安全性。

【案例解析】

（1）设计网络拓扑结构，规划 IP 地址，如图 6-6 所示。

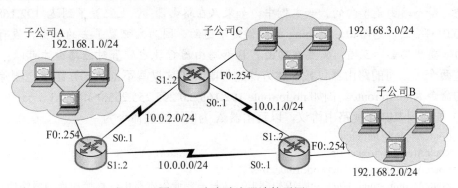

图 6-6　多个路由器连接子网

（2）规划各路由器各接口 IP 地址，如表 6-4 所示。

表 6-4　网络 IP 地址规划

子公司	IP 子网地址	路由器名称	路由器接口		
			内口 F0	外口 S0	外口 S1
A	192.168.1.0/24	RouteA	192.168.1.254/24	10.0.2.1/24 接 C	10.0.0.2/24 接 B
B	192.168.2.0/24	RouteB	192.168.2.254/24	10.0.0.1/24 接 A	10.0.1.2/24 接 C
C	192.168.3.0/24	RouteC	192.168.3.254/24	10.0.1.1/24 接 B	10.0.2.2/24 接 A

（3）对路由器进行基本设置，以子公司 A 的 RouteA 为例，各接口 IP 地址如下：

内连口 F0/0：192.168.1.254/24，连接子公司 A 内部局域网。

外连口 S1/0：10.0.2.1/24，连接子公司 C 的 RouteC。

外连口 S1/1：10.0.0.2/24，连接子公司 B 的 RouteB。

设置过程如下：

```
RouteA#config terminal
RouteA(config)#interface f0/0
RouteA(config-if)#ip address 192.168.1.254 255.255.255.0
RouteA(config-if)#no shutdown
RouteA(config-if)#Ctrl+Z
RouteA(config)#interface S1/0
RouteA(config-if)#ip address 10.0.2.1 255.255.255.0
RouteA(config-if)#clock rate 64000
RouteA(config-if)#no shutdown
RouteA(config-if)#Ctrl+Z
RouteA(config)#interface S1/1
RouteA(config-if)#ip address 10.0.0.2 255.255.255.0
RouteA(config-if)#no shutdown
```

（4）配置静态路由实现子网间的通信，命令为

```
RouteA#config terminal
RouteA(config)#ip route 192.168.2.0 255.255.255.0 10.0.0.1
RouteA(config)#ip route 192.168.3.0 255.255.255.0 10.0.2.2
```

（5）检查测试配置。可以通过 show ip route 命令查看路由器上配置的静态路由表，通过 ping 命令检查与其他子网设备之间的通信。

注意：静态路由是单向的。如本例中，如果只在路由器 A 上配置了到达 192.168.2.0 和 192.168.3.0 网络的静态路由，则 ping 的时候是不通的，因为只配置了去的路由，没有配置回来的路由。要想使全网互通，需要在路由器 B 和路由器 C 上也配置对应路由才可以。

其他两个子公司的路由器可按上述方法进行配置，这里就不再一一介绍了，删除静态路由表项的命令为 no ip route。例如 no ip route 192.168.2.0 255.255.255.0 10.0.0.1。

（6）如果用 RIP 实现路由协议，以路由器 A 为例，配置命令为

```
RouteA#config terminal
RouteA(config)#router rip
RouteA(config-router)#network 10.0.0.0
RouteA(config-router)#network 192.168.1.0   //只需要通告本路由器直接相连的网络即可，运行
//RIPv1，故 10.0.0.0 和 10.0.2.0 两个子网自动汇总到默认网络 10.0.0.0
```

若运行 RIPv2，则两个子网都需要通告，示例如下：

```
RouteA#config terminal
RouteA(config)#router rip
RouteA(config-router)#version 2
RouteA(config-router)#no auto-summary
RouteA(config-router)#network 10.0.0.0
RouteA(config-router)#network 10.0.2.0
RouteA(config-router)#network 192.168.1.0
RouteA(config-router)#Ctrl+Z
```

其他两个子公司的路由器配置类似，这里不再一一介绍。

（7）如果使用 OSPF 协议，以路由器 A 为例，配置命令为

```
RouteA#config terminal
RouteA(config)#router ospf  1
RouteA(config-router)#network 10.0.0.0 0.0.0.255 area 0
RouteA(config-router)#network 10.0.2.0 0.0.0.255 area 0
RouteA(config-router)#network 192.168.0.0 0.0.0.255 area 0
```

从前面的配置中可以看出，路由器 A 直接相连的网络为 10.0.0.0/24、0.0.2.0/24 和 192.168.1.0/24，故通告这 3 个直接相连的网络，通配符掩码为 0.0.0.255。

其他子公司的路由器配置类似，这里不再一一介绍。

（8）查看路由表，配置命令为

```
RouteA#show ip route
```

可通过该命令查看路由器的路由表，若 3 台路由器都配置成功，则每台路由器的路由表都是完整的，即每台路由器都有到达任一个网络的路由信息。但是若只配置了路由器 A 的路由协议，则路由表不完整。

6.4　访问控制列表（ACL）配置

访问控制列表（Access Control Lists，ACL）是一种基于包过滤的访问控制技术，它可以根据设定的条件对接口上的数据包进行过滤，具体操作为允许通过或丢弃。ACL 被广泛地应用于路由器和三层交换机。借助于 ACL，可以有效地控制用户对网络的访问，从而最大程度地保障网络安全。

ACL 具有区分数据包的功能，可以控制"什么样的数据包"可以做"什么样的事情"。例如，可以允许某种服务（如 WWW）通过，而拒绝另一种（如 FTP）服务。ACL 由一系列语句组成，这些语句包括匹配条件和采取的动作（允许或禁止）两方面内容。把 ACL 应用在路由器的接口上，可以限制网络流量，提高网络性能，同时也是基本的网络访问控制安全手段。

ACL 可分为标准 ACL 和扩展 ACL，标准 ACL 只检查数据包的源地址，扩展 ACL 不仅检查数据包的源地址，还要检查数据包的目的地址、特定协议类型、源端口号、目的端口号等，具有更大的灵活性和可扩展性。

6.4.1　配置标准 ACL

在配置 ACL 时，必须定义一个序列号，并利用这个序列号来唯一标识一个 ACL 并引用它。标准 ACL 数字的范围为 1～99，扩展 ACL 的数字范围为 100～199。

ACL 的使用分为两步：创建 ACL，根据实际需要设置对应的条件项；将 ACL 应用到路由器指定接口的指定方向（in/out）上。

1. 标准 ACL 配置命令

配置标准 ACL 的命令格式为

Router(config)#**access-list** *access-list-number* {**deny|permit**} {*source*　*[source-wildcard]|any*} [**log**]

参数说明如下：

（1）access-list-number：标准 ACL 号，范围为 1～99，可以使用这个范围内的任意一个号码。

（2）deny|permit：允许或是拒绝数据包通过，deny 表示拒绝匹配的数据包通过，permit

表示允许匹配的数据包通过。

（3）source：表示一个网段或主机的 IP 地址。

（4）source-wildcard：通配符掩码（反子网掩码），与 source 地址配套使用，用来指定某个网络或主机。

（5）any：匹配所有的网络和主机。

（6）log：表示日志，一旦 ACL 作用于某个接口，那么包括关键字 log 的语句将记录那些满足 ACL 条件的数据包，第一个通过接口并且和 ACL 语句匹配的数据包将立即产生一个日志信息，后续的数据包根据记录日志的方式，或者在控制台上显示日志，或者在内存中记录日志。通过 Cisco IOS 的控制台命令可以选择记录日志方式。

2．通配符掩码（反子网掩码）

路由器使用的通配符掩码与源或目标地址一起来分辨匹配的地址范围，它与子网掩码不同。子网掩码告诉路由器 IP 地址的哪几位属于网络号，通配符掩码告诉路由器需要检查 IP 地址的哪几位，需要与 IP 地址配套使用。在通配符掩码中，"1"表示所对应的 IP 地址位不必匹配，"0"表示对应的 IP 地址位必须匹配。

通配符掩码表示示例如下：

（1）192.168.1.0　0.0.0.255：通配符掩码的前 24 位为 0，表示对应的 IP 地址必须匹配，后 8 位为 1，表示对应的 IP 地址不必匹配，即可为任意值。也就是说，匹配的结果为 192.168.1.0～192.168.1.255，即为 192.168.1.0/24 网段。

（2）172.30.16.29　0.0.0.0：表示 32 位都必须匹配，即主机地址 172.30.16.29。这种情况下，也可表示为 host 172.30.16.29。host 表示一种精确匹配，是通配符掩码 0.0.0.0 的简写形式。

（3）192.168.1.0　255.255.255.255：表示全部不进行匹配，即 any。any 是通配符掩码 255.255.255.255 的简写形式。

3．标准 ACL 举例

（1）只允许 IP 地址为 192.168.0.99 的主机数据包通过。

　　　　access-list 1 permit host 192.168.0.99

或

　　　　access-list 1 permit 192.168.0.99 0.0.0.0

（2）允许所有的 IP 地址的数据通过。

　　　　access-list 2 permit any

或

　　　　access-list 2 permit 192.168.0.99 255.255.255.255。

实际上 192.168.0.99 可为其他任意值，因为该 IP 地址根本不做任何匹配。

（3）拒绝 192.168.0/24 网络的数据包通过。

　　　　access-list 3 deny 192.168.0.99 0.0.0.255

　　　　access-list 3 permit any

每个 ACL 的结尾都有一条隐含的"拒绝所有数据包（deny all）"的语句，所以每一个 ACL 中必须有一条 permit 语句。

4．应用 ACL 到接口

应用 ACL 到接口的命令格式为

　　　　Router(config-if)#**ip access-group** *access-list-number* **{in|out}**

其中，参数 access-list-number 代表在前一步中定义的 ACL 编号，关键字 in|out 对流入还是流出（也称为入站/出站）路由器的数据包进行检查，in 表示通过接口进入路由器的报文，out 表示通过接口离开路由器的报文。

ACL 只有被应用到某个接口才能真正起作用。每一个接口可以在进入（in）和离开（out）两个方向上分别应用一个 ACL，且每个方向上只能应用一个 ACL。

5. 显示 IP 访问控制列表

显示 IP 访问控制列表的命令格式为

   Router#**show ip access-list** *[access-list-number]*

6. ACL 注意事项

（1）注意 ACL 中语句的次序，尽量把作用范围小的语句放在前面。因为 ACL 是自顶向下进行处理的，一旦匹配成功，就会进行处理，且不再比对执行后面的语句。

（2）标准 ACL 应部署在距离分组的目的网络近的位置，由于标准 ACL 只限制源地址，因此将其靠近源会阻止报文流向其他端口。扩展 ACL 应部署在距离分组发送者近的位置，以免 ACL 影响其他接口上的数据流。

（3）在应用 ACL 时，要特别注意过滤的方向。每个接口在每个方向上只能应用一个 ACL。

（4）每个 ACL 的结尾都有一条隐含的"拒绝所有数据包（deny all）"的语句，所以每一个 ACL 中必须有一条 permit 语句。

【例 6-3】标准 IPACL 配置举例。

在图 6-7 所示的拓扑结构中，现要求主机 A（PC A）不能访问服务器 Server1 和 Server2，其他主机可以访问服务器 Server1 和 Server2。

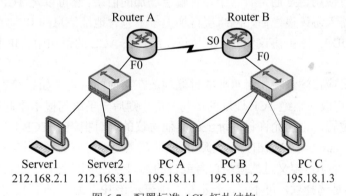

图 6-7　配置标准 ACL 拓扑结构

【案例解析】配置 ACL，然后将配置好的 ACL 应用到某个端口上。主机 A 若要与服务器通信，则必须通过路由器 A（Router A）的 F0 接口，因此只需要在路由器 A 的 F0 接口上应用 ACL 就可以达到这个目的。这也符合上面我们提到的 ACL 注意事项的第二条，即标准 ACL 尽量靠近目的网络，这样也不影响 PCA 通过路由器到达其他网络。

配置命令如下：

```
routerA#configure terminal
routerA(config)#access-list 1 deny host 195.18.1.1
routerA(config)#access-list 1 permit any
routerA(config)#interface f0
routerA(config-if)#ip access-group 1 out
```

6.4.2 配置扩展 ACL

上面我们提到的标准 ACL 是基于源 IP 地址进行过滤的,那么如果希望对数据包的目的地址进行过滤呢?或者希望将过滤准确到端口呢?这时候就需要使用扩展 ACL。使用扩展 ACL 可以有效地容许用户访问物理 LAN 而并不容许其使用某个特定服务(如 WWW、FTP 等)。扩展 ACL 使用的 ACL 号为 100~199。

扩展 ACL 的使用和标准 ACL 一样,也是分为两步:定义扩展 ACL,根据实际需要设置对应的条件项;将扩展 ACL 应用到路由器指定接口的指定方向(in/out)上。

1. 扩展 ACL 配置命令

扩展 ACL 比标准 ACL 有更多的匹配项,配置扩展 ACL 的命令格式为

Router(config)#**access-list** *access-list-number* { **permit** | **deny** } { *protocol* } { *source [source-wildcard]* | *any* } [**operator port**] {*destination [destination-wildcard]* | *any* } [**operator port**] [**protocol-specific options**] [**log**]

参数说明如下:

(1)access-list-number:扩展 ACL 号,范围为 100~199。

(2)permit/deny:{}是必选项,permit 表示如果满足条件数据包则被允许通过该接口,deny 表示如果满足条件数据包则被丢弃。

(3)protocol:需要被过滤的协议类型,如 IP、TCP、UDP、ICMP 等。协议选项是很重要的,因为在 TCP/IP 协议栈中的各种协议之间有很密切的关系,如果管理员希望根据特殊协议进行报文过滤,那么就要指定该协议。

前面我们学过应用数据通常有一个在传输层增加的前缀,它可以是 TCP 协议或 UDP 协议的头部,当数据流入协议栈之后,网络层再加上一个包含地址信息的 IP 协议的头部。由于 IP 头部传送 TCP、UDP、路由协议和 ICMP 协议,所以在 ACL 的语句中,IP 协议的级别比其他协议更为重要。

另外,管理员应该注意将相对重要的过滤项放在靠前的位置。如果管理员设置的命令中,允许 IP 地址的语句放在拒绝 TCP 地址的语句前面,则后一条语句根本不起作用。但是如果将这两条语句调换位置,则在允许该地址上的其他协议的同时拒绝了 TCP 协议。

(4)source [source-wildcard] | any:源 IP 地址及源地址对应的通配符掩码(反子网掩码)。

(5)operator port:定义过滤源端口号或目的端口号,可以是单一的某个端口,也可以是一个端口范围。[]是选择项,可不写,若不写,则表示该 IP 地址的所有端口。表 6-5 所示为端口范围运算符。

表 6-5 端口范围运算符

运算符	描述	例子
eq	等于,用于指定单个的端口	eq 80 或 eq www
gt	大于,用于指定大于某个端口的一个端口范围	gt 80
lt	小于,用于指定小于某个端口的一个端口范围	lt 80
neq	不等于,用于指定除某个端口之外的所有端口	neq 21
range	指定两个端口号之间的一个端口范围	Range 145 165

（6）destination [destination-wildcard] | any：目的 IP 地址及目的地址对应的通配符掩码，any 表示任意目的地址。

（7）protocol-specific options：协议制定的选项，一般可省略。

（8）log：记录有关数据报进入 ACL 的信息。

2. 应用 ACL 到接口

应用 ACL 到接口的命令格式为

Router(config-if)#**ip access-group** *access-list-number* **{in|out}**

和标准 ACL 一样，先进入要应用的接口，然后输入上述命令把对应编号的 ACL 应用到该接口。

注意：一个 ACL 可用于同一个路由器（三层交换机）的多个不同的端口。如果不给端口提供任何 ACL，或者提供一个未定义的 ACL，那么默认情况下它将传递所有数据包。如果想让 ACL 对两个方向都有用，则在该端口调用 ACL 两次，一个用于入站，一个用于出站。

【例 6-4】扩展 ACL 配置举例。

在图 6-8 所示的拓扑结构中，要求允许 LAN1 的所有主机能访问 Internet，但只能进行 WWW、FTP、SMTP、POP3 协议的通信，LAN2 中的主机 192.168.2.1 向 Internet 提供 WWW 服务，主机 192.168.2.2 向 Internet 提供 FTP 服务，主机 192.168.2.3 向 Internet 提供 SMTP 服务，其余主机不能被 Internet 访问。

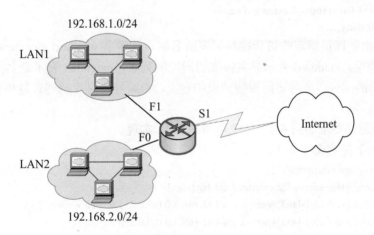

图 6-8　配置扩展 ACL 拓扑结构

【案例解析】配置扩展 ACL，然后将配置好的 ACL 应用到某个端口上。根据上述要求，LAN1 需要配置允许 LAN1 的所有主机作为源地址能够访问 Internet，即访问任意主机 any，并且端口只能是 WWW、FTP、SMTP、POP3。LAN2 限制了外网访问内网的权限，所以源地址应该是 any。

配置命令如下：

```
router#configure terminal
//允许 LAN 上的主机到 Internet 的 WWW 访问
router(config)#access-list 101 permit tcp 192.168.1.0 0.0.0.255 any eq www
router(config)#access-list 101 permit tcp 192.168.1.0 0.0.0.255 any eq ftp
router(config)#access-list 101 permit tcp 192.168.1.0 0.0.0.255 any eq smtp
```

```
router(config)#access-list 101 permit tcp 192.168.1.0 0.0.0.255 any eq pop3
//允许主机 192.168.2.1 提供 WWW 服务
router(config)#access-list 102 permit tcp any host 192.168.2.1 eq www
router(config)#access-list 102 permit tcp any host 192.168.2.2 eq ftp
router(config)#access-list 102 permit tcp any host 192.168.2.3 eq smtp
//将 ACL 应用于接口
router(config)# interface S1
router(config-if)# ip access-group 101 out
router(config-if)#interface f0
router(config-if)#ip access-group 102 out
```

6.4.3　命名 ACL

标准 ACL 和扩展 ACL 编号的范围都不超过 100 个，因此有可能出现编号不够用的情况。另外，仅用编号区分的 ACL 不便于网络管理员对 ACL 作用的识别。因此，Cisco 在 IOS 11.2 标准中引入了命名 ACL。

命名 ACL 通过一个名称而不是一个编号引用，可用于标准 ACL 和扩展 ACL 中。它们名称的使用是区分大小写的，并且必须以字母开头；在名称的中间可以包含由任何字母、数字混合组成的字符，名称的最大长度为 100 个字符。

配置命名 ACL 和编号 ACL 的语法非常相似，命令为

#ip access-list standard/extended name
#permit/deny …

其中，name 是由管理员指定的访问控制列表的名称，关键字 standard 和 extended 指出命名访问控制列表的类型，standard 表示命名标准访问控制列表，extended 表示命名扩展访问控制列表。对于…表示的部分，是对访问控制列表的定义，和编号访问控制列表是相同的，不再一一列出。

【例 6-5】题目要求如例 6-4，要求用命名 ACL 实现。

【案例解析】配置命令如下：

```
router#configure terminal
router(config)#ip access-list extended acl-lan1-lan3
router(config-acl-lan1-lan3)#permit tcp 192.168.3.0 0.0.0.255 any eq www
router(config-acl-lan1-lan3)#permit tcp 192.168.3.0 0.0.0.255 any eq ftp
router(config-acl-lan1-lan3)#permit tcp 192.168.3.0 0.0.0.255 any eq smtp
router(config-acl-lan1-lan3)#permit tcp 192.168.3.0 0.0.0.255 any eq pop3
router(config-acl-lan1-lan3)#exit
router(config)#ip access-list extended acl-lan2
router(config-acl-lan2)#permit tcp any host 192.168.2.1 eq www
router(config-acl-lan2)#permit tcp any host 192.168.2.2 eq ftp
router(config-acl-lan2)#permit tcp any host 192.168.2.3 eq smtp
router(config-acl-lan2)#exit
router(config)# interface serial 1
router(config-if)# ip access-group acl-lan1-lan3 out
router(config-if)#interface ethernet 0
router(config-if)#ip access-group acl-lan2 out
```

6.4.4 基于时间的 ACL

一些公司要求员工在上班时间不能使用迅雷、百度云等下载软件，也不能浏览某些特定网页，如游戏、娱乐、视频等，而在非上班时间可以正常访问。这种限制用户在某段时间内不能使用某种服务的需求可以通过基于时间的 ACL 来实现。

从 IOS 12.0 开始，Cisco 路由器新增加了一种基于时间的 ACL。通过它可以根据一天中的不同时间，或者一星期中的不同日期，或者两者的结合制订不同的访问控制策略，从而满足用户对网络应用的灵活需求。基于时间的 ACL 能够应用于编号 ACL 和命名 ACL。

基于时间的 ACL 就是在原来的标准 ACL 和扩展 ACL 中加入有效的时间范围来更加合理有效地控制网络。实现基于时间的 ACL 需要以下两步：

（1）定义一个时间范围。

（2）在 ACL 中用 time-range 命令引用时间范围。

定义时间范围的方法为：用 time-range 命令来指定时间范围的名称，然后用 absolute 命令或者一个或多个 periodic 命令来具体定义时间范围。

1. 命名时间范围

命名时间范围的命令格式为

time-range *time-range-name*

其中，time-range-name 代表时间范围的名称。

2. 定义绝对时间范围

定义绝对时间范围的命令格式为

absolute [start *start-time start-date*] [end *end-time end-date*]

其中，start-time 和 end-time 分别用于指定开始时间和结束时间，用 24 小时制表示，其格式为"小时:分钟"；start-date 和 end-date 分别用于指定开始的日期和结束的日期，使用日/月/年的时间格式。

例如，要表示每天早上 8 点到晚上 8 点，其命令为

absolute start 8:00 end 20:00

又如，要使一个 ACL 从 2022 年 10 月 1 日早上 5 点开始起作用，直到 2022 年 10 月 31 日晚上 12 点停止作用，其命令为

absolute start 5:00 1 December 2022 end 24:00 31 December 2022

3. 定义周期、重复使用的时间范围

定义周期、重复使用的时间范围的命令格式为

periodic *days-of-the-week hh:mm* to *days-of-the-week hh:mm*

其中，periodic 是以星期为参数来定义时间范围的一个命令。它的参数主要有 Monday、Tuesday、Wednesday、Thursday、Friday、Saturday、Sunday 中的一个或几个的组合，也可以是 daily（每天）、weekday（周一到周五）或 weekend（周末）等。

【例 6-6】在图 6-8 所示的拓扑结构中，要求限制内网所有主机只能在 2022 年 6 月 1 日至 2022 年 12 月 31 日内的休息时间（9:00—17:00 之外的时间）访问任意网页。

【案例解析】配置命令如下：

```
router#configure terminal
router(config)#time-range allow-free
```

```
router(config-time-range)#asbolute start 9:00 1 June 2022 end 17:00 31 December 2022
router(config-time-range)#periodic daily 0:00 to 9:00
router(config-time-range)#periodic daily 17:00 to 23:59
router(config-time-range)#exit
router(config)#access-list 101 permit ip any any time-range allow-free
router(config)#interface serial 1
router(config-if)#ip access-group 101 out
```

6.5　网络地址转换（NAT）配置

6.5.1　NAT 概述

随着 Internet 的快速发展，IP 地址资源日益短缺。1993 年互联网工程任务组（IETF）成立了工作小组研究新一代的 IP 技术，1994 年 NAT（Network Address Translation，网络地址转换）技术被提出。网络地址转换也称为网络掩蔽或 IP 掩蔽（IP Masquerading），属接入广域网（WAN）技术，是一种在 IP 数据包通过路由器或防火墙时重写来源 IP 地址或目的 IP 地址的技术，也是一种将私有（保留）地址转化为合法 IP 地址的转换技术，被广泛应用于各种类型 Internet 接入方式和各种类型的网络中。NAT 不仅解决了 IP 地址不足的问题，而且还能够有效避免来自网络外部的攻击，隐藏并保护局域网内部的计算机。

私有地址是互联网数字分配机构（IANA）指定的，可以在不同的企业内部网中重复使用的 IP 地址，包括以下 3 类：一个 A 类 IP 地址 10.0.0.0/8、16 个 B 类 IP 地址 172.16.0.0/16～172.31.0.0/16、256 个 C 类 IP 地址 192.168.0.0/16。公有地址是除私有地址以外的其他 IP 地址，它们可以在 Internet 中进行路由，也称为合法的 IP 地址。

私有地址无法在 Internet 中路由，因此，使用私有地址的主机不能直接与 Internet 通信，需要转换成公有地址才可以与 Internet 通信。使用 NAT 技术，一个企业就可以使用少量的公有地址，而使用大量的私有地址，实现私有地址的主机与 Internet 的通信。

NAT 可以分为 3 类：静态地址转换（Static NAT）、动态地址转换（Dynamic NAT）、网络地址端口转换（Network Address Port Translation，NAPT）。

静态地址转换是指在私有地址和公有地址之间实现固定不变的一对一转换。显然，这种转换不能节约 IP 地址，主要用于需要保密企业内部网中某台主机的情况。

动态地址转换是使用一个公有地址池，动态分配一个未使用的地址，通信结束后释放公有地址，以供下一个转换使用，主要用于企业内部的主机与外界通信不很频繁的情况。

网络地址端口转换采用端口多路复用方式，故也称端口多路复用。内部网络的所有主机均可共享一个合法外部 IP 地址实现对 Internet 的访问，从而可以最大限度地节约 IP 地址资源。同时，又可隐藏网络内部的所有主机，有效避免来自 Internet 的攻击。因此，目前网络中应用最多的就是端口多路复用方式。NAPT 在实现网络层地址转换的同时实现传输层的端口转换，用公有地址的一个端口对应一个私有地址，建立公有地址和私有地址之间的映射关系，实现公有地址和私有地址一对多的映射应用。

6.5.2　NAT 配置命令与步骤

1．NAT 相关术语

内部本地地址（Inside Local Address）：内部网络使用的私有 IP 地址。

内部全局地址（Inside Global Address）：内部网络使用的公有 IP 地址。

2．配置接口的类型

配置接口类型的命令为

  router(config-if)#**ip nat {inside|outside}**

定义在哪个接口上启用 NAT，以及该接口是内部接口（连接到内部网）还是外部接口（连接到 Internet）。需要先进入该接口，然后定义该接口的类型。

例如，设置 F0/0（IP 地址为 192.168.1.1/24）接口为内部接口，命令为

  Router(config)#int f0/0
  Router(config-if)#ip address 192.168.1.1 255.255.255.0
  Router(config-if)#ip nat inside

3．配置内部全局地址池（允许使用的公有 IP 地址范围）

配置内部全局地址池的命令格式为

  Router(config)#**ip nat pool** *pool-name start-ip end-ip* **{netmask** *netmask* **| prefix-length** *prefix-length***}**

参数说明如下：

（1）pool-name：地址池的名称。

（2）start-ip 和 end-ip：地址池的起始地址和结束地址。

（3）netmask：子网掩码。

（4）prefix-length：网络位占用的二进制位数，与子网掩码的作用相同。

例如，地址缓冲池名称为 haut-net，地址范围为 61.159.62.130～61.159.62.190，子网掩码为 255.255.255.192，其配置命令如下：

  Router(config)#ip nat pool haut-net 61.159.62.130 61.159.62.190 netmask 255.255.255.192

或

  Router(config)#ip nat pool haut-net 61.159.62.130 61.159.62.190 prefix-length 26

4．配置内部本地地址和内部全局地址间的转换关系

配置内部本地地址和内部全局地址间转换关系的命令格式为

  Access-list *access-list-number* **permit** *address*

  ip nat inside source {list *access-list-number***} { pool pool-name [overload]|static** *local-ip global-ip***}**

参数说明如下：

（1）access-list-number：访问控制列表编号。

（2）overload：允许将多个内部本地地址转换为一个内部全局地址（即端口转换）。

（3）static：静态地址转换。

（4）local-ip：内部本地地址。

（5）global-ip：内部全局地址。

5．配置使用单一内部全局地址的地址转换

配置使用单一内部全局地址的地址转换命令格式为

  ip nat inside source list *access-list-number* **interface** *interface-type* **overload**

6. 其他命令

查看生效的 NAT 设置：show ip nat translations。

查看 NAT 统计信息：show ip nat statistics。

7. 配置步骤

（1）设置外部接口和内部接口。

（2）定义合法 IP 地址池。

（3）定义内部网络中允许访问 Internet 的 ACL。

（4）实现网络地址转换。

6.5.3 NAT 配置示例

1. 静态地址转换示例

【例 6-7】如图 6-9 所示，内部网络中有 WWW、E-mail 和 FTP 三台服务器，使用内部本地地址（私有地址）。要求正确配置静态地址转换，以便 Internet 上的主机能访问这三台服务器。这三台服务器使用私有 IP 地址 192.168.1.2、192.168.1.3、192.168.1.4，映射到内部全局地址（公有地址）为 210.43.16.2、210.43.16.3 和 210.43.16.4，路由器 F0 接口的 IP 地址为 192.168.1.1，S0 接口的 IP 地址为 210.43.16.1。

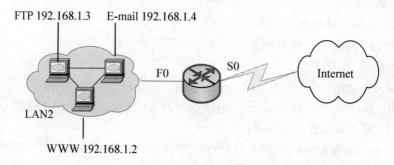

图 6-9 静态地址转换

【案例解析】

```
router#configure terminal
```

（1）设置外部接口和内部接口。

```
router(config)#interface S0
router(config-if)#ip address 210.43.16.1 255.255.255.0
router(config-if)#ip nat outside
router(config-if)#no shutdown
router(config-if)#interface F0
router(config-if)#ip address 192.168.1.1 255.255.255.0
router(config-if)#ip nat inside
router(config-if)#no shutdown
```

注意，若端口的 IP 地址已配置，则可以省略。省略后的命令如下：

```
router(config)#interface S0
router(config-if)#ip nat outside
router(config-if)#interface F0
router(config-if)#ip nat inside
```

（2）在内部本地地址与外部合法地址之间建立静态地址转换。

　　　router(config)#ip nat inside source static 192.168.1.2　210.43.16.2
　　　router(config)#ip nat inside source static 192.168.1.3　210.43.16.3
　　　router(config)#ip nat inside source static 192.168.1.4　210.43.16.4

至此，静态地址转换配置完毕，可通过 show 命令查看。

2．动态地址转换示例

【例 6-8】如图 6-10 所示，局域网使用内部本地地址 192.168.1.0/24，要求正确配置动态地址转换，实现局域网主机与 Internet 的通信。内部全局地址范围为 210.43.16.2～210.43.16.4。

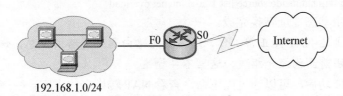

　　　　　　192.168.1.0/24

图 6-10　动态地址转换

【案例解析】

　　　router#configure terminal

（1）设置外部接口和内部接口。

　　　router(config)#interface S0
　　　router(config-if)#ip nat outside
　　　router(config-if)#interface F0
　　　router(config-if)#ip nat inside

注意，可以定义多个内部接口和外部接口。

（2）定义合法 IP 地址池。

　　　router(config)#ip nat pool internet 210.43.16.2 210.43.16.4 netmask 255.255.255.0

（3）定义内部网络中允许访问 Internet 的 ACL。

　　　router(config)#access-list 1 permit 192.168.1.0 0.0.0.255

（4）实现网络地址转换。

　　　router(config)#ip nat inside source list 1 pool internet

如果有多个内部 ACL，可以一一添加，以实现网络地址转换。如果有多个地址池，也可以一一添加，以增加合法地址池范围。至此，动态地址转换设置完毕。

3．网络地址端口转换示例

【例 6-9】如图 6-10 所示，局域网使用内部本地地址 192.168.1.0/24，要求正确配置地址端口转换，以实现局域网与 Internet 的通信。内部网络中只有一个全局地址 210.43.16.1，这个地址配置在路由器的 S0 接口。

【案例解析】

　　　router#configure terminal

（1）设置外部接口和内部接口。

　　　router(config)#interface S0
　　　router(config-if)#ip nat outside
　　　router(config-if)#interface F0
　　　router(config-if)#ip nat inside

（2）定义内部 ACL，即待转换的私有地址。

router(config)#access-list 1 permit 192.168.1.0 0.0.0.255

（3）设置复用动态地址转换。

router(config)#ip nat inside source list 1 interface S0 overload

注意，overload 是复用动态地址转换的关键词。

端口转换可以看作地址池中只有一个地址的动态转换，所以上面配置命令的步骤（2）和步骤（3）也可以修改为：

router(config)#ip nat pool internet 210.43.16.1 210.43.16.1 netmask255.255.255.0

router(config)#access-list 1 permit 192.168.1.0 0.0.0.255

router(config)#ip nat inside source list 1 pool intenet overload

至此，端口复用动态地址转换完成。

注意：为了让上述 NAT 能正常工作，还需要为路由器配置路由信息，保证网络的互通。路由协议的配置方法前面已经介绍过，这里不再赘述。

地址转换配置成功后，可以通过如下命令查看 NAT 转换表的内容：

router#show ip nat translations

习　　题

1. Cisco 路由器的命令模式分为几种？多模式划分方法有哪些好处？

2. 如何对路由器的端口进行设置？

3. 什么是路由器？什么是静态路由、动态路由？

4. 如何进行 ACL 的设置，ACL 的作用是什么？

5. 假设一个单位原来有两个办公楼，每个办公楼上有一个局域网，并为不同的子网地址。为了方便员工上网，单位购进一台路由器，如何保证两个办公楼的员工都能上网，且用户端设备不进行太大设置改动。

6. 什么是 NAT，NAT 分为哪三类？

实　　训

实训 1　配置路由协议

1. 目的和要求

（1）掌握路由器协议的配置方法和命令。

（2）需要路由器两台，主机若干台，配置参数及拓扑结构如图 6-11 所示。

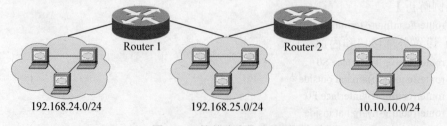

192.168.24.0/24　　　　192.168.25.0/24　　　　10.10.10.0/24

图 6-11　简单路由协议配置

2. 主要步骤

（1）按照图 6-11 所示构建好网络环境。

（2）自己规划各个主机及路由器接口的 IP 地址。

（3）分别采用静态路由、RIP 动态路由、OSPF 动态路由对路由器进行配置，实现不同网段之间的互通。

3. 思考

配置 OSPF 协议时如何确定通配符掩码？

实训 2　配置访问控制列表

1. 目的和要求

（1）掌握交换机访问控制列表的配置方法。

（2）需要一台交换机、一台路由器、一台 PC、一台装有 WWW 和 FTP 服务的服务器，配置参数及拓扑结构如图 6-12 所示。

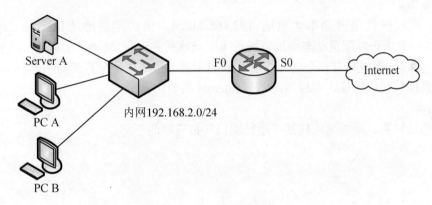

图 6-12　访问控制列表配置

2. 主要步骤

（1）Server A 上启用 IIS 的 WWW 服务和 FTP 服务。

（2）在交换机上配置标准 ACL，允许 PC A 访问 Server A 的 WWW 服务和 FTP 服务，禁止 PC B 访问 Server A 的 WWW 服务和 FTP 服务，检查配置结果。

（3）在路由器上配置扩展 ACL，允许 PC A 和 PC B ping Server A，然后检查配置结果。

3. 思考

标准 ACL 和扩展 ACL 有哪些不同？

实训 3　配置网络地址转换

1. 目的和要求

（1）掌握网络地址转换的配置方法。

（2）需要两台路由器、两台 PC、两台服务器、一台交换机，配置参数及拓扑结构如图 6-13 所示。

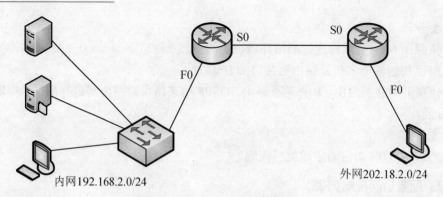

内网192.168.2.0/24

外网202.18.2.0/24

图 6-13　网络地址转换配置

2．主要步骤

（1）这两台服务器使用私有 IP 地址 192.168.2.2、192.168.2.3，映射到全局地址（公有地址）210.43.16.22、210.43.16.23，要求正确配置静态地址转换，以便 Internet 上的主机能访问这两台服务器。

（2）局域网使用内部本地地址 192.168.2.0/24，内部全局地址范围为 210.43.16.2～210.43.16.4。要求正确配置动态地址转换，实现局域网主机与 Internet 的通信。

（3）内部网络中只有一个全局地址 210.43.16.1，这个地址配置在路由器的 S0 接口。要求正确配置地址端口转换，实现局域网与 Internet 的通信。

3．思考

静态地址转换、动态地址转换、地址端口转换有哪些不同？

第 7 章　网络服务的配置与管理

 本章导读

本章以 Windows Server 2022 网络操作系统为例详细介绍构建网络服务的过程与方法，包括 DNS 服务、WWW 服务、FTP 服务、DHCP 服务等网络服务的工作原理，Windows Server 2022 活动目录的安装与设置，用户账户和组的管理，以及 DNS 服务器、Internet 信息服务、DHCP 服务器和远程桌面连接与远程桌面服务的安装与设置。

本章要点

- DNS 服务、WWW 服务、FTP 服务、DHCP 服务的工作原理。
- Windows Server 2022 活动目录和 DNS 服务器的配置与管理。
- Windows Server 2022 Internet 信息服务的配置与管理。
- Windows Server 2022 DHCP 服务器的配置与管理。
- Windows Server 2022 远程桌面连接与远程桌面服务的配置与管理。

7.1　Windows Server 2022 概述

7.1.1　Windows Server 2022 简介

Windows Server 2022 是微软公司于 2021 年 11 月 5 日发布的服务器操作系统。它建立在 Windows Server 2019 基础之上，是一个长期服务频道（Long Term Servicing Channel，LTSC）版本。在安全性、Azure 混合集成和管理以及应用程序平台 3 个关键主题上都进行了创新。此外，可借助 Azure 版本，利用云的特点使 VM（Virtual Machine）服务器保持最新状态，同时最大限度地减少停机时间。Windows Server 2022 的新功能主要有以下 3 个方面：

（1）安全性。微软公司在 Windows Server 2022 中引入提升安全性的功能，利用 Secured-core Server 高级保护功能和预防性防御功能，跨硬件、跨固件、跨虚拟化层，加强系统安全性，同时增加了较为快速、安全性较高的加密超文本传输协议（HTTPS）和行业标准 AES-256 加密，支持服务器消息块（Server Message Block，SMB）协议。

（2）Azure 混合集成和管理。Windows Server 2022 中的内置混合功能可以比以往更轻松地将数据中心扩展到 Azure 中，Windows Server 2022 可以通过与 Azure Arc 连接在本地 Windows Server 2022 获取云服务。此外，在 Windows Server 2022 中，用户可以利用 File Server 增强功能，如 SMB Compression，通过在网络传输时压缩数据来改善应用程序文件的传输效率。

（3）应用平台。在 Windows Server 2022 中，用户可以看到一些 Windows 容器的改进。例如节点配置的 HostProcess 容器，它支持 IPv6 和双协议栈，以及使用 Calico 实施一致的网络策略。

微软公司推出的 Windows Server 2022 系列产品包括以下 3 个许可版本：

- Windows Server 2022 Standard：标准版，适用于物理或最低限度虚拟化环境。
- Windows Server 2022 Datacenter：数据中心版，适用于高度虚拟化和云集成环境的组织，可以创建无限制的虚拟机。
- Windows Server 2022 Datacenter Azure：Azure 版，其与常规数据中心版完全相同，但在 Azure 云基础架构上使用。Azure 账户可以使用 Windows Server 数据中心部署 Azure 虚拟机，也可以与内部部署服务器集成，或者与其他云服务器或混合服务器进行集成。

7.1.2　Windows Server 2022 的安装

Windows Server 2022 不仅能够安装到服务器上，将服务器设置为域控制服务器、文件服务器等，还可以安装在局域网的客户机上，作为客户端操作系统使用。

1. 安装规划

（1）系统和硬件设备要求。Windows Server 2022 的所有版本对处理器的最低要求是 64 位，最小主频为 1.4GHz，要求 RAM 最少为 512MB，带桌面体验的服务器安装最少为 2GB；若在虚拟机上安装，则分配的 RAM 应为 800MB 以上。

硬盘分区必须具有足够的可用空间以满足安装过程的需要，最小硬盘空间约为 32GB，该空间可以安装服务器核心选项，如 Web 服务器角色的 Windows Server 2022。硬盘空间的需求依据实际情形而定：安装的组件越多，需要的硬盘空间就越大；若使用具有桌面体验安装选项的 Server，则需要的硬盘空间至少 36GB。

（2）安装方式和文件系统选择。安装 Windows Server 2022 之前应根据具体网络应用规划网络系统结构，具体如下：

1）安装方式。安装 Windows Server 2022，可以在 Azure 上安装，也可以在 Azure 上创建的 Windows Server Virtual Machine 上安装；可以通过 ISO 镜像文件安装，也可以通过 VHD 虚拟磁盘安装。

2）文件系统的选择。安装 Windows Server 2022，计算机的磁盘分区可以选择 NTFS 或 ReFS 文件系统。NTFS 是微软公司为 Windows NT 系统推出的文件系统，并从 Windows 2000 开始一直沿用到 Windows 8。NTFS 格式支持元数据，比 FAT32 对磁盘的利用率更高。从 Windows 10 开始，微软公司推出了 ReFS 文件系统，也称为"弹性文件系统"。相对于 NTFS 文件系统，ReFS 文件格式提供了更多的可靠性，特别是对于老化的磁盘或是当机器发生断电的时候。可靠性部分来自底层的变化，如文件元数据的存储和更新。ReFS 兼容 Storage Spaces 跨区卷技术，当磁盘出现读取和写入失败时，ReFS 会进行系统校验，可以检测到这些错误，并进行正确的文件复制。

2. 安装 Windows Server 2022

做好上述规划后，就可以启动 Windows Server 2022 的安装程序，安装过程分为如下几个阶段：文本模式安装、图形模式安装和网络配置。下面以镜像文件 ISO 为例介绍 Windows Server 2022 的安装过程。

（1）在微软官网链接"Microsoft 评估中心"下载 ISO 镜像文件。

（2）使用第三方工具如 UltraISO 将 ISO 镜像文件刻录到 U 盘，制作启动盘。

（3）在计算机的 BIOS 中设置从 U 盘启动即可进入 Windows Server 2022 安装程序。若需要安装的计算机能启动，则可以直接双击打开 ISO 文件，再双击 setup.exe 进入升级安装程序。

（4）在 Microsoft Server 操作系统设置界面中设置安装的语言和时间货币等，然后单击"下一步"按钮。

（5）进入安装过程，Microsoft Server 系统选择界面中提供了 4 种系统，如图 7-1 所示，用户根据需要选择系统版本。这里以选择 Windows Server 2022 Standard Evaluation（Desktop Experience）为例，然后单击"下一步"按钮。

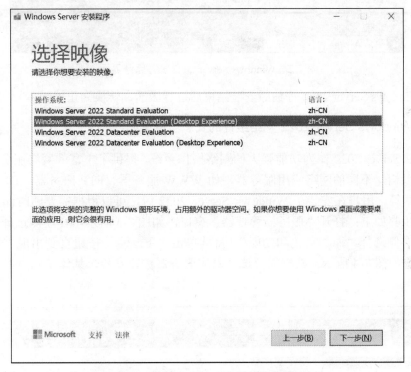

图 7-1 Microsoft Server 系统选择界面

其中 Windows Server Standard 2022 Evaluation 和 Windows Server 2022 DataCenter Evaluation 为不带图形用户界面（Graphical User Interface，GUI）的命令行版本；Windows Server 2022 Standard Evaluation（Desktop Experience）和 Windows Server 2022 DataCenter Evaluation（Desktop Experience）为带有图形用户界面的版本。

（6）Windows Server 2022 安装完成后开始重启，重启后提示设置 Windows Server 2022 管理员密码。

（7）重新启动系统，按 Ctrl+Alt+Delete 组合键解锁登录界面，输入密码并按 Enter 键后进入 Windows Server 2022 操作系统界面，如图 7-2 所示。

图 7-2 Windows Server 2022 操作系统界面

（8）Windows Server 2022 评估版安装结束后进行激活，转换为正式版本。

7.1.3 Windows Server 2022 网络组件的安装与设置

Windows Server 2022 作为功能强大的网络操作系统，提供了丰富的网络服务角色，使用这些角色可以构建不同的网络应用服务器，如 WWW 服务器、FTP 服务器、DNS 服务器和 DHCP 服务器等。用户在安装了 Windows Server 2022 后，可以根据需要随时添加这些网络服务角色，步骤如下：打开"服务器管理器"窗口，如图 7-3 所示，在左侧选择"仪表板"选项卡，在右侧选择"添加角色和功能"，持续单击"下一步"按钮直到出现"选择服务器角色"界面，如图 7-4 所示。根据需要选择对应服务器进行安装，具体示例可参见后续章节内容。

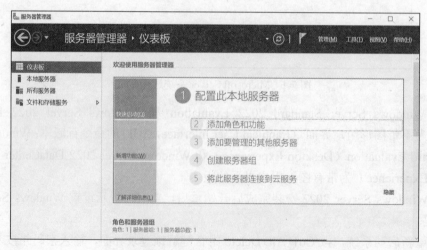

图 7-3 服务器管理器窗口

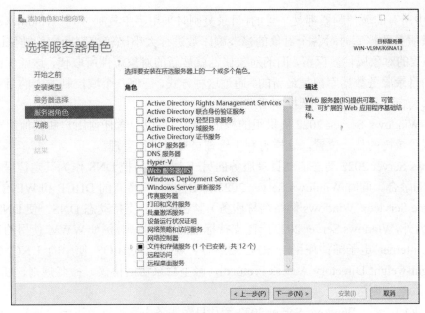

图 7-4   "选择服务器角色"界面

7.2 活动目录与用户管理

7.2.1 活动目录概述

活动目录(Active Directory)是一个分布式的目录服务,与文件夹作用相似,用来存储网络对象信息,使用结构化数据存储方式进行逻辑的分层组织,使管理员和用户可以方便地查询和使用这些网络信息。活动目录扩展了基于 Windows 的传统目录服务,简化了网络中大规模信息的管理及网络漫游,方便了管理者和用户。

域(Domain)是 Windows Server 2022 目录服务的基本管理单位,域模式的最大优点是支持网络单点登录,任何用户只要在域中有一个账户就可以漫游网络。域目录树中的每一个节点都有自己的安全边界。如果两个域拥有信任关系,则可以访问对方域内的资源。一个新域加入一个域树后,这个域将自动信任上一层的父域,同时上层父域自动信任该新域。多个域树可以组成一个域林,第一个域树的根域就是整个域林的根域。当域林建立时,每一个域树的根域与域林的根域就自动建立双向的、可传递的信任关系。域之间通过基于 Kerberos 的认证传递信任关系,建立树状连接,从而使单一账户在该树状结构中的任何地方都有效,这样有利于网络管理和扩展。

活动目录服务把域划分成组织单位,组织单位是一个逻辑单位,它是域中一些用户和组、文件与打印机等资源对象的集合。组织单位中还可以再划分下级组织单位,并且下级组织单位能够继承父单位的访问许可权。每一个组织单位都可以有自己单独的管理员并为其指定管理权限,从而实现对资源和用户的分级管理。活动目录服务通过这种域内的组织单位树和域之间的可传递信任树组织其信任对象,实现颗粒式管理。

Windows Server 2022 采用动态活动目录服务的特点是可以保证域中所有域控制器目录保

持一致，域中所有的域控制器都是平等的，目录复制时采用多主复制方式。Windows Server 2022在复制目录服务数据库时对各个对象的修改顺序数进行大小比较，判断它们被修改的先后顺序，最新修改的对象属性被保留，旧的对象属性就被新的对象属性所取代，这就保证每一个域控制器上的目录服务数据库都是最新的。通过这种方式，任何一个域控制器上的目录服务数据库的变更都会自动复制到其他域控制器上。

另外，Windows Server 2022 提供组的概念，组内可以包含任何用户和其他组账户，而不管它们在域目录树的什么位置，这样有利于管理员对组进行管理。

Windows Server 2022 动态活动目录服务的另一大特点是把 DNS 作为其定位服务，增强其与 Internet 的融合。同时 Windows Server 2022 将 DNS 与其特有的 DHCP 和 WINS（Windows Internet Name Service，Windows 网络名称服务）紧密配合，支持动态 DNS，使 DNS 管理变得更加方便。另外，Windows Server 2022 广泛支持标准的命名规则，例如 WWW 使用的 HTTP URL 命名规则、Internet 电子邮件使用的 RFC 822 命名规则、NetBIOS 使用的 UNC 命名规则、LDAP（Light-weight Directory Access Protocol，轻型目录访问协议）命名规则、URLs 命名规则和 X.500 命名规则等。

为了扩展的需要，Windows Server 2022 活动目录服务内置了目录访问 C 语言、活动目录组件、开放服务信息处理等 API 接口，为活动目录服务的应用和开发提供了强大的工具。在向上发展的同时，Windows Server 2022 也向下兼容，Windows Server 2019 和 Windows Server 2016 可以很容易地融入 Windows Server 2022 动态活动目录，或者直接升级到 Windows Server 2022 系统。

7.2.2 活动目录的安装与设置

1. 活动目录规划

在安装活动目录前应根据实际情况进行细致而全面的规划，包括以下几方面的内容：

（1）规划 DNS。若要使用活动目录，首先需要规划名称空间。在 Windows Server 2022 中，用 DNS 名称命名活动目录域，以某单位在 Internet 上使用的已注册的 DNS 域名后缀开始（如某单位域名为 hnzz.edu.cn），并将该名称和单位中使用的地理名称或部门名称结合起来，组成活动目录域的全名。例如，该单位的网络中心可以命名其域为 wlzx.hnzz.edu.cn。这种命名方法确保每个活动目录域名是全球唯一的。而且，采用这种命名方法，在创建其他子域时，可以使用现有名称作为其父名称，进一步增大名称空间以供单位中的新部门使用。

（2）规划域结构。最容易管理的域结构是单域。规划活动目录时，一般应从单域开始，只有在单域模式不能满足要求时才增加其他域。一个域可跨越多个站点并且包含数百万个对象，但站点结构和域结构是相互独立的。如果只是为了反映单位的部门组织结构，则不必创建独立的域树，可以使用组织单位实现这个目标。

（3）规划组织单位结构。在域中可以创建组织单位的层次结构，组织单位可以包含用户、组、计算机、打印机、共享文件夹及其他组织单位。组织单位是目录容器对象，可将每个组织单位的管理控制权委派给特定的人，以更接近指派单位工作职责的方式在管理员中分配域的管理工作。

通常创建的组织单位应能反映部门的职能或组织结构。例如，在一所大学内，创建教务处、计算机学院、机械学院、管理学院等部门单位的顶级单位后，在教务处单位中又可以创建其他嵌套组织单位，如教学单位和招生单位。在教学单位中，还可以创建另一级的嵌套单位，如教学单位和教研单位。总之，组织单位可以模拟实际管理的组织方式，而且在任何一级都可以指派一个适当的本地权力机构或人作为管理员。

每个域都可以实现自己组织单位的层次结构。如果企业中包含多个域，则可以在每个域中创建不同于其他域的组织单位结构。

（4）规划委派模式。在每个域中创建组织单位树，并将部分组织单位子树的权力委派给其他用户或组，就可以将权力分派到单位中的最底层部门。这样，除保留个别可以对整个域管理授权的管理员账户和域管理员组，以备少数高度信任的管理员可偶尔使用外，其他管理权限可以下放到基层。

在规划活动目录时还需要注意以下几点：

- 使用的域越少越好，因为在 Windows Server 2022 中单个域的容量已被大大扩展了。
- 限制组织单位的层次，以提高在活动目录中搜索对象的效率。
- 限制组织单位中的对象个数，有利于高效查找特定资源。
- 可以将管理权限分派到组织单位级，能够有效提高管理效率。

2. 安装活动目录

安装 Windows Server 2022 时，系统默认没有安装活动目录。用户要将自己的服务器配置为域控制器，应该首先安装活动目录。如果网络中没有其他域控制器，则可将自己的服务器配置为域控制器，并新建子域、域目录树或目录林；如果网络中存在其他域控制器，则可将服务器设置为附加域控制器，加入旧域、旧目录树或旧目录林。

安装活动目录的具体步骤如下：

（1）打开"服务器管理器"窗口，在左侧选择"仪表板"选项卡，在右侧选择"添加角色和功能"，打开添加角色和功能向导界面。

（2）单击"下一步"按钮，进入"安装类型"界面，选择"基于角色或基于功能的安装"。

（3）单击"下一步"按钮，进入"服务器选择"界面，选择要安装角色和功能的服务器或虚拟硬盘，如图 7-5 所示，在"服务器池"中显示可以安装活动目录的服务器。

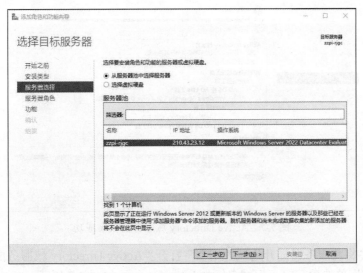

图 7-5 选择目标服务器

（4）单击"下一步"按钮，进入"服务器角色"界面，勾选"Active Directory 域服务"复选项，如图 7-6 所示。

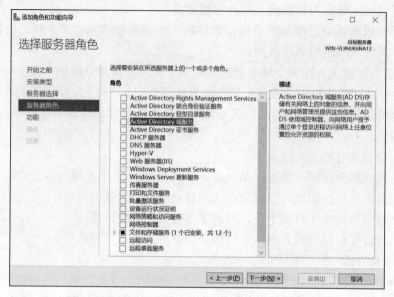

图 7-6 选择"Active Directory 域服务"服务器角色

（5）单击"下一步"按钮，显示添加的功能。

（6）单击"添加功能"按钮，安装所需要的其他功能。

（7）持续单击"下一步"按钮，直到进入"确认"界面。

（8）单击"安装"按钮进入安装阶段，成功安装后的界面如图 7-7 所示。

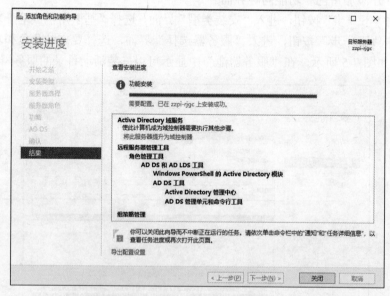

图 7-7 Active Directory 域服务器安装成功

（9）单击"将此服务器提升为域控制器"打开"Active Directory 域服务配置向导"界面，选中"添加新林"单选项，输入根域名，如 hnzz.edu.cn，如图 7-8 所示。

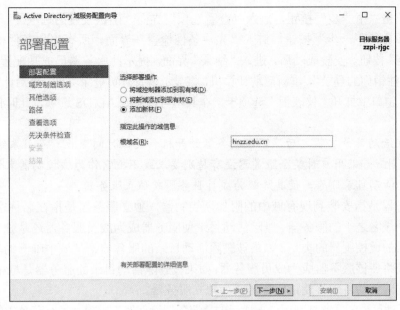

图 7-8　升级为域控制器

（10）单击"下一步"按钮，选择新林和根域的功能级别，指定域控制器功能，输入目录服务器还原模式（Directory Services Restore Mode，DSRM）密码。

（11）单击"下一步"按钮，进入"DNS 选项"界面，指定委派 DNS 选项。

（12）单击"下一步"按钮，进入"其他选项"界面，查看为域服务器分配的 NetBIOS 名称。

（13）单击"下一步"按钮，进入"路径"界面，查看指定 AD DS 数据库、日志文件和 SYSVOL 的位置，如图 7-9 所示。

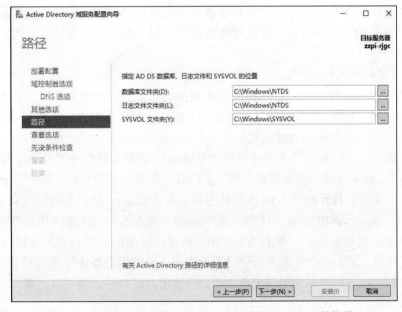

图 7-9　指定 AD DS 数据库、日志文件和 SYSVOL 的位置

（14）单击"下一步"按钮，进入"查看选项"界面，确认设置的选项。

（15）单击"下一步"按钮，进入"先决条件检查"界面，所有先决条件检查成功通过后单击"安装"按钮。安装成功后，进入"结果"界面，提示此服务器已成功配置为域控制器，并提示"即将注销你的登录"，重新启动计算机，将显示域管理员登录界面。重启计算机后在"服务器管理器"窗口中打开"仪表板"选项卡，在其中可以看到 AD DS 选项，此时代表活动目录安装成功。

注意：在活动目录安装之后，不但服务器的开机和关机时间变长，而且系统的执行速度也会变慢。因此，如果用户对某个服务器没有特别要求或不把它作为域控制器来使用，则可将该服务器上的活动目录删除，使其降级为成员服务器或独立服务器。

成员服务器是指安装到现有域中的附加域控制器，独立服务器是指在名称空间目录树中直接位于一个域名之下的服务器。删除活动目录使服务器成为成员服务器还是独立服务器，取决于该服务器的域控制器的类型。如果被删除活动目录的服务器不是域中唯一的域控制器，则删除活动目录将使该服务器成为成员服务器；如果被删除活动目录的服务器是域中最后一个域控制器，则删除活动目录将使该服务器成为独立服务器。

要删除活动目录，需要打开图 7-3 所示的"服务器管理器"窗口，执行菜单中的"管理"→"删除角色和功能"命令打开"删除角色功能向导"界面，在"服务器角色"选项卡中选择"Active Directory 域服务"复选项，按照向导提示进行删除即可，这里不再详述其过程。

7.2.3 用户账户和组管理

用户和计算机是网络的主体，拥有计算机账户是计算机接入 Windows 网络的基础，拥有用户账户是用户登录到网络并使用网络资源的基础，所以用户和计算机账户管理是 Windows 网络管理中最必要且最经常的工作。

活动目录中的用户和计算机账户表示计算机或个人等物理实体。账户为用户或计算机提供安全凭据，用户和计算机通过这个凭据能够登录网络并访问域资源。活动目录的账户主要用于：验证用户或计算机的身份、授权对域资源的访问、审核用户或计算机账户所执行的操作等。

1. 创建用户和计算机账户

当有新的用户加入网络时，管理员需要在域控制器中添加一个用户账户，否则该用户无法访问域中的资源。另外，当有新的计算机要加入域时，管理员需要在域控制器中为其创建一个计算机账户，使它有资格成为域成员。

创建用户账户，在"开始"菜单中选择"Windows 管理工具"→"Active Directory 用户和计算机"命令，或者选择"服务器管理器"窗口右上方菜单中的"工具"→"Active Directory 用户和计算机"命令，打开如图 7-10 所示的窗口。右击 Users，从弹出的快捷菜单中选择"新建"→"用户"选项，弹出如图 7-11 所示的对话框，输入姓和名，在"用户登录名"文本框中输入用户登录时使用的名字。单击"下一步"按钮，弹出如图 7-12 所示的对话框，在"密码"和"确认密码"文本框中输入为用户设置的密码，并根据需要选择是否设置"用户下次登录时须更改密码"或"用户不能更改密码"等。创建用户账户后，通过双击账户的方式可以查看和设置相关信息。

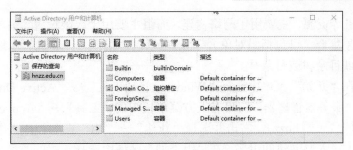

图 7-10　"Active Directory 用户和计算机"窗口

图 7-11　新建用户

图 7-12　设置密码

创建计算机账户的方法同上，选择"新建"→"计算机"命令，在弹出的对话框中输入该计算机的名称即可。

2．删除和停用用户和计算机账户

当某一个用户账户不再被使用或者管理员不再希望某个用户账户存在于安全域中时，可将该用户账户从域控制器中删除。另外，当域中的某台计算机断开了与网络的连接，或者管理员不再希望某台计算机存在于自己的安全域中时，可将该计算机的账户从域控制器中删除，以防其他计算机假冒原来的计算机账户使用域中的网络资源。

右击需要删除的用户或计算机账户，在弹出的快捷菜单中选择"删除"选项即可删除该用户或计算机账户。

如果某个用户账户或计算机账户暂时不使用，也可将其停用，防止其他用户或计算机假冒这些账户登录域。停用用户账户或计算机账户时，右击对象，选择快捷菜单中的"禁用账户"选项即可。

3．利用组管理用户

为了便于管理，Windows Server 2022 继续沿用 Windows Server 2019 系统中组的策略，通过将不同的用户或计算机添加到具有不同权限的组中，使该用户和计算机继承所在组的所有权限。

（1）创建或删除组和组织单位。在 Windows 域管理中，组和组织单位的概念不同。组织单位（Organizational Unit，OU）是域中的一类目录对象，它包括域中的一些用户、计算机、组、文件和打印机等资源，主要用于网络构建，而组主要用于权限设置。另外，组织单位只表示单个域中的对象集合（可包括组对象），而组可以包含用户、计算机、本地服务器上的共享资源、单个域、域目录树或目录林。

创建新组，在"开始"菜单中选择"Windows 管理工具"→"Active Directory 管理中心"命令，或者选择"服务器管理器"窗口右上方菜单栏中的"工具"→"Active Directory 管理中心"命令，选中域名（如 hnzz），右击并选择"新建"→"组"选项。在"组"选项卡中，在"组名"文本框中输入要创建的组名，在"组类型"区域中选择新组的类型，在"组范围"区域中确定组的范围，单击"确定"按钮后即可完成组的创建。

添加组织单位的方法类似于新建组，选中域名并右击，从弹出的快捷菜单中选择"新建"→"组织单位"选项，在弹出对话框的"名称"文本框中输入新创建组织单位的名称，单击"确定"按钮即可。

在"Active Directory 管理中心"窗口中展开域节点，单击要删除的组或组织单位所在的组织单位，"摘要"窗格中会列出该组织单位的内容，右击要删除的组或组织单位，从弹出的快捷菜单中选择"删除"选项，确认后即完成组或组织单位的删除。

（2）为用户和计算机账户设置组。在"Active Directory 用户和计算机组"窗口中展开域节点，选择要加入组的用户账户并右击，从弹出的快捷菜单中选择"添加到组"选项，在弹出"选择组"对话框的"输入对象名称来选择"文本框中输入要添加的组，单击"检查名字"按钮，查询到该名字后单击"确定"按钮，完成添加到组或组织单位中操作；或者右击用户账户，从弹出的快捷菜单中选择"属性"选项，弹出"账户属性"对话框，选择"隶属于"选项卡，单击"添加"按钮为用户账户设置组。

为计算机账户设置组的方法类似于为用户账户添加组。右击该计算机账户，在弹出的快捷菜单中选择"添加到组"选项实现为计算机账户设置组，或者在弹出的快捷菜单中选择 "属性"选项实现为计算机账户设置组。

（3）委派控制组或组织单位。为了减轻管理员的网络系统管理工作负担，管理员可以通过委派控制将一部分域管理工作委派给其他用户、计算机或组。

在"Active Directory 用户与计算机"窗口的控制台目录树中右击要委派控制的组织单位或组节点，在弹出的快捷菜单中选择"委派控制"选项，在弹出的"用户和组"对话框中单击"添加"按钮，弹出"选择用户、计算机或组"对话框，设置一个或多个要委派控制的用户或组。在"选择此对象类型"下单击"对象类型"按钮选择对象类型，在"查找位置"下单击"位置"按钮选择搜索的位置，在"输入对象名称来选择"下输入对象名称，或者单击"高级"按钮打开"选择用户、计算机或组"对话框，在"一般性检查"选项卡中单击"立即查找"按钮，在"搜索结果"下选择想要委派的对象，单击"确定"按钮将对象添加到"选定的用户和组"窗口中，然后单击"确定"按钮返回到"用户和组"对话框。单击"下一步"按钮打开"要委派的任务"对话框，在其中选择"委派下列常见任务"单选项，通过选择相应的复选项来选择要委派的常见任务，如创建、删除和管理用户账户等；也可以选择"创建自定义任务去委派"单选项来创建委派任务，直到委派任务完成。

（4）设置组织单位属性。在"Active Directory 用户与计算机"窗口的控制台目录树中，右击要设置属性的组织单位，在弹出的快捷菜单中选择"属性"选项，在"组织单位"选项卡中设置组织单位的描述、国家/地区和邮政编码等信息；在"管理者"下显示当前组织单元的管理者，若没有指定管理者或想更改管理者，则单击"更改"按钮打开"选择用户、联系人或组"对话框，如图 7-13 所示，在组织单元所在位置下选择一个用户、联系人或组作为管理者。

在"Active Directory 管理中心"窗口的控制台目录树中，选中组织单位并右击，在弹出的快捷菜单中选择"属性"选项，在"扩展"→"安全"选项卡中可以对添加的用户和组进行权限设置，如图 7-14 所示。

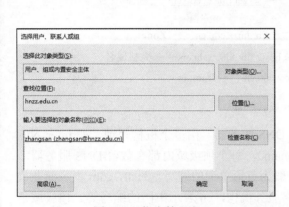

图 7-13　指定管理者

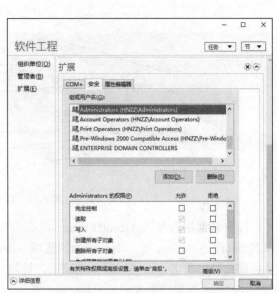

图 7-14　设置"安全"选项卡

（5）设置组属性。一个新组被用户创建好之后，系统并没有为该组设置常规、权限和管理者等组属性，如果要充分发挥组对用户和计算机账户的管理作用，用户可以进一步设置该组的属性，类似于组织单位属性设置。

7.3　DNS 服务器的配置

7.3.1　DNS 的基本概念和原理

DNS 是 Domain Name System（域名系统）的缩写，是 Internet 上作为域名和 IP 地址相互映射的一个分布式数据库，能够使用户更方便地访问互联网。DNS 允许用户使用友好的名称而不是难以记忆的 IP 地址访问 Internet 上的主机。

域名解析就是域名到 IP 地址的转换过程。域名的解析工作由 DNS 服务器完成。域名解析也称为域名指向、服务器设置、域名配置、反向 IP 登记等。当 DNS 客户端访问域名时，接收查询的 DNS 服务器先在自己的数据库内寻找，若能找到域名，即自己能解析该名称，则将 IP 地址回送给客户；若不能解析，则这个任务就转给下一个 DNS 服务器，该过程可能迭代多次。

首先我们来了解 DNS 域名空间与区域 Zone 的概念。

整个 DNS 的结构是一个树状结构，这个树状结构就称为域名空间，如图 7-15 所示。

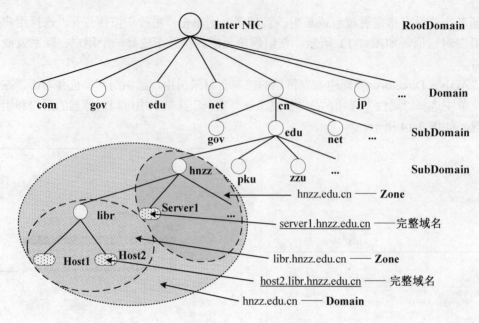

图 7-15　DNS 域名空间

　　图中最上层为根域（RootDomain），有多台 DNS 服务器，由多个机构管理，如 Inter NIC 和 Network Solutions 等。下一层为顶级域（Domain），每个顶级域内都有数台 DNS 服务器。从名称就可以看出该顶级域的作用范围，它们一般为英语单词的缩写，例如，com 表示商业机构，edu 表示教育或学术研究单位，net 表示网络服务机构，cn 表示中国的缩写等。顶级域下可再细分子域（SubDomain），例如 cn 下又细分为 edu、com 等子域。在子域下还可再建立子域，例如在 cn 的 edu 下又可建立 hnzz（某一学校注册的域名）子域等。最后一层为主机名。这样，各级域名加主机名共同构成完整的域名，这个完整的名称也就是所谓的完整域名（Fully Qualified Domain Name，FQDN），例如 server1.hnzz.edu.cn。

　　国际域名由美国商业部授权的 ICANN（互联网名称与数字地址分配机构）负责注册和管理，而国内域名则由 CNNIC 负责注册和管理。中国教育行业用户域名由塞尔网络 CERNET 负责注册和管理。

　　区域（Zone）是域名空间的一部分，它将域名空间分区为较小的区段，DNS 服务器是以 Zone 为单位进行域名管理的。在这个区域内的主机域名与地址信息存储在 DNS 服务器内，用来存储这些数据的文件就称为区域文件。将一个域（Domain/SubDomain）划分为数个区域，可以分散网络管理的工作负荷。注意，域和区域是有差别的，DNS 域名空间的分支为域名所用，叶子一般是主机。而区域是 DNS 名称空间的一个连续部分，一个服务器的授权区域可以包括多个域，也可以只包括一个域。

　　图 7-15 中，某高校从 CERNET 申请域名 hnzz.edu.cn，hnzz.edu.cn 是该校设置的管理区域，在其下可以设置主机记录，也可以为较大的单位或部门（如图书馆）创建域 libr.hnzz.edu.cn，有时也称之为子区域。

7.3.2　DNS 服务器的安装

　　选择一台已经安装好 Windows Server 2022 的服务器，确认其已安装并配置了 TCP/IP 协议，包括网络连接的"Internet 协议属性"中的 IP 地址、子网掩码、DNS、网关等设置。建议将 DNS 服务器的 IP 地址设置为静态地址，其自身的 DNS 选项设置为自身的 IP 地址，即用户在这台服务器上使用浏览器上网，目标网络地址由本机 DNS 服务器提供解析。如果在网络上还有其他 DNS 服务器，则在"备用 DNS 服务器"处输入另外一台 DNS 服务器的 IP 地址。

通过添加 DNS 服务器角色的方式安装 DNS 服务器。在"服务器管理器"窗口的"仪表板"选项卡中单击"添加角色和功能"，持续单击"下一步"按钮，直到出现图 7-16 所示的"选择服务器角色"界面时勾选"DNS 服务器"复选项，单击"安装"按钮。

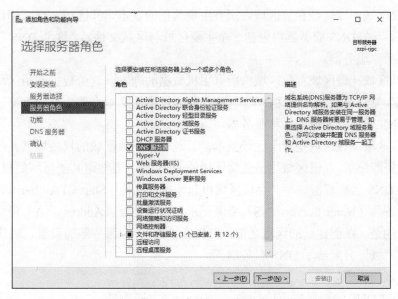

图 7-16　安装 DNS 服务器

在"服务器管理器"窗口中选择"工具"→DNS 命令或者在"开始"菜单中选择"管理中心"→DNS 命令打开"DNS 管理器"窗口。右击 DNS 服务器名称，在弹出的快捷菜单中选择"所有任务"选项，如图 7-17 所示，可以进行 DNS 的配置、启动、暂停、恢复等操作。

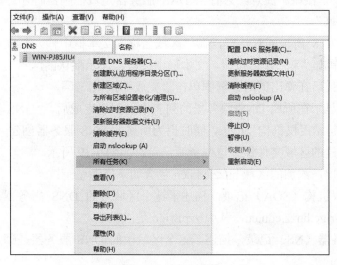

图 7-17　DNS 配置

7.3.3 DNS 服务器的配置与管理

DNS 服务器存储着域名空间内部分区域的数据，在一台 DNS 服务器内可以存储一个或多个区域的数据，由于 DNS 数据是以 Zone 为管理单位的，因此必须先创建区域与区域文件，然后在区域中进行数据的设置与保存。

1. 添加正向搜索区域

Windows Server 2022 的 DNS 服务器支持以下 3 种区域类型：

（1）主要区域：该区域存放区域内所有主机数据的正本，其区域文件采用标准 DNS 规格的文本文件。当在 DNS 服务器内创建一个主要区域与区域文件后，这个 DNS 服务器就是这个区域的主要名称服务器。

（2）辅助区域：该区域存放区域内所有主机数据的副本，这份数据利用区域传送的方式从"主要区域"复制过来，区域文件采用标准 DNS 规格的文本文件，只读不可以修改。创建辅助区域的 DNS 服务器为辅助名称服务器。

（3）存根区域：该区域是一个区域副本，只包含标识该区域的权威域名系统 DNS 服务器所需的那些资源记录。存根区域用于使父区域的 DNS 服务器知道其子区域的权威 DNS 服务器，从而保持 DNS 名称解析效率。存根区域由起始授权机构（Start Of Authority，SOA）资源记录、名称服务器（Name Server，NS）资源记录和主机地址（Address，A）资源记录组成。

需要注意的是，在创建新的区域之前，首先应检查 DNS 服务器的设置，确认已将"IP 地址""主机名""域"分配给了 DNS 服务器。

创建新区域的步骤如下：

（1）打开"DNS 管理器"窗口。

（2）选取要创建区域的 DNS 服务器，右击"正向查找区域"，在弹出的快捷菜单中选择"新建区域"选项，弹出"欢迎使用新建区域向导"对话框，单击"下一步"按钮。

（3）在"欢迎使用新建区域向导"对话框中选择要建立的区域类型，这里选择"主要区域"，单击"下一步"按钮。注意，只有当 DNS 服务器是域控制器时才可以选择"在 Active Directory 中存储区域"。

（4）弹出图 7-18 所示的对话框，在"区域名称"文本框中输入新建区域的区域名，如 hnzz.edu.cn，然后单击"下一步"按钮，文本框中会自动显示默认的区域文件名，可以根据需要修改该文件名。最后在弹出的对话框中单击"完成"按钮。

新创建的区域显示在所属 DNS 服务器的列表中，创建完成后，"DNS 管理器"窗口将为该区域创建一个"起始授权机构"记录，同时也为所属的 DNS 服务器创建一个"名称服务器"记录，并使用所创建的区域文件保存这些资源记录，如图 7-19 所示。

从图中可以看出，添加的区域 hnzz.edu.cn 包含如下资源记录：

（1）起始授权机构（SOA）记录，描述了这个区域中的 DNS 服务器是哪一台主机，本例中的主机为 zzpi-rjgc.hnzz.edu.cn，其中 zzpi-rjgc 是主机名。

（2）名称服务器（NS）记录，描述了这个区域中的 DNS 服务器是哪一台主机，本机为 zzpi-rjgc.hnzz.edu.cn。

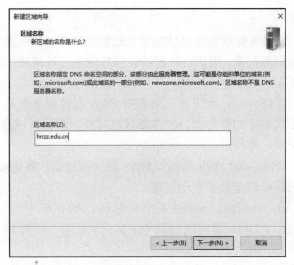

图 7-18　输入区域名称

图 7-19　DNS 自动添加的资源记录

2. 添加 DNS Domain

一个较大的网络，可以在 Zone 内将其划分为多个子区域，Windows Server 2022 中为了与域名系统一致也称子区域为域（Domain）。例如，一个校园网中，计算机学院有自己的服务器，为了方便管理，可以为其单独划分子区域，如增加一个 computer 区域，在这个区域下可添加主机资源记录和其他资源记录（如别名记录等），具体步骤如下：选择要划分子区域的区域（Zone），如 hnzz.edu.cn，右击并选择"新建域"选项，在弹出的对话框中输入域名 computer，单击"确定"按钮。

此时在 hnzz.edu.cn 下出现 computer 子区域，如图 7-20 所示。访问这个域下的主机必须带上此域的名称，如 www.computer.hnzz.edu.cn。

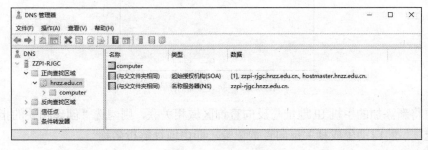

图 7-20　新建子区域

3. 添加 DNS 记录

创建新的区域后，域服务管理器会自动创建起始机构授权、名称服务器等资源记录。DNS数据库还可以包含其他资源记录，用户可根据需要自行向主区域或域中添加资源记录。这里先介绍常见的资源记录类型，包括以下 6 种：

（1）起始授权机构（SOA）：该资源记录表明 DNS 名称服务器是 DNS 域中数据表的信息来源，该服务器是主机名字的管理者，创建新区域时该资源记录被自动创建，且是 DNS 数据库文件中的第一条记录。

（2）名称服务器（NS）：为 DNS 域标识 DNS 名称服务器，该资源记录出现在所有 DNS区域中。创建新区域时该资源记录被自动创建。

（3）主机地址（A）：该资源记录将主机名映射到 DNS 区域中的一个 IP 地址。

（4）指针（Pointer，PTR）：该资源记录与主机记录配对，可将 IP 地址映射到 DNS 反向区域中的主机名。

（5）邮件交换器（Mail Exchange，MX）：为 DNS 域名指定邮件交换服务器。网络中存在 E-mail 服务器时，需要添加一条 MX 资源记录对应的 E-mail 服务器，以便 DNS 服务器能够解析 E-mail 服务器地址。若未设置此资源记录，则 E-mail 服务器无法接收邮件。

（6）别名（Canonical Name，CNAME）：主机的另一个名字，如常见的 WWW 服务器，是给提供 Web 信息服务的主机起的别名。

将主机的相关数据（主机名与 IP 地址）添加到 DNS 服务器后，DNS 客户机就可以使用域名来访问服务器了。例如添加 WWW 服务器的主机记录的步骤如下：

（1）选中要添加主机记录的主区域 hnzz.edu.cn，右击并选择"新建主机"选项。

（2）弹出图 7-21 所示的对话框，在"名称（如果为空则使用其父域名称）"文本框中输入新添加的计算机的名字，例如 WWW 服务器的名字是 web（安装操作系统时由管理员命名），在"IP 地址"文本框中输入相应的主机 IP 地址。

图 7-21 新建主机记录

如果要将新添加的主机 IP 地址与反向查询区域相关联，则勾选"创建相关的指针（PRT）记录"复选项，将自动生成相关反向查询记录，即由地址解析名称。

可重复上述操作添加多个主机记录，添加完毕后"DNS 管理器"窗口中添加了相应记录，如图 7-22 所示，表示 web（计算机名）是 IP 地址为 210.43.23.12 的主机名。由于该计算机主机添加在 hnzz.edu.cn 区域下，因此网络用户可以直接使用 web.hnzz.edu.cn 访问 210.43.23.12 这台主机。

图 7-22　新增操作后的资源记录列表

通常用户习惯使用 www.hnzz.edu.cn 来访问相应的 WWW 服务器，若计算机 web 作为 Web 服务器，则可以给这台计算机另起一个名字——别名。例如，为计算机 web 添加一个别名记录，设置步骤与添加主机记录类似，区别仅仅是在弹出的快捷菜单中选择"新建别名"选项，在弹出的对话框中输入 www 即可。完成后就可以使用域名 www.hnzz.edu.cn 访问 IP 地址为 210.43.23.12 的主机，也可以通过 web.hnzz.edu.cn 访问该主机。这是对 Web 服务器常用的设置方法。

4. 添加反向搜索区域

反向搜索区域可以让 DNS 客户端利用 IP 地址反向查询其主机名称，例如客户端可以查询 IP 地址为 210.43.23.12 的主机名称，系统会自动将其解析为 web.hnzz.edu.cn。反向搜索区域名的前半段是其网络 ID 的反向书写，而区域名的后半段为 in-addr.arpa。例如，对网络 ID 为 210.43.23 的 IP 地址段提供反向查询功能，反向搜索区域的名称为 23.43.210.in-addr.arpa。

添加反向搜索区域的操作与添加正向搜索区域的操作类似，在"DNS 管理器"窗口中，右击"反向搜索区域"，在弹出的快捷菜单中选择"新建区域"选项，在弹出的对话框中选择要建立的区域类型，这里选择"主要区域"，弹出图 7-23 所示的对话框，直接在"网络 ID"文本框中输入此区域支持的网络 ID，如 210.43.23，它会自动在"反向查找区域名称"文本框中设置区域名 23.43.210.in-addr.arpa。系统自动产生区域文件，用户可根据需要修改该文件名。反向区域创建好后，图 7-24 所示窗口中的 23.43.210.in-addr.arpa 就是刚才所创建的反向搜索区域。

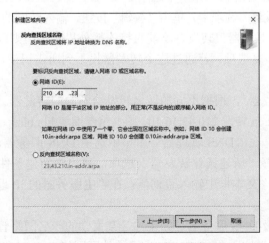

图 7-23　新建反向搜索区域向导

图 7-24　新建反向搜索区域

反向搜索区域必须有记录数据以便向用户提供反向查询的服务，添加反向搜索区域记录的步骤如下：选中要添加主机记录的反向搜索区域 23.43.210.in-addr.arpa，右击并选择"新建指针"选项，在弹出的对话框中输入主机 IP 地址和主机的域名，例如 Web 服务器的 IP 地址是 210.43.23.12，主机完整名称为 web.hnzz.edu.cn。重复这个步骤可以添加多个指针记录。添加完毕后"DNS 管理器"窗口中会增加相应的资源记录，如图 7-25 所示。

图 7-25　增加指针记录后的资源记录列表

也可同时在正向搜索区域内创建主机记录时勾选"创建相关的指针（PTR）记录"复选项要求同时创建一条正向搜索记录。

5. 设置转发器

DNS 服务器负责本网络区域的域名解析，对于非本网络的域名，可以通过上级 DNS 服务器进行解析。通过设置"转发器"，将自己无法解析的域名转到下一个 DNS 服务器。转发器的设置步骤：首先在"DNS 管理器"窗口中选中 DNS 服务器，右击并选择"属性"选项，在弹出的对话框中选择"转发器"选项卡，单击"编辑"按钮，输入转发的 DNS 服务器的 IP 地址，如图 7-26 所示。如果此服务器仅转发，不能直接连接外界查询，则取消勾选"如果没有转发器可用，请使用根提示"复选项。若通过这个转发器找不到所需记录，则客户机将收到"找不到所需的记录"信息。

可以设置"条件转发器"，根据不同的域名转发给不同的转发器。例如某大学计算机学院查询域 computer.hnzz.edu.cn 转发 210.43.16.10，图书馆查询域 libr.hnzz.edu.cn 转发 210.43.16.20。条件转发器的设置步骤：在"DNS 管理器"窗口中选中 DNS 服务器，右击"条件转发器"，在弹出的快捷菜单中选择"新建条件转发器"选项，弹出"新建条件转发器"对话框，如图 7-27 所示，在"DNS 域"文本框中输入查询域，在"主服务器的 IP 地址"文本框中输入转发的 DNS 服务器的 IP 地址。

转发器一般指上一级 DNS 服务器，如果你是某大学的一名网络管理员，那么你可能将本校的 DNS 转发器设置成学校所在 CERNET 地区的地区网络中心 DNS 服务器。

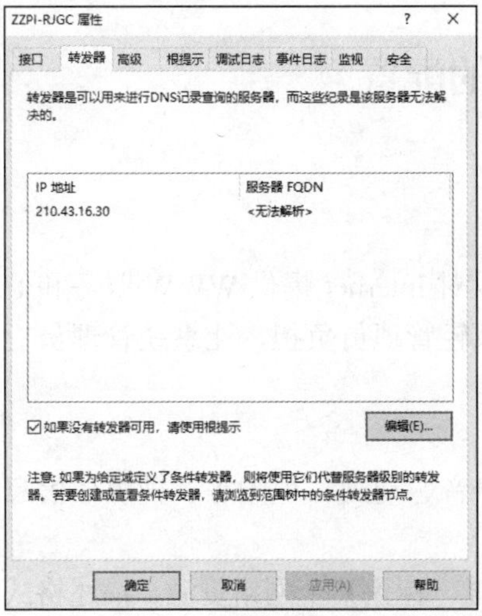

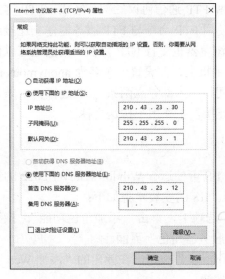

图 7-26　设置转发器

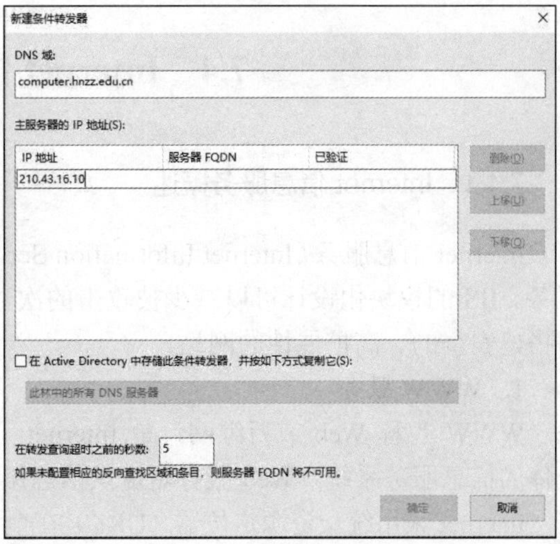

图 7-27　"新建条件转发器"对话框

7.3.4　DNS 客户端的设置

这里以 Windows 10 为例介绍 DNS 客户端的配置，打开计算机的"控制面板"→"网络和 Internet"→"网络和共享中心"，单击"更改适配器设置"，右击要修改的网络，在弹出的快捷菜单中选择"属性"选项，弹出"属性"对话框，选择"Internet 协议版本 4（TCP/IPv4）"后单击"属性"按钮，弹出图 7-28 所示的对话框，在"首选 DNS 服务器"文本框中输入 DNS 服务器的 IP 地址，如果还有其他 DNS 服务器需要提供服务，则在"备用 DNS 服务器"文本框中输入另外一台 DNS 服务器的 IP 地址。

如果有多台 DNS 服务器，则单击图 7-28 中的"高级"按钮，弹出图 7-29 所示的对话框，在 DNS 选项卡中，单击"添加"按钮，逐一添加多个 DNS 服务器的 IP 地址，DNS 客户端会依序向这些 DNS 服务器查询。

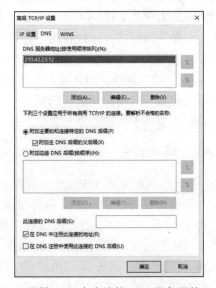

图 7-28　设置 DNS 客户端 IP

图 7-29　设置 DNS 客户端的 DNS 服务器的 IP 地址

7.4 Internet 信息服务的配置

7.4.1 Internet 信息服务概述

Internet 信息服务（Internet Information Server，IIS）可以对 Internet 提供 WWW 服务和 FTP 服务。IIS 的模块化设计可以减少被攻击的次数，也可以减轻管理员负担，让系统管理员更容易搭建安全的、高扩展性的网站。

1. WWW 服务

WWW 也称 Web 或万维网，是 Internet 上集文本、声音、动画、视频等多种媒体信息于一体的信息服务系统，Web 服务器提供信息服务。

Internet 采用统一资源定位器（URL）在全世界范围内唯一标识某个网络资源，描述格式为

协议://主机名称/路径名/文件名:端口号

例如 http://www.hnzz.edu.cn，客户程序首先看到 http（超文本传输协议），知道处理的是 Web 服务连接，www.hnzz.edu.cn 是站点地址（通过上一节介绍的 DNS 服务器解析，对应某一特定的 IP 地址），http 协议默认使用的 TCP 协议端口号为 80，可省略不写。

WWW 采用客户机/服务器模式，其服务过程如下：启动 Web 客户程序（即浏览器），输入客户想查看的 Web 页的地址，客户程序与该地址的服务器连通（含地址解析过程，并采用 TCP 方式连接），告诉服务器需要哪一个页面，服务器将该页面发送给客户程序，客户程序显示该页面内容，这时客户就可以浏览该页面了。

2. FTP 服务

FTP 在服务器中可以存放大量的共享文件资源，网络用户可以从服务器中下载文件或者将客户机上的文件上传至服务器。FTP 就是用来在客户机和服务器之间实现文件传输的标准协议。它使用客户机/服务器模式，客户程序把客户的请求告知服务器，并将服务器发回的结果显示出来。而服务器执行存储和发送文件等操作。

FTP 服务系统由 FTP 客户软件、FTP 服务器软件和 FTP 通信协议三部分组成。FTP 客户软件作为一种应用程序，运行在用户计算机上。用户使用 FTP 命令与 FTP 服务器建立连接或传送文件，一般操作系统中内置标准 FTP 命令，标准浏览器也支持 FTP 协议，当然也可以使用一些专用的 FTP 软件。FTP 服务器软件运行在远程主机上，并设置一个名为 anonymous 的公共匿名用户账号向用户开放。FTP 客户与服务器之间将在内部建立两条 TCP 连接：一条是控制连接，主要用于传输命令和参数；另一条是数据连接，主要用于传送文件。

7.4.2 IIS 的安装

IIS 是基于 TCP/IP 的 Internet 信息服务系统，使用 IIS 可使运行 Windows Server 2022 的计算机成为容量大、功能强的 Web 服务器或 FTP 服务器。IIS 的安装步骤如下：

（1）在"服务器管理器"窗口中打开"仪表板"选项卡，单击"添加角色功能"，持续单击"下一步"按钮，直到出现图 7-30 所示的"选择服务器角色"界面。

（2）勾选"Web 服务器（IIS）"复选项，单击"下一步"按钮，在弹出的"添加 Web 服务器（IIS）所需的功能"对话框中单击"添加功能"按钮。

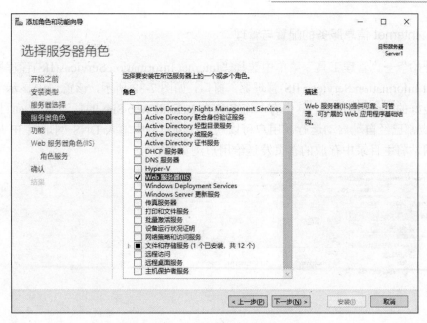

图 7-30　"选择服务器角色"界面

（3）持续单击"下一步"按钮，直到出现"选择角色服务"界面，勾选"Web 服务器"和"FTP 服务器"复选项；单击"下一步"按钮，出现"确认安装所选内容"界面，单击"安装"按钮开始安装。

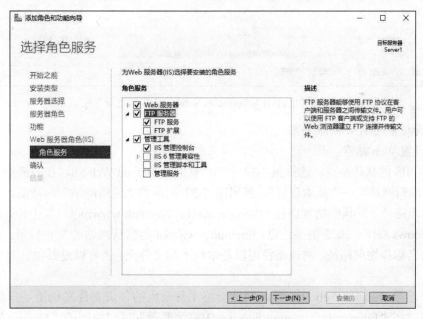

图 7-31　"选择角色服务"界面

系统自动安装服务器，安装完成后在"服务器管理器"窗口的"工具"菜单和"开始"→"管理工具"菜单中添加了一项"Internet Information Services(IIS)管理器"，通过 IIS 管理器管理 IIS 网站。

7.4.3 Internet 信息服务的配置与管理

在"开始"→"管理工具"菜单中选择"Internet Information Services(IIS)管理器"命令打开"Internet Information Services(IIS)管理器"窗口，如图 7-32 所示，该窗口中显示了此计算机上已经安装好的 Internet 服务，其中有一个名称为 Default Web Site 的默认网站，而且默认网站和 FTP 站点都已经自动启动运行。用户可以通过在浏览器中输入 DNS 网址或 IP 地址打开默认网页，网站将主目录中存放的首页发送给用户浏览器。

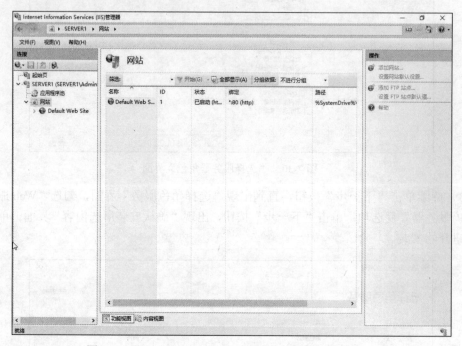

图 7-32　"Internet Information Services(IIS)管理器"窗口

1. 配置与管理 WWW 服务器

（1）设置 Web 站点。

1）使用 IIS 的默认站点。选择图 7-32 中的默认网站 Default Web Sit，在右侧的"操作"窗格中选择"编辑网站"→"基本设置"，弹出图 7-33 所示的"编辑网站"对话框，可以看到网站名称和物理路径。默认的物理路径为%SystemDrive%\inetpub\wwwroot，其中%SystemDrive%为安装 Windows Server 2022 的系统盘，\inetpub\wwwroot 为默认网站的发布目录。可以根据需要修改网站名称和物理路径，物理路径可以是本机上的文件夹，也可以是其他计算机内的共享文件夹。

当用户连接 Default Web Site 时，网站会将主目录内的首页文件发送给用户浏览器。选择默认网站，在"Internet Information Services(IIS)管理器"窗口中间的"Default Web Site 主页"窗格中双击"默认文档"，列表中将出现 5 个文件，如图 7-34 所示。用户访问默认网站时，网站按照文件顺序依次读取，并发送给用户浏览器，可以通过右侧的"操作"窗格改变文件访问顺序。根据不同的网站和语言默认的首页将其放在默认文档中，并调整顺序将其移动到顶端。

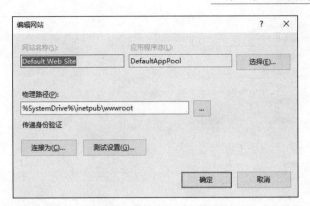

图 7-33　"编辑网站"对话框

图 7-34　默认的首页文件

可以将主目录设置为所建网站的文件夹，将制作好的首页文件设置为默认文档的第一个文档。在浏览器的地址栏中输入此计算机的 IP 地址或主机的域名（前提是 DNS 服务器中有该主机的记录）即可浏览站点主页。

站点开始运行后，如果要维护系统或更新网站数据，可以暂停或停止站点的运行，完成上述工作后再重新启动站点。

2）添加新的 Web 站点。

添加新的 Web 站点的步骤如下：

①打开"Internet Information Services(IIS)管理器"窗口，右击"网站"节点，在弹出的快捷菜单中选择"添加网站"选项。

②弹出图 7-35 所示的对话框，"网站名称"文本框中输入网站名，在"物理路径"文本框中输入网站主目录，在"绑定"区域中选择遵循的协议类型，输入新建 Web 站点的 IP 地址和TCP 协议端口号（默认为 80）。可以在一台主机上架设多个网站，有两种常见方式：一种方式是该主机配置多块网卡，设置多个 IP；另一种方式是通过对单一 IP 的主机设置不同端口号来实现。主机名为网站绑定的域名，用户浏览器可以通过主机名和端口号访问网站。

图 7-35　站点创建对话框

（2）管理 Web 站点。Web 站点建立好之后，可以管理和设置 Web 站点，站点管理工作既可以在本地进行，也可以远程管理。本地管理操作如下：打开"Internet Information Services(IIS)管理器"窗口，单击所管理的网站，在中间的"网站主页"窗格和右侧窗格中可以对网站进行管理与设置；或者右击所管理的网站，在弹出的快捷菜单中选择相关命令对网站进行管理与设置，如图 7-36 所示。

图 7-36　管理与设置网站

1）网站属性。在"操作"窗格中，选择"编辑权限"选项打开网站属性页，"网站"属性页包含常规、共享、安全等内容。

2）网站绑定。在"操作"窗格中，选择"编辑网站"→"绑定"打开"网站绑定"对话框，设置协议类型、IP 地址、TCP 端口和主机名。可以对已有的绑定信息进行编辑，也可以添加新的绑定。

- IP 地址：设置此站点使用的 IP 地址，如果构建此站点的计算机中设置了多个 IP 地址，则可以选择一个 IP 地址。若站点要使用多个 IP 地址或与其他站点共用一个 IP 地址，则可以通过高级按钮设置。
- TCP 端口：确定正在运行的服务器的端口，默认情况下 WWW 连接的端口号为 80。如果设置了其他端口，如 8080，则要求用户在浏览该站点时必须输入这个端口号，如 http://server0.hnzz.edu.cn:8080。

3）主目录。在"操作"窗格中，选择"编辑网站"→"编辑网站"可以设置物理目录，即网站的主目录。通常情况下，可以在网站主目录下建立多个子文件夹，网站中供用户浏览的各个文件分门别类地存储到专用的文件夹中。主目录所在的位置有以下两种选择：

- 此计算机上的目录：表示站点内容来自本地计算机。
- 另一台计算机上的共享位置：表示站点的数据可以位于局域网上其他计算机中的共享位置，在网络目录文本框中输入其路径并单击"连接为"按钮设置有权访问此资源的域用户账号和密码。

4）虚拟目录。虚拟目录就是网站中物理路径的一个映射名称，一个网站可以拥有多个虚拟目录，设置虚拟目录的步骤如下：

①选择网站，在"操作"窗格中选择"编辑网站"→"查看虚拟目录"，弹出"虚拟目录操作"对话框。

②选择"操作"→"添加虚拟目录"命令，弹出图 7-37 所示的"添加虚拟目录"对话框，在"别名"文本框中输入别名，在"物理路径"文本框中输入映射的文件夹，单击"确定"按钮完成虚拟目录的添加，在对应的网站内将多出一个虚拟目录。

每一个虚拟目录都有一个别名，用户通过别名可以访问这个文件夹中的网页。用户在浏览器中输入域名（格式为"端口号\别名"），网站将虚拟目录对应的物理目录中的默认网页发送到用户浏览器中。例如 http://server0.hnzz.edu.cn:8080\web-libr，浏览器将打开物理目录（C:\NewWeb\lib）下的 Default.htm 文件。

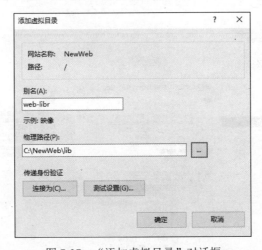

图 7-37　"添加虚拟目录"对话框

5）管理网站。通过"管理网站"选项可以对网站进行"重新启动""启动"和"停止"操作。

在"操作"窗格中选择"管理网站"→"配置"→"限制"，弹出"编辑网站限制"对话框，设置带宽使用、连接超时和连接数。如果计算机上设置了多个 Web 站点，或者同时提供其他 Internet 服务，如文件传输、电子邮件等，那么就根据各个站点的实际需要限制每个站点可以使用的带宽。在"编辑网站限制"对话框中勾选"限制带宽使用（字节）"复选项，在文本框中输入设置数值即可。"连接限制"选项中默认连接超时为 120s，根据需要可以修改连接超时的时间。默认情况下网站允许同时发生的连接数不受限制，勾选"限制连接数"复选项可以限制同时连接到该站点的连接数，在文本框中输入允许的最大连接数。

6）日志文件。在网络中，Web 服务器是最容易遭受攻击的。当计算机遇到网络故障时，日志文件有助于锁定故障原因。

在"Internet Information Services(IIS)管理器"窗口中选择网站，在中间的"网站主页"窗格中双击"日志"图标，弹出"日志设置"对话框，在"日志文件"→"格式"下选择日志文件使用的格式。单击"选择字段"按钮，可进一步设置记录用户信息所包含的内容，如用户IP、访问时间、服务器名称等。在"日志文件"→"目录"下选择日志文件存放的位置，默认的日志文件保存在%SystemDrive%\inetput\logs\LogFiles 下。此外，可以选择日志文件滚动更新计划等。良好的管理习惯应注重日志功能的使用，通过日志可以监视访问本服务器的用户和内容等，从而对不正常的连接和访问加以监控和限制。

（3）网站的安全性。为了减小 IIS 网站的被攻击面，IIS 默认情况下只安装少数功能与角色服务，系统管理员根据需要进行添加。

1）身份验证。IIS 默认情况下允许所有用户连接，也可以设置要求通过输入账号与密码验证用户。身份验证主要有匿名身份验证、基本身份验证、摘要身份验证和 Windows 身份验证。

系统默认只启动匿名身份验证。在"服务器管理器"窗口的"仪表板"选项卡中，选择"添加角色和功能"，持续单击"下一步"按钮，直到出现"选择服务器角色"界面，如图 7-38 所示。在"Web 服务器"→"安全性"下选择需要的身份验证，完成安装。重启 IIS 管理器，在"Internet Information Services(IIS)管理器"窗口的网站窗格中单击"身份验证"按钮，启用相应的身份验证。

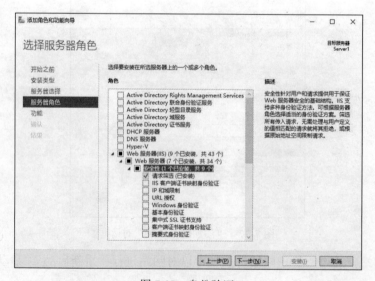

图 7-38　身份验证

2）IP 地址限制。IIS 管理器也可以指定或拒绝某台计算机或者某一组计算机连接网站，如公司内部网络设置只允许内部计算机连接。可以在图 7-38 中勾选 "IP 和域限制" 复选项完成安装。重启 IIS 管理器，在 "Internet Information Services(IIS)管理器" 窗口的网站窗格中勾选 "IP 和域限制" 复选项，在右侧的 "操作" 窗格中通过 "添加允许条目" 或 "添加拒绝条目" 来设置。

2. 配置与管理 FTP 服务器

安装 FTP 服务器后打开 "Internet Information Services(IIS)管理器" 窗口，单击左侧的 "服务器" 图标，在中间窗格中可以看到 FTP 服务器的选项菜单。

（1）添加及删除站点。IIS 允许在同一台计算机上同时构架多个 FTP 站点，添加站点步骤如下：

1）在 "Internet Information Services(IIS)管理器" 窗口中，右击要添加 FTP 站点的服务器，在弹出的快捷菜单中选择 "添加 FTP 站点" 选项，弹出 "添加 FTP 站点" 对话框，如图 7-39 所示。在 "FTP 站点名称" 文本框中输入 FTP 站点名称，在 "物理路径" 文本框中输入存放 FTP 文件的主目录路径。

2）单击 "下一步" 按钮进入 "绑定和 SSL 设置" 界面，如图 7-40 所示，IP 地址默认为全部未分配，也可以绑定特定的 IP 地址来访问；默认端口号为 21，启用虚拟主机名，可以通过虚拟主机名访问 FTP 服务器；勾选 "无 SSL" 复选项。

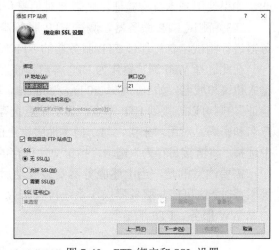

图 7-39　"添加 FTP 站点" 对话框　　　　　　图 7-40　FTP 绑定和 SSL 设置

3）单击 "下一步" 按钮进入 "身份验证和授权信息" 界面，选择身份验证和授权，最后单击 "完成" 按钮。

删除 FTP 站点的方法是，右击要删除的站点，在弹出的快捷菜单中选择 "删除" 选项。一个站点若被删除，只是该站点的设置被删除了，而其下的文件还是存放在原来的目录中，不会被删除。

（2）启用 FTP 身份验证。FTP 站点建立好之后，FTP 的设置和管理类似 Web 站点。下面介绍 FTP 服务器的身份验证。当 FTP 站点的身份验证为匿名方式时，用户可以通过浏览器访问 FTP 站点获取资源。若 FTP 站点希望提供用户名和密码来访问，则需要启用 FTP 服务器的身份验证，启用步骤如下：

1）在"Internet Information Services(IIS)管理器"窗口中选择 FTP 站点，双击中间窗格中的"FTP 身份验证"打开"FTP 身份验证"窗格，如图 7-41 所示。

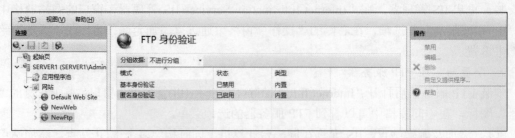

图 7-41　"FTP 身份验证"窗格

2）在"FTP 身份验证"窗格中选择"匿名身份验证"，在右侧窗格中选择"操作"→"禁用"。

3）在"FTP 身份验证"窗格中选择"基本身份验证"，在右侧窗格中选择"操作"→"启用"。

4）创建 FTP 用户。在"服务器管理器"窗口中选择"工具"→"计算机管理"命令，在弹出的"计算机管理"对话框中选择"本机用户和组"→"用户"创建 FTP 用户。

5）对 FTP 主目录进行权限设置。打开 FTP 主目录属性对话框，选择"安全"选项卡，单击"编辑"按钮，添加创建的 FTP 用户并设置权限。

基于 FTP 身份验证用户发送给网站的账户名和密码不被加密，容易受到拦截并获取，因此，如果使用基本身份验证，则需要对信息传输增加安全措施，例如使用 SSL 连接等。

（3）测试 FTP 服务器。测试 FTP 服务器是否正常工作，可选择一台客户机登录 FTP 服务器进行测试，首先保证 FTP 服务器的 FTP 发布目录下存放有文件，可供下载。

在此选择 Web 浏览器作为 FTP 客户程序，使用 Internet Explorer（IE）连接到 FTP 站点，输入协议和域名，如 ftp://server0.hnzz.edu.cn/。在"FTP 身份验证"窗格中，若选择"匿名身份验证"，则可以连接到 FTP 站点，显示站点上存放的文件；若选择"基本身份验证"，则输入用户名和密码。对用户来讲，与访问本地磁盘上的文件夹一样。右击文件名，在弹出的快捷菜单中选择"将链接另存为"选项，指定文件保存的本地路径，将文件下载到本地指定的文件夹内。

需要注意的是，当上述服务器安装成功后，发现用户不能访问本服务器的 WWW、FTP 等服务时，这可能与服务器操作系统自身防火墙的设置有关，可设置防火墙允许用户访问本机的 WWW 服务、FTP 服务等。

7.5　DHCP 服务器的配置

7.5.1　DHCP 的基本概念及工作原理

DHCP 是 Dynamic Host Configuration Protocol（动态主机配置协议）的缩写，是一个简化主机 IP 地址分配的管理协议。它能够动态地向网络中的每台设备分配独一无二的 IP 地址，并提供安全、可靠且简单的 TCP/IP 网络配置，确保不发生地址冲突，帮助维护 IP 地址的使用。

使用 DHCP 方式动态分配 IP 地址，整个网络必须至少有一台安装了 DHCP 服务的服务器。其他使用了 DHCP 功能的客户端也必须支持自动向 DHCP 服务器索取 IP 地址的功能。当 DHCP 客户端第一次启动时，它就会自动与 DHCP 服务器通信，并由 DHCP 服务器分配给 DHCP 客户端一个 IP 地址，直到租约到期（并非每次关机释放），这个地址就会由 DHCP 服务器收回，并将其提供给其他 DHCP 客户端使用。

动态分配 IP 地址的一个好处是，可以解决 IP 地址不够用的问题。因为 IP 地址是动态分配的，而不是固定给某个客户机使用的，所以只要有空闲的 IP 地址，DHCP 客户机就可从 DHCP 服务器取得 IP 地址。当 DHCP 客户机不需要使用此地址时，就由 DHCP 服务器收回，并提供给其他 DHCP 客户机使用。

动态分配 IP 地址的另一个好处是，用户不必自己设置 IP 地址、DNS 服务器地址、网关地址等网络属性，也可以绑定 IP 地址与 MAC 地址，不存在盗用 IP 地址的问题，因此可以减少管理员的维护工作量，用户也不必关心网络地址的概念和配置。

7.5.2   DHCP 服务器的安装与配置

1. 安装 DHCP 服务器

在安装 DHCP 服务器之前必须注意以下两点：

（1）DHCP 服务器本身的 IP 地址必须是固定的，即其 IP 地址、子网掩码、默认网关等必须是静态分配的。

（2）规划好可提供给 DHCP 客户端使用的 IP 地址范围，也就是所建立的 IP 作用域。

安装 DHCP 服务器的步骤如下：

1）打开"服务器管理器"窗口，在"仪表板"选项卡中单击"添加角色和功能"，持续单击"下一步"按钮，直到出现"选择服务器角色"界面，如图 7-42 所示。

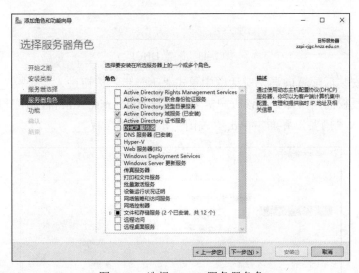

图 7-42   选择 DHCP 服务器角色

2）勾选"DHCP 服务器"复选项，单击"添加功能"按钮；持续单击"下一步"按钮，直到出现"确认安装所选内容"界面，单击"安装"按钮。

安装完成后单击"关闭"按钮，在"服务器管理器"窗口的"仪表板"选项卡中可以看到 DHCP 服务器安装成功。

2. 授权 DHCP 服务器

DHCP 服务器安装好后并不能立即给 DHCP 客户端提供服务，还必须"授权"。如果部署了活动目录,作为 DHCP 服务器运行的计算机必须是域控制器或域成员服务器才能获得授权并为客户端提供 DHCP 服务。

被授权的 DHCP 服务器的 IP 地址记录在 Windows Server 2022 的活动目录内,必须是 Domain Admin 或 Enterprise Admin 组的成员才可以执行 DHCP 服务器的授权工作。

授权的操作可以在选择 DHCP 服务器安装完成界面中单击"完成 DHCP 配置"按钮完成,或者在"服务器管理器"窗口的"工具"菜单中选择 DHCP 命令,打开 DHCP 管理控制台,右击 DHCP 服务器,在弹出的快捷菜单中选择"授权"选项;也可以在"服务器管理器"窗口中单击右上方的感叹号图标,打开图 7-43 所示的窗口,单击"完成 DHCP 配置"打开"DHCP 安装后配置向导"窗口。

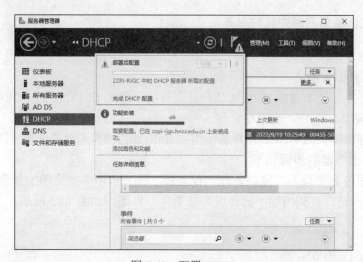

图 7-43 配置 DHCP

在"DHCP 安装后配置向导"对话框中单击"下一步"按钮进入"授权"界面,如图 7-44 所示,选择用于授权的用户账户,该账户需要隶属于 Enterprise Admins 组成员才能授权。单击"提交"按钮进入"摘要"界面,单击"关闭"按钮完成授权。

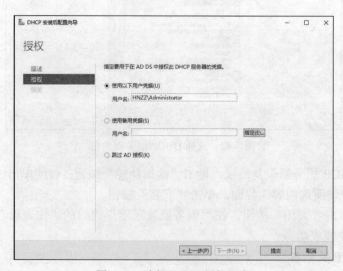

图 7-44 选择 DHCP 授权用户

3. 建立可用的 IP 作用域

在 DHCP 服务器内可以设定一段 IP 地址的范围（可用的 IP 作用域），当 DHCP 客户端请求 IP 地址时，DHCP 服务器将从该范围中提取一个尚未使用的 IP 地址分配给 DHCP 客户端。

需要注意的是，在一台 DHCP 服务器内，只能针对一个子网设置一个 IP 作用域，例如不可以建立一个 IP 作用域为 210.43.23.1～210.43.23.60 后，又建立另一个 IP 作用域为 210.43.23.100～210.43.23.160。解决该问题的方法是可以先设置一个连续的 IP 作用域 210.43.23.1～210.43.23.160，然后将中间的 210.43.23.61～210.43.23.99 添加到排除范围。

建立一个新的 DHCP 作用域的步骤如下：

（1）在 DHCP 管理窗口列表中，在要创建作用域的服务器下右击 IPv4，在弹出的快捷菜单中选择"新建作用域"选项，弹出"欢迎使用新建作用域向导"对话框，单击"下一步"按钮，并为该作用域输入名称和描述，单击"下一步"按钮。

（2）进入图 7-45 所示的界面，在此定义新作用域可用的 IP 地址范围、子网掩码等信息，例如可分配供 DHCP 客户机使用的 IP 地址是 210.43.23.100～210.43.23.180，子网掩码是 255.255.255.0，单击"下一步"按钮。

（3）进入"添加排除和延迟"界面，如图 7-46 所示。如果想禁止步骤（2）中设置的 IP 作用域内的部分 IP 地址提供给 DHCP 客户端使用，则可以在这里设置需要排除的地址范围。例如输入 210.43.23.110～210.43.23.115，单击"添加"按钮，再单击"下一步"按钮。

图 7-45 设置 DHCP 服务器的 IP 地址范围

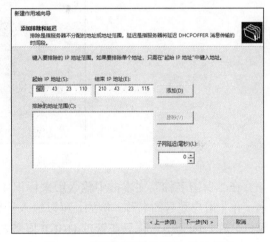

图 7-46 添加需要排除的 IP 地址范围

（4）在弹出的"租约期限"对话框中设置 IP 地址的租用期限，默认为 8 天。单击"下一步"按钮打开"配置 DHCP 选项"对话框，在"是否立即为此作用域配置 DHCP 选项？"下选择"是，我想现在配置这些选项"，持续单击"下一步"按钮可以设置指定作用域要分配的路由器或默认网关、域名称和 DNS 服务器、WINS 服务器。当 DHCP 服务器给 DHCP 客户端分派 IP 地址时，同时将这些 DHCP 选项数据指定给客户端。

（5）持续单击"下一步"按钮，最后在"激活作用域"对话框中勾选"是，我想现在激活此作用域"复选项，开始激活新的作用域，然后在"完成新建作用域向导"对话框中单击"完成"按钮。

完成上述设置后 DHCP 服务器即可开始接受 DHCP 客户端索取 IP 地址的请求。

4. IP 作用域的维护

IP 作用域的维护指修改、停用、协调、删除 IP 作用域，这些操作都在 DHCP 控制台中完成。单击 IP 作用域，在右侧的"操作"窗格中右击对应作用域中的"更多操作"，在弹出的快捷菜单中选择"属性""停用""协调"和"删除"等选项可完成修改 IP 范围，停用、协调与删除 DHCP 服务等操作。

5. 保留特定的 IP 地址

可以保留特定的 IP 地址给特定的客户端使用，以便该客户端每次申请 IP 地址时都拥有相同的 IP 地址。这在实际应用中很有用处，例如管理员在管理单位的网络时，采用 DHCP 服务一方面可以避免用户随意更改 IP 地址，用户也无须设置自己的 IP 地址、网关地址、DNS 服务器等信息；另一方面可以通过此功能逐一为用户设置固定的 IP 地址，即"IP-MAC"绑定，这会减少不少维护工作量。

保留特定的 IP 地址的设置，首先启动 DHCP 管理器，在 DHCP 服务器窗口列表中选择作用域，单击"保留"，在右侧的"操作"窗格中右击"保留"→"更多操作"，在弹出的快捷菜单中选择"新建保留"选项，弹出"新建保留"对话框，如图 7-47 所示。

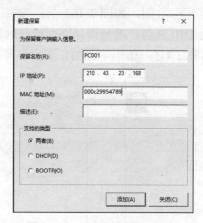

图 7-47 "新建保留"对话框

在"保留名称"文本框中输入用来标识 DHCP 客户端的名称，该名称只是一般的说明文字，并非用户账号的名称。例如，可以输入计算机名称，但并不一定需要输入客户端的真正计算机名称，因为该名称只在管理 DHCP 服务器中的数据时才使用。

在"IP 地址"文本框中输入一个保留的 IP 地址，可以指定任何一个保留的未使用的 IP 地址。如果输入重复或非保留的 IP 地址，则 DHCP 管理器将发出警告信息。在"MAC 地址"文本框中输入上述 IP 地址要保留给客户机的网卡 MAC 地址。在"描述"文本框中输入描述客户的说明文字，该项内容可选。

单击"添加"按钮，将保留的 IP 地址添加到 DHCP 服务器的数据库中。可以反复执行以上操作添加保留的 IP 地址，添加完所有保留的 IP 地址后单击"关闭"按钮退出。

6. DHCP 选项的设置

DHCP 服务器不仅可以动态地给 DHCP 客户端提供 IP 地址，还可以设置 DHCP 客户端的工作环境，例如 DHCP 服务器在为 DHCP 客户端分配 IP 地址的同时设置其 DNS 服务器、默认网关、WINS 服务器等配置。表 7-1 列出了用于配置及支持 DHCP 客户机的常用 DHCP 选项。

表 7-1　DHCP 选项列表

代码	选项名称
003	路由器
006	DNS 服务器
015	DNS 域名
044	WINS/NBNS 服务器
046	WINS/NBT 节点类型
047	NetBIOS 作用域 ID

设置 DHCP 选项时，可以针对一个具体的作用域，也可以针对该 DHCP 服务器的超级作用域来设置。如果具体作用域和超级作用域对相同选项做了不同的设置，例如都对 DNS 服务器、网关地址等做了设置，则具体作用域的选项设置优先级高于超级作用域，客户机接收这些信息时获取对应作用域的设置值。

例如设置 006 DNS 服务器，右击 DHCP 管理器中的"作用域选项"→"配置选项"，弹出图 7-48 所示的"作用域选项"对话框，勾选"006 DNS 服务器"复选项，然后在"IP 地址"文本框中输入 DNS 服务器的 IP 地址，单击"添加"按钮。如果不知道 DNS 服务器的 IP 地址，可以输入 DNS 服务器的 DNS 域名，然后单击"解析"按钮让系统自动寻找相应的 IP 地址，完成后单击"确定"按钮。

完成上述设置后，在 DHCP 管理控制台上可以看到设置的选项"006 DNS 服务器"，如图 7-49 所示。在 DHCP 客户端利用 ipconfig/renew 命令更新 IP 租约，然后利用 ipconfig/all 命令查看，会发现 DHCP 客户端的 DNS 服务器为其所设置的 IP 地址。

图 7-48　"作用域选项"对话框

图 7-49　设置 DHCP 作用域选项

7.5.3　DHCP 客户端的设置

客户端使用 DHCP 功能，需要设置网络属性中的 TCP/IP 协议属性，设定采用"DHCP 自动分配"或"自动获取 IP 地址"方式获取 IP 地址，设定"自动获取 DNS 服务器地址"获取

DNS 服务器地址，不需要为每台客户机设置 IP 地址、网关地址、子网掩码等属性。

以安装了 Windows 10 操作系统的计算机为例，设置客户端使用 DHCP 功能的方法如下：在"开始"菜单中选择"设置"→"网络和 Internet"→"以太网"→"更改适配器选项"，进入"网络连接"界面。双击"以太网"→"属性"打开"以太网属性"对话框，选择"Internet 协议版本 4(TCP/IPv4)"→"属性"打开"TCP/IP 属性"对话框，选择"自动获取 IP 地址"及"自动获取 DNS 服务器地址"选项，单击"确定"按钮完成设置。这时如果想查看客户机的 IP 地址（执行 ipconfig 命令），就会发现它来自 DHCP 服务器预留的 IP 地址空间。

7.6 远程桌面连接与远程桌面服务

7.6.1 远程管理与终端服务的基本概念

终端服务是 Windows Server 2022 操作系统的基本功能之一。终端服务通过"瘦客户端"软件（该软件允许客户端计算机作为终端模拟器）授权远程访问 Windows 桌面。终端服务提供两种工作模式，即远程桌面连接和远程桌面服务。

1. 远程桌面连接

远程桌面连接（Remote Desktop Connection，RDC）是终端服务的一种，它可以将程序运行等工作交给服务器，将图像及鼠标键盘的运动变化轨迹等返回给远程控制计算机。RDP（Remote Display Protocol）是远程桌面和终端服务器进行通信的协议，基于 TCP/IP 进行工作，默认端口号为 3389。该协议可以将键盘操作和鼠标单击等指令从客户端传输到终端服务器，将终端服务器处理后的结果传回远程桌面。Windows Server 2022 自带远程桌面功能，可以实现系统管理员远距离地对服务器进行维护。

2. 远程桌面服务（终端服务）

远程桌面服务是云桌面技术之一，属于共享云桌面。Windows Server 2022 默认远程桌面同时连接数是 2，如果连接数超过 2 个，可以通过添加远程桌面服务（Remote Desktop Services，RDS）解决。RDS（Windows Server 2008 之前称为终端服务）允许服务器同时托管多个客户端会话。用户可以使用 RDC 或客户端软件连接到远程桌面会话主机，RDS 提供的功能类似于基于终端的集中式主机或大型机环境。多个终端连接到主机，每个终端都提供一个管道，用于用户和主机之间的输入和输出。用户可以在终端登录，然后在主计算机上运行应用程序，访问文件、数据库、网络资源等。每个终端会话都是独立的，主机操作系统管理多个用户争用共享资源之间的冲突。当用户登录到已启用 RDS 的计算机时用户将启动会话，每个会话由唯一的会话 ID 标识。当 RDC 断开后，用户从 RDC 客户端注销，并删除与该会话关联的窗口工作站和桌面。但是，由于不删除 RDS 控制台会话，因此不会删除与控制台会话关联的窗口工作站。

7.6.2 远程桌面连接

1. 启用远程桌面功能

Windows Server 2022 安装好后，远程桌面功能默认是关闭的，打开此项功能的方法：选择"开始"→"控制面板"→"系统"打开"设置"窗口，单击"远程桌面"将"启用远程桌面"功能开启，如图 7-50 所示，则该服务器就允许用户远程管理本机。

图 7-50　启用远程桌面功能

2．为远程桌面功能选择用户

启用远程桌面功能后，需要为远程桌面选择用户，具体步骤如下：

（1）单击图 7-50 中"用户账户"下的"选择可远程访问这台电脑的用户"，弹出"远程桌面用户"对话框，默认情况下系统管理员已有访问权。

（2）单击"添加"按钮，弹出"选择用户"对话框，选择"高级"→"立即查找"，在下侧的"搜索结果"中选中要授权的用户，单击"确定"按钮，连续单击"确定"按钮返回到"远程桌面用户"对话框，如图 7-51 所示，添加了 lisi 和 zhangsan 两个用户可以远程连接计算机。

（3）在远程计算机中，选择"开始"→"Windows 附件"→"远程桌面连接"打开"远程桌面连接"对话框，如图 7-52 所示。输入计算机和用户名后单击"连接"按钮。

图 7-51　"远程桌面用户"对话框

图 7-52　"远程桌面连接"对话框

（4）在弹出的"输入你的凭据"对话框（图 7-53）中输入远程连接用户的密码，或者单击"更多选项"按钮，可以选择"使用其他用户"，输入用户名和密码进行远程连接，将打开远程计算机桌面。

图 7-53　"输入你的凭据"对话框

注意：使用 Windows Server 2022 "远程桌面连接"功能，只允许一个用户登录远程系统，即在此运行的是远程被控制计算机的控制台，用户所看到的视图和对方一样。因此，管理员使用"远程桌面"管理控制台连接远程终端服务器时，远程终端服务器当前用户被强行自动注销；同样，远程终端服务器端有用户登录时，将注销本地用户。

7.6.3　远程桌面服务

1. 安装远程桌面服务

安装 Windows Server 2022 操作系统时，默认情况下不安装远程桌面服务，远程桌面服务的安装步骤如下：

（1）在"服务器管理器"窗口中选择"仪表盘"→"添加角色和功能"，进入"添加角色和功能向导"窗口。

（2）选择"基于角色或基于功能的安装"，持续单击"下一步"按钮，进入"选择服务器角色"界面，勾选"远程桌面服务"复选项，持续单击"下一步"按钮。

（3）进入"选择角色服务"界面，勾选"远程桌面会话主机"和"远程桌面授权"复选项，如图 7-54 所示，单击"安装"按钮完成安装。之后重新启动服务器。

2. 授权远程桌面服务

远程桌面服务默认提供的远程桌面服务时间为 120 天，若提供长久被远程的功能，则需要单独添加授权，步骤如下：

（1）在"服务器管理器"窗口的"工具"菜单中选择 Remote Desktop Services→"远程桌面授权管理器"；或者在"控制面板"→"系统和安全"→"管理工具"中找到 Remote Desktop Services 文件夹；打开"RD 授权管理器"窗口，如图 7-55 所示。

（2）在"RD 授权管理器"窗口中看到服务器激活状态为"未激活"。右击服务器，在弹出的快捷菜单中选择"激活服务器"选项，弹出"服务器激活向导"对话框。

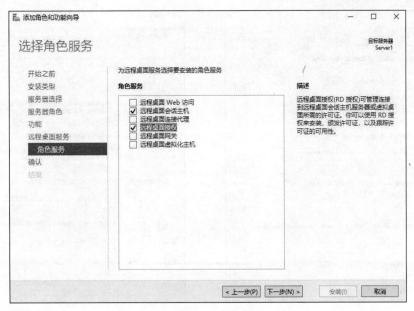

图 7-54　"选择角色服务"界面

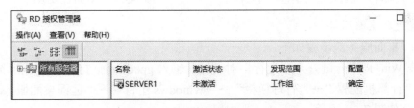

图 7-55　"RD 授权管理器"窗口

（3）单击"下一步"按钮，在"连接方法"下拉列表框中选择"Web 浏览器"。继续单击"下一步"按钮进入"获取客户端许可证密钥包"界面，如图 7-56 所示，可以看到该服务器的许可证服务器 ID 以及微软官方提供的远程桌面授权激活网址 https://activate.microsoft.com。

（4）打开微软官方提供的远程桌面授权激活网页，选择"启用许可证服务器"，根据图 7-56 中的许可证服务器 ID 获取远程桌面授权激活网站提供的许可证密钥包 ID，填入图 7-56 中。单击"下一步"按钮，直到完成服务器的激活。

（5）在"RD 授权管理器"窗口中右击服务器，在弹出的快捷菜单中选择"安装许可证"选项，弹出"许可证安装向导"对话框，如图 7-57 所示。

（6）在微软官方提供的远程桌面授权激活网页中，选择"安装客户端访问许可证"。单击"下一步"按钮，输入许可证服务器 ID，选择许可证程序为"企业协议"，输入公司名及所在国家。

（7）单击"下一步"按钮，在"产品类型"下拉列表框中选择产品类型，如"Windows Server 2022 远程桌面服务每用户客户端许可证"；在"数量"文本框中输入这台服务器所允许的最大远程连接数；在"协议号码"文本框中输入企业协议号码。单击"下一步"按钮获取许可证密钥包 ID。

（8）在图 7-57 中输入许可证密钥包 ID，单击"下一步"按钮完成许可证的安装，再单击"完成"按钮。

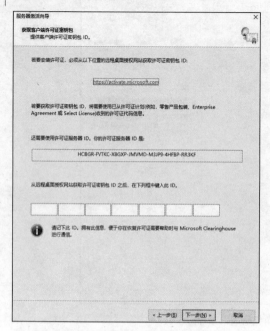
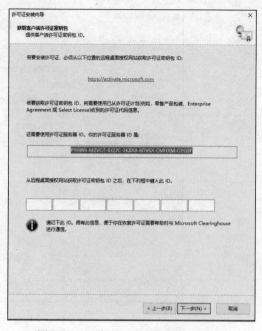

图 7-56 "获取客户端许可证密钥包"对话框   图 7-57 "许可证安装向导"对话框

3. 设置远程桌面服务

设置远程桌面服务的步骤如下：

（1）按 Win+R 组合键打开"运行"对话框，输入 gpedit.msc 打开"本地组策略编辑器"窗口，选择"计算机配置"→"管理模板"→"Winodws 组件"→"远程桌面服务"，打开"授权"文件夹，如图 7-58 所示。

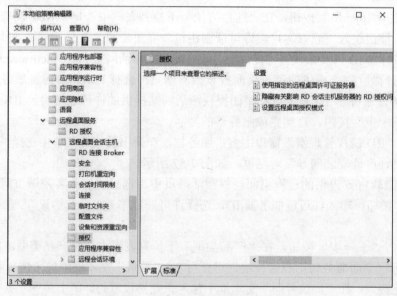

图 7-58 "本地组策略编辑器"窗口

（2）在右侧的"扩展"选项卡中双击第一项"使用指定的远程桌面许可证服务器"，打开如图 7-59 所示的对话框，选择"已启用"单选项，在"选项"下的"要使用的许可证服务

器"文本框中输入 IP 地址,即服务器物理网卡的 IP 地址,若有多个网卡,则可以输入 127.0.0.1,
然后单击"应用"按钮和"确定"按钮。

图 7-59　"使用指定的远程桌面许可证服务器"对话框

（3）双击"扩展"选项卡中的第三项"设置远程桌面授权模式",打开如图 7-60 所示的
对话框,选择"已启用"单选项。在"选项"→"指定 RD 会话主机服务器的授权模式"下拉
列表框中选择"按用户",然后单击"应用"按钮和"确定"按钮。

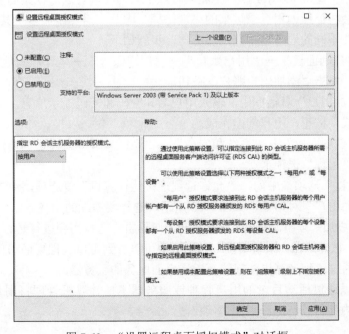

图 7-60　"设置远程桌面授权模式"对话框

（4）选择"控制面板"→"系统和安全"→"管理工具"→"远程桌面服务"打开"RD
授权诊断程序"窗口，显示如图 7-61 所示的内容，表明远程授权功能配置完成。

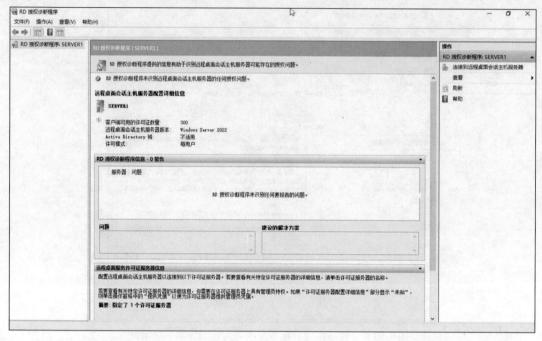

图 7-61　RD 授权诊断

7.6.4　远程终端客户访问权限的设置

一般情况下，一个 Windows 账户不能同时从不同的终端登录远程桌面服务器，否则重复
使用该账户登录会将已经远程登录进来的终端挤掉。因此，需要添加多个其他 Windows 用户
支持不同的用户在不同的地方远程登录服务器，步骤如下：

（1）选择"控制面板"→"用户账户"→"用户账号"→"管理其他账户"，打开"管
理账户"对话框，单击"添加用户账户"按钮。

（2）在"添加用户"对话框中，输入用户名、密码和密码提示信息，单击"下一步"按
钮，再单击"完成"按钮，用户创建完成。

（3）选择"控制面板"→"系统和安全"→"系统"→"允许远程访问"打开"系统属
性"对话框中的"远程"选项卡。

（4）在"远程"选项卡中勾选"允许远程连接此计算机"复选项，单击"选择用户"按
钮打开"远程桌面用户"对话框，如图 7-62 所示，选择要添加的用户。

（5）单击"添加"按钮，弹出"选择用户"对话框，选择需要进行远程桌面访问的用户，
然后单击"确定"按钮。在"系统属性"对话框中可以看到可以远程桌面访问的用户。此时远
程桌面用户即可通过远程计算机访问装有远程桌面服务的服务器。

此外，也可以通过活动目录的用户管理或服务器本地计算机管理将用户添加到 Remote
Desktop Users 组内使其具有远程桌面访问权限。

图 7-62 添加远程桌面用户

习　题

1．Windows Server 2022 系列产品有哪些版本？各自的适用范围是什么？

2．什么是活动目录？什么是域？

3．如何安装活动目录？如何添加、删除用户账户和计算机账户？

4．什么是 DNS？DNS 的工作原理是什么？

5．如何配置管理 WWW 服务器？在客户机上如何测试 WWW 服务器是否安装成功？

6．简述 FTP 的工作原理。

7．如何配置管理 FTP 服务器？在客户机上如何测试 FTP 服务器是否安装成功？

8．什么是 DHCP？其优点是什么？

9．如何配置管理 DHCP 服务器？在客户机上如何测试 DHCP 服务器是否安装成功？

10．远程桌面连接和远程桌面服务的不同是什么？各自的作用是什么？

11．一个有 100 台计算机的学生机房，怎样设计 DHCP 服务器？采用与不采用 DHCP 方式的利弊在哪里？

12．一个有 300 用户规模的中型企业构建 Intranet，利用 Windows Server 2022 如何规划 WWW、DNS、DHCP 等服务？

实　训

实训 1　活动目录的安装与配置

1．目的与要求

（1）了解域和组的概念。

（2）掌握域结构和组织单位结构的规划。

（3）掌握添加、删除用户账户和计算机账户的方法。

2. 主要步骤

（1）安装活动目录前的规划。在安装活动目录前应根据实际情况进行细致而全面的规划，包括 DNS 的规划、域结构和组织单位结构的规划、委派模式的规划。

（2）安装活动目录。用户要将自己的服务器配置成域控制器，需要安装活动目录，方法是启动 Windows Server 2022，打开"服务器管理器"窗口，根据向导配置相关选项。活动目录安装完成之后，必须重新启动计算机活动目录才会生效。

（3）创建、删除用户账户和计算机账户。

（4）创建、删除组和组织单位，并为用户和计算机账户设置组。

3. 思考

在什么情况下需要将自己的服务器配置成域控制器？在什么情况下需要将服务器设置为附加域控制器？

实训 2　DNS 服务器的安装与配置

1. 目的与要求

（1）了解 DNS 域名空间与 Zone 的概念。

（2）掌握域名解析的过程。

（3）掌握 DNS 服务器的安装与配置。

2. 主要步骤

（1）安装 DNS 服务器。在安装 DNS 服务器前应确认该服务器已安装并配置了 TCP/IP 协议，然后打开"服务器管理器"→"仪表板"，安装类型选择"基于角色或基于功能的安装"，服务器角色选择"DNS 服务器"，安装 DNS 服务。

（2）配置管理 DNS 服务器。添加正向搜索区域，添加 DNS domain，添加 DNS 记录，添加反向搜索区域，设置转发器。

（3）设置 DNS 客户端。设置客户端的"本地连接"，选择"属性"→"Internet 协议版本（TCP/IPv4）"→"属性"，在"首选 DNS 服务器"文本框中输入 DNS 服务器的 IP 地址，如果还有其他 DNS 服务器提供服务，则在"备用 DNS 服务器"文本框中输入另外一台 DNS 服务器的 IP 地址。

3. 思考

通过 http://www.haut.edu.cn 访问河南工业大学网站，试述域名解析的过程。如果想要使用域名访问自己所设置的网站，需要做什么设置？

实训 3　Internet 信息服务的配置

1. 目的与要求

（1）了解 WWW 服务和 FTP 服务的体系结构与工作原理。

（2）掌握利用微软公司的 IIS 实现 WWW 服务和 FTP 服务的基本配置。

（3）掌握 Web 站点和 FTP 站点的管理。

（4）掌握常见 FTP 命令的使用方法。

2．主要步骤

（1）安装 IIS 服务器。打开"服务器管理器"→"仪表板"，安装类型选择"基于角色或基于功能的安装"，服务器角色选择"Web 服务器(IIS)"，在"选择角色服务"界面中选择"Web 服务器"和"FTP 服务器"，进行 Internet 信息服务的安装。

（2）配置 WWW 服务器。打开"服务器管理器"窗口，选择"工具"→"Internet Information Services(IIS)管理器"打开"Internet Information Services(IIS)管理器"窗口，配置"默认的 Web 站点"的属性，主要包括服务器对应的 IP 地址、所使用的端口和主目录等选项。

（3）配置 FTP 服务器。基本配置过程同上，另外需要设置安全账户来确定是允许匿名连接还是需要通过基于身份验证连接。

3．思考

WWW 和 FTP 的工作原理是什么？

实训 4　DHCP 服务器的配置与使用

1．目的与要求

（1）了解 DHCP 服务的体系结构与工作原理。

（2）掌握 DHCP 服务器的基本配置。

（3）掌握 DHCP 服务 IP 作用域的创建过程。

2．主要步骤

（1）安装 DHCP 服务器。打开"服务器管理器"→"仪表板"，安装类型选择"基于角色或基于功能的安装"，服务器角色选择"DHCP 服务器"，安装动态主机配置协议（DHCP）。

（2）授权 DHCP 服务器。DHCP 服务器安装好后并不能立即给 DHCP 客户端提供服务，必须经过一个"授权"的步骤。可以在 DHCP 服务器安装完成界面中单击"完成 DHCP 配置"按钮；也可以在"服务器管理器"窗口中单击右上方的感叹号图标，在弹出的窗口中单击"完成 DHCP 配置"按钮；或者在"服务器管理器"→"工具"下单击 DHCP 打开 DHCP 管理控制台，右击 DHCP 服务器，在弹出的快捷菜单中选择"授权"选项。

（3）建立可用的 IP 作用域。右击要创建作用域的服务器，在弹出的快捷菜单中选择"新建作用域"选项，在"新建作用域向导"对话框中为新作用域定义可用 IP 地址范围、子网掩码等信息。

（4）IP 作用域的维护。修改、停用、协调与删除 IP 作用域。

（5）DHCP 客户端的设置。设置客户端网络属性中的 TCP/IP 协议属性，设定采用"自动获取 IP 地址"方式获取 IP 地址，无须为每台客户机设置 IP 地址、网关地址、子网掩码等属性。

3．思考

为什么要建立 IP 作用域？

第8章　信息网络安全

 **本章导读**

本章介绍信息网络安全的基本概念、原理、技术及应用。学习本章，重点理解信息安全体系、密码技术应用、公钥基础设施，掌握网络防火墙、入侵检测系统的原理、应用、配置与管理。

 **本章要点**

- 信息安全的概念、基本特性，安全评估依据。
- 密码技术及应用。
- 数字证书、公钥基础设施技术的概念及应用。
- 网络防火墙的概念、分类、应用和典型配置。
- 入侵检测系统的概念、结构和相关配置。

8.1　概　述

随着计算机网络的不断发展，全球信息化已成为人类社会发展的大趋势，但由于计算机网络具有联结形式多样性、终端分布不均匀性和网络的开放性、互连性等特征，致使网络易受黑客、恶意软件和其他不轨行为的攻击。信息安全成为网络应用的一个至关重要的问题。尤其是对于C3I（军队指挥自动化的缩写，即指挥、控制与通信系统）和银行等传输敏感数据的计算机网络系统而言，网络中信息的安全尤为重要。

信息安全是一个很宽泛的概念，本章将重点介绍与网络安全保障有关的信息安全、网络安全技术。无论是局域网还是广域网，都存在着自然和人为等诸多因素的脆弱性和潜在威胁。因此，网络安全措施应能全方位地防范各种不同的脆弱性和威胁，确保网络信息的保密性、完整性和可用性等。

8.1.1　信息安全的概念

从广义上来讲，信息网络安全主要涉及两个方面的问题：一方面，如何保证在网络上传输信息的私有性，防止信息被非法窃取、篡改和伪造；另一方面，如何限制网络用户（或程序）的访问权限，防止非法用户（或程序）侵入。

解决第一个方面的问题，一般采用数据加密、数字签名、数字摘要等技术，实现网络传输信息的私密性、完整性、不可否认性等，常称为信息安全技术。解决第二个方面的问题，一般通过所谓网络安全技术，如采用防火墙、入侵检测、身份认证等技术，防止非法入侵或访问网络。密码技术应用于实现网络安全，如VPN技术、基于加密技术的身份认证等。

1. 信息安全内容

信息安全内容一般包括 3 个层面，如图 8-1 所示。

数据（信息）安全
运行（系统）安全
物理（实体）安全

图 8-1　信息安全的层次模型

首先，人们关心计算机与网络设备等硬件的安全，即信息系统硬件运行的稳定性和可用性等，称之为"物理安全"；其次，人们关心计算机与网络设备运行过程中的系统安全，包括信息系统软件的稳定性和可用性，称之为"运行安全"；当讨论信息自身的安全问题时，是指狭义的"信息安全"问题，包括信息系统加工、存储、传递数据的泄漏、伪造、篡改、抵赖等安全问题，称之为"数据安全"。

各个信息安全层次具有不同的安全特征、安全属性，从而保护的安全内容、处置方法也不同。表 8-1 列出了 3 个信息安全层次涉及的保护内容、安全属性、面临的威胁和处置的方法。

表 8-1　安全特征与保护技术

安全类型	保护内容	安全属性	威胁	保护方式
物理安全	网络与信息系统的物理装备	机密性、可用性、完整性、生存性、稳定性、可靠性等	电磁泄漏、通信干扰、信号注入、人为破坏、自然灾害、设备故障等	加扰处理、电磁屏蔽、数据校验、容错、冗余、系统备份等
运行安全	网络与信息系统的运行过程和运行状态	真实性、可控性、可用性、合法性、唯一性、可追溯性、占有性、生存性、稳定性、可靠性等	非法使用资源、系统安全漏洞利用、网络阻塞、网络病毒、越权访问、非法控制系统、黑客攻击、拒绝服务攻击、软件质量差、系统崩溃等	防火墙与物理隔离、风险分析与漏洞扫描、应急响应、病毒防治、访问控制、安全审计、入侵检测、源路由过滤、降级使用、数据备份等
数据安全	数据收集、处理、存储、检索、传输、交换、显示、扩散等过程	机密性、真实性、实用性、完整性、唯一性、不可否认性、生存性等	窃取、伪造、密钥截获、篡改、冒充、抵赖、攻击密钥等	加密、认证、完整性验证、鉴别、数字签名、秘密共享等

有的文献在上述信息安全层次划分的基础上定义了内容安全，指对信息在网络内流动中的选择性阻断，以保证信息流动的可控能力。可通过以下内容判断阻断对象：对系统造成威胁的脚本病毒、因无限制扩散而导致消耗用户资源的垃圾类邮件、导致社会不稳定的有害信息等。内容安全主要涉及信息的机密性、真实性、可控性、可用性、完整性、可靠性等；所面临的威胁包括信息不可识别（因采用了加密技术）、信息不可更改、信息不可阻断、信息不可替换、信息不可选择、系统不可控等；主要的处置方式是密文解析或形态解析、流动信息裁剪、信息阻断、信息替换、信息过滤、系统控制等。

2. 网络安全威胁

网络是信息传输的载体，网络的出现与发展也不断带来新的安全问题。对网络应用中存在的安全威胁进行理解和分类有助于规划安全保障体系、措施和选择安全保障技术。网络面临的安全威胁包括信息泄露、完整性破坏、拒绝服务攻击、网络滥用。

（1）信息泄露：指信息被泄露给非授权的实体，它破坏了系统的机密性。导致信息泄露的威胁有许多，下面列出一些典型实例。

● 网络监听：攻击者利用工具和设备收集、捕获在网络中传输的信息。

● 业务流分析：通过对业务流模式进行观察，造成信息泄露给非授权的实体。

● 电磁、射频截获：从电子或机电设备所发出的无线射频或其他电磁场辐射中分析提取信息。

● 漏洞利用：攻击者利用网络设备和系统存在的漏洞实施非授权访问，或者管理者没有对设备和软件进行合理设置，留下安全漏洞，被非授权的用户利用。

● 授权侵犯：用户本身是授权用户，但其执行权限许可之外的操作。

● 物理侵入：用户绕过物理控制措施，获得对系统的访问。

● 病毒、木马、后门、流氓软件：攻击者可以利用病毒、木马、后门来绕过安全策略，实现对数据的非授权访问。

● 网络钓鱼：攻击者通过假冒银行网站、电子商务网站、网络游戏网站，利用木马或病毒，诱使用户输入机密的信息，以此获取并利用受害人的账户进行欺诈之用或发送垃圾邮件。

（2）完整性破坏：通过利用漏洞、物理侵犯、授权侵犯、病毒、木马等方式破坏网络上传输的或存储的信息。

（3）拒绝服务攻击：拒绝对信息或资源合法的访问，或者推迟与时间密切相关的操作。

（4）网络滥用：合法的用户滥用网络，引入不必要的安全威胁，包括非法外联（绕过安全措施通过无线或 Modem 上网）、非法内联（非授权的用户非法接入网络）、移动风险（移动设备，如移动存储设备、笔记本等，都是零距离的接触互联网，容易产生安全威胁）、设备滥用（例如随意拔插网络和主机上的设备）、业务滥用（用户访问与业务无关的资源，进行与业务无关的活动，例如上班时间上网聊天、玩游戏、访问不健康网站等）。

8.1.2 信息安全的基本特性

信息安全具有下述 5 个方面的特性，信息安全系统的建设一般都是围绕这 5 个方面进行的，当然，不同的系统可能侧重一个或多个方面的保护而忽略某些性质的保护。

1. 机密性

机密性是指信息不被泄露给非授权的用户、实体或过程，或者供其利用的特性，即防止信息泄漏给非授权个人或实体，信息只为授权用户使用的特性。数据加密技术就是用来实现这一目标的，它能保证加密后的数据在传输、使用和转换过程中不被第三方非法获取。

2. 完整性

数据的完整性是数据未经授权不能进行改变的特性，即只有得到允许的用户才能修改数据，并且能够判别出数据是否已被篡改。存储器中或是经过网络传输后的数据，必须和它被输入时或最后一次被修改，或者传输前的内容与形式一模一样。因此，完整性就是保证信息系统上的数据处于一种完整和未受损的状态，数据不会因为存储和传输而被有意或无意地改变、破坏和丢失。应用密码技术，通过加密、数字签名等可以实现数据完整性保护。

3．不可否认性

不可否认性也称为真实性或抗抵赖性，是指在信息系统的信息交互过程中确信参与者的真实同一性，即所有参与者都不能否认或抵赖曾经完成的操作和承诺。利用信息源证据可以防止发送方不真实地否认已发送信息，利用递交接收证据可以防止接收方事后否认已经接收到信息。

网络信息传输过程中，抗抵赖的功能一方面要求接收方能够验证消息的发送方，另一方面要求发送方能够验证消息的接收方，并能够在发生争议后向第三方（例如法庭）证明消息的发送方或接收方确实发送或接收了数据。

例如，某人在某个电子商务网站购买了商品，并通过网上银行进行转账付款。在收到商品后，此人却向银行说他没有购买过该商品，也没有要求银行支付该款项。面对这种抵赖行为，银行必须有应对的措施和证据，以便在出现问题时能够向法院或其他第三方证明此人确实执行了转账的操作。可见，抗抵赖的基本特点是能够向第三方证明消息发送者确实发送了该消息。

密码学提供了技术上可以抗抵赖的解决方案，典型技术如数字签名。

4．可用性

可用性指信息系统可被授权实体访问并按需求使用的特性，攻击者不能占用所有的资源而阻碍授权者的工作。由于互联网络的开放性，需要时就可以得到所需的数据是网络设计和发展的基本目标，因此数据的可用性要求系统当用户需要时能够存取所需的数据，或者说应用系统提供的服务能够免于遭受恶劣影响，甚至避免被完全破坏而不可使用。

5．可控性

可控性是指可以控制授权范围内信息的流向及行为方式，如对数据的访问、传播及内容具有控制能力。系统要能够控制哪个用户可以访问系统或网络上的数据，以及如何访问，例如是可以修改数据还是只能读取数据。

可控性保障，首先，一般采用访问控制表等授权方法；其次，即使拥有合法的授权，系统仍需要通过握手协议和引入密码技术对网络上的用户进行身份验证，确保用户确实是他所声称的那个人；最后，系统还要将用户的所有网络活动记录在案，包括网络中机器的使用时间、敏感操作和违纪操作等，为系统进行事故原因查询、定位、事故发生预测、报警以及为事故发生后的处理提供详细可靠的依据或支持。

此外，信息安全系统往往还需要考虑生存性、稳定性、可靠性等特性。

概括地说，信息安全的核心是使用计算机、网络、密码技术和安全技术保护在信息系统及公用网络中传输、交换和存储的信息的机密性、完整性、真实性、可用性和可控性。

8.1.3　信息网络安全体系结构

为了适应网络技术的发展，国际标准化组织（ISO）的计算机专业委员会根据开放系统互连参考模型制定了一个网络安全体系结构三维模型，较全面地归纳了网络与信息的安全问题。

1．安全服务

针对网络系统受到的威胁，OSI 安全体系结构提出了以下几类安全服务：

（1）认证（Authentication）：有时也称为鉴别，这种服务是在两个开放系统同等层实体中建立连接和数据传送期间为连接的实体进行身份鉴别而规定的一种服务，能防止实体冒充、伪造连接、重传以前的连接数据。认证服务可以是单向的也可以是双向的。

（2）访问控制（Access Control）：可以防止未授权用户非法使用系统资源。这种服务可以针对单个用户或用户组实施。

（3）数据保密（Data Confidentiality）：也称数据机密，目的是保护网络中各系统之间交换的数据机密性，防止因数据被截获而造成的泄密。

（4）数据完整性（Data Integrity）：数据完整性保护是为了防止非法实体对用户的主动攻击（对正在交换的数据进行修改、插入、使数据延时、丢失数据等），以保证数据接收方收到的数据与发送方发送的数据完全一致。

（5）抗抵赖（Non-repudiation）：也称不可否认性。这种服务有两种形式：第一种形式是源发证明，即某一层向上一层提供服务时确保数据是由合法实体发出的，为上一层提供对等实体的数据源认证，以防假冒；第二种形式是交付证明，用来防止发送方发送数据后否认自己发送过数据，或者接收方接收数据后否认自己收到过数据。

（6）审计管理：对用户和程序使用资源的情况进行记录和审查，及早发现入侵活动，以保证系统安全，并帮助查清事故原因。

（7）可用性：保证信息使用者都可得到相应授权的全部服务。

2. ISO 6498-2 安全架构

在 ISO 6498-2 中描述了开放系统互连安全的体系结构，提出了设计安全的信息系统的基础架构中应该包含的内容，ISO 6498-2 安全架构三维图如图 8-2 所示。

（1）5 类安全服务（安全功能）。

（2）能够对这 5 类安全服务提供支持的 8 类安全机制和普遍安全机制。

（3）需要进行的 3 种 OSI 安全管理方式。

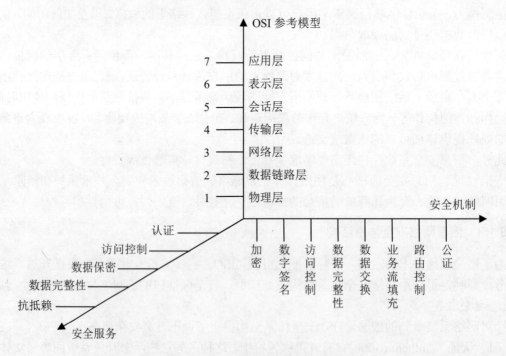

图 8-2　ISO 6498-2 安全架构三维图

ISO 6498-2 安全架构从网络的 7 个层次的角度考虑安全问题，比较接近网络和应用系统的结构层次，便于全面而充分地考虑实际软件和硬件的安全。例如，一个通信软件，可以从协议层次角度分析该软件从应用层到网络层的哪些层次上实施了安全保护、各层的安全性强度如何、哪一层上最容易受到攻击等。

由于 OSI 参考模型是一种层次结构，安全服务作用到具体层次上将更有效，因此存在一个安全服务与网络层次的配置问题，在这些层次之中，上层的安全对下层的安全也有一定的依赖性，但与系统的层次不一样，各层的安全性可以是独立的，下层实现的安全对上层可以是透明的，也就是说上层感觉不到下层已经实现了安全。同时，当下层不安全时，上层也可以独立实现安全需求。

网络安全需求应该是全方位的、整体的，在规划具体网络系统安全时，可以在参考 OSI 安全体系结构的基础上全面考虑网络安全、系统安全和应用安全，将安全服务渗透到每一个层次。全面地考虑问题有利于减少网络系统安全漏洞和缺陷。

8.1.4　安全系统评估标准

企业或个人在实施安全措施或购买安全产品之前和之后，需要对网络的安全现状、网络安全产品的功能进行评估，这就需要第三方机构和信息安全标准对信息系统安全进行评估。

1977 年，美国国防部发布了国防科学委员会报告（DSBR），对当时计算机环境中的安全策略进行了分析。20 世纪 70 年代后期，DOD 开始对当时流行的操作系统进行安全方面的研究。20 世纪 80 年代中期，DOD 发布了具有较大影响的《可信计算机系统评估准则》（TCSEC）（即橘皮书）。TCSEC 是在 20 世纪 70 年代基础理论研究成果 Bell&LaPadula 模型的基础上提出来的，其初衷是要对操作系统的安全性进行评估。TCSEC 将信息安全等级分为 4 类，从低到高分别为 D、C、B、A，每类中又再细分为多个等级，详细等级划分如表 8-2 所示。

表 8-2　TCSEC 的安全等级划分

等级分类	保护等级
D 类：最低保护级	D 级：无保护级（没有安全性可言，如 MS DOS）
C 类：自主保护级	C1 级：自主安全保护级（不区分用户，基本的访问控制）
	C2 级：控制访问保护级（有自主的访问安全性，区分用户）
B 类：强制保护级	B1 级：标记安全保护级（如 System V 等）
	B2 级：结构化保护级（支持硬件保护）
	B3 级：安全区域保护级（数据隐藏与分层、屏蔽）
A 类：验证保护级	A1 级：验证设计级（提供低级别校验级手段）
	超 A1 级

后来 DOD 又发布了可信数据库解释（TDI）、可信网络解释（TNI）等一系列相关的说明和指南，由于这些文档发行时的封面颜色各不相同，因此常被称为"彩虹系列"。

加拿大于 1988 年制定了《加拿大可信计算机产品评估准则》（CTCPEC），1993 年 1 月公布了第 3 版。20 世纪 90 年代初，英国、法国、德国、荷兰 4 国针对 TCSEC 的局限性提出了包含机密性、完整性、可用性等概念的《信息技术安全评估准则》（ITSEC），它定义了 E0～

E6 的 7 个安全等级。虽然 CTCPEC、ITSEC 等和 TCSEC 有所差别，但它们都是在吸取了 TCSEC 的经验和教训的基础上形成的，基本上都采用了 TCSEC 的安全框架和模式，将信息系统的安全性分成不同的等级，并规定了不同等级应满足的安全要求。

1993 年 6 月，美国、加拿大及英国、法国、德国、荷兰 4 国经协商同意，起草单一的通用准则（CC）并将其推进到国际标准。CC 的目的是建立一个各国都能接受的通用的信息安全产品和系统的安全性评价准则，国家与国家之间可以通过签订互认协议决定相互接受的认可级别，这样能使大部分的基础性安全机制在任何一个地方通过了 CC 准则评价并得到许可进入国际市场时就不需要再作评价，使用国只需测试与国家主权和安全相关的安全功能，从而大幅节省评价支出并迅速推向市场。CC 结合了美国联邦准则（FC）和 ITSEC 的主要特征，它强调将安全的功能与保障分离，并将功能需求分为 9 类 63 族，将保障分为 7 类 29 族。

我国在信息系统安全评估标准的研究方面与其他先进国家相比仍有一定的差距，但近年来，国内的研究人员已经在安全操作系统、安全数据库、安全网关、防火墙、入侵检测系统等安全产品研究、开发等方面取得了重大成绩，在安全系统的建设和管理方面取得了较好研究成果。1999 年出版的《计算机信息系统安全保护等级划分准则》是我国计算机信息系统安全保护等级系列标准的第 1 部分，其他相关应用指南、评估准则在不断建设中。《计算机信息系统安全保护等级划分准则》规定了计算机系统信息安全保护能力的 5 个等级：第 1 级，用户自主保护级；第 2 级，系统审计保护级；第 3 级，安全标记保护级；第 4 级，结构化保护级；第 5 级，访问验证保护级。该准则适用于对计算机信息系统安全保护技术能力等级的划分，计算机信息系统安全保护能力随着安全保护等级的提高而逐渐增强。2001 年 3 月，国家质量技术监督局发布了推荐性标准《信息技术、安全技术、信息技术安全性评估准则》（GB/T 18336—2015），使用该标准等同于采用国际标准 ISO/IEC 15408。

8.2 密码技术

8.2.1 概述

密码技术是实现信息保护的重要手段，本节将讨论计算机、网络系统中的密码技术，也称为现代密码技术。在网络通信中，按照通信双方约定的方法把信息的原形隐蔽起来，不为第三者所识别的通信方式称为密码通信。在计算机应用系统中，采用密码技术将信息隐蔽起来，隐蔽后的信息在开放介质中存储、传输，即使被窃取或截获，窃取者也不能了解信息的内容，从而保证信息的安全。

在开放的网络环境下，信息安全性的一个重要方面就是信息的保密，它使攻击者即使获得了数据仍无法理解其包含的意义。密码技术实际上是一个数据形式变换过程，加密变换在加密密钥的控制下进行，变换前的原始数据称为明文，变换后的数据称为密文，变换的过程称为加密，这一数字变换也称加密算法。发信者将明文加密成密文，然后将密文信息存储成文件或将其送入计算机网络。授权的接收者收到密文信息后施加与加密相似的变换去掉密文的伪装，恢复明文，这一过程称为解密。解密是在解密密钥的控制下进行的，用于解密的数字变换称为解密算法。加密和解密过程组成加密系统，如图 8-3 所示。明文和密文统称为报文。

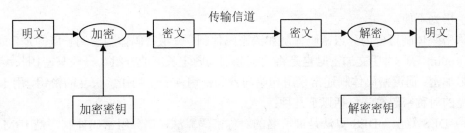

图 8-3　加密系统示意图

　　加密技术是信息网络安全主动的、开放型的防范手段。目前加密技术主要有两大类：一类是基于对称密钥加密的算法，也称对称算法，加密和解密使用相同密钥；另一类是基于非对称密钥的加密算法，也称公钥算法，加密密钥和解密密钥不同但具有一定数学关系。可以通过软件也可以通过硬件实现加密操作，软件加密成本低而且实用灵活，更换也方便；硬件加密则效率高，本身安全性也高。对密钥的管理包括密钥产生、分发、更新等操作，它们是数据保密的重要环节。

　　密码技术是信息安全交换的基础，使用数据加密、消息摘要、数字签名、密钥交换等技术实现了数据机密性、数据完整性、不可否认性和用户身份真实性等安全机制，从而保证了网络环境中信息传输和交换的安全。常用的密码算法有 3 类：对称密码算法、非对称密码算法和单向散列函数（也称哈希函数）。

　　其实对称密码技术已被人们使用了数千年，最简单的形式之一就是恺撒密码。其过程很简单，就是将字母表沿某一方向或反方向移动数位，然后把信息中的每个字母用相应的移位后的字母替换。当然，这样的加密是极其脆弱的，而现代的密码技术则采用基于难解的数学问题的复杂算法。

　　现代密码技术是伴随计算机技术应用发展而不断发展的，其利用计算机进行数据加密，再通过计算机网络传输数据。下面重点介绍现代密码技术中的对称密码技术和公钥密码技术。

8.2.2　对称密码技术

　　对称密码技术（或称对称密码体制）使用对称算法（Symmetric Algorithm），即加密密钥和解密密钥能够互相推算出来，在大多数对称密码算法中，加密密钥和解密密钥相同，所以也称对称密码算法为秘密密钥算法或单密钥算法。它要求在安全通信之前，发送方和接收方拥有（或协商）一个保密的密钥。对称算法的安全性依赖于密钥，泄漏密钥就意味着任何其他人都可以对基于该密钥加密的消息解密。对称加密/解密流程如图 8-4 所示。

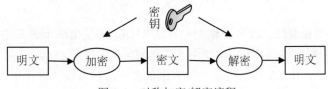

图 8-4　对称加密/解密流程

　　对称密码算法实现效率高、执行速度快，但密钥管理复杂。如果任何一对发送方和接收方都有他们各自商议的密钥，对于 N 个用户，整个系统共有 $N\times(N-1)$ 把密钥，每一个用户要记住或保留 $N-1$ 把密钥，当 N 很大时，密钥很难记忆，密钥泄漏的可能性增大，密钥的保存和使用也极为不便。

对称密码体制可分为分组密码体制和流密码体制，分组密码体制密钥长度固定，如 64bit、128bit、160bit 等，对明文加密时也是将明文分割为固定长度的分组（一般与密钥长度相同），逐个分组加密；而流密码体制通常采用初始向量和密钥种子产生任意长度的密钥，用于一次加密。常见的对称密码算法包括以下几种：

（1）DES 算法。DES 算法是最著名的对称密码算法，属分组密码体制，是 IBM 公司于1972 年研制成功的，后被美国国家标准局和国家安全局选为数据加密标准，并于 1977 年正式颁布使用。DES 算法的主要应用有计算机网络通信、电子资金传送系统、保护用户文件、用户识别等。

DES 算法对 64 位二进制数据分组加密产生 64 位密文数据，使用 64 位长度密钥（实际密钥长度 56 位，8 位用于字节奇偶校验）。DES 算法的解密过程与加密过程相似，可以共用代码，只是密钥顺序正好相反。对于 56 位长度的密钥来说，如果用穷举法进行搜索，则其运算次数为 2^{56} 次。

DES 算法仅使用最大为 64 位的标准算术和逻辑运算，运算速度快，密钥生产容易，适合于在当前大多数计算机上用软件方法实现，同时也适合于在专用芯片上实现。

DES 算法的缺点是密钥太短（56 位），从而影响了它的保密强度。随着计算机的速度越来越快，最终能在合理的时间内完成对 56 位密钥的强力攻击，从而导致 DES 加密不够安全。此外，由于 DES 算法完全公开，其安全性完全依赖于对密钥的保护，所以必须有可靠的信道来分发密钥，不适合在网络环境下单独使用。

针对 DES 密钥短的问题，一种常用的方法是在 DES 算法的基础上采用三重 DES 加密和双密钥加密的方法，如图 8-5 所示，即用 3 个 56 位的密钥 K1、K2、K3，发送方用 K1 加密，K2 解密，再使用 K3 加密，接收方则使用 K3 解密，K2 加密，再使用 K1 解密，其效果相当于增加密钥长度。

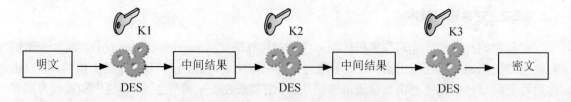

图 8-5 三重 DES 加密

为了获得更高的安全性，3 个密钥的选择应互不相同。但在某些情况下，也可以选择K1=K3。

（2）国际数据加密算法。国际数据加密算法（IDEA）是由瑞士著名学者提出的，在 1990年正式公布并在以后得到增强。IDEA 使用 8 轮运算，密钥为 128 位。

类似于 DES 算法，IDEA 算法也是一种分组加密算法，该算法设计了一系列加密轮次，每轮加密都使用从完整的加密密钥中生成的一个子密钥，该算法的软件实现和硬件实现同样快速。

由于 IDEA 算法是在美国之外提出并发展起来的，避开了美国法律上对加密技术的诸多限制，因此有关 IDEA 算法和实现技术的书籍都可以自由出版和交流，极大地促进了 IDEA 算法的发展和完善。

（3）高级加密算法。为了推出安全性更好的分组密码算法，1997 年 4 月 15 日美国国家标准与技术研究院向全世界征集高级加密标准（Advanced Encryption Standard，AES），1999 年 8 月选定了 5 个算法作为预选算法。经过诸多密码研究机构的参与分析和严格的性能测试后，最终选定了一个称为 Rijndael 的算法，这是由两个比利时研究者发明的。

Rijndael 算法突出一个可变的数据块长度和可变密钥长度，是迭代型分组加密算法，数据块和密钥长度分别指定为 128 位、192 位和 256 位。

（4）RC 系列算法。RC 系列算法是一类密钥长度可变的流加密算法，其中最具代表性的是 RC4 算法。RC 系列算法可以使用 2048 位的密钥，该算法的速度可以达到 DES 加密的 10 倍左右。

RC4 算法的原理是"搅乱"，它包括初始化算法和伪随机子密码生成算法两大部分，在初始化过程中，密钥的主要功能是将一个 256 字节的初始数簇进行随机搅乱，不同的数簇在经过伪随机子密码生成算法的处理后可以得到不同的子密钥序列，得到的子密钥序列和明文进行异或运算后得到密文。

由于 RC4 算法加密采用的是异或运算，所以一旦子密钥序列出现重复，密文就有可能被破解，但是实践证明目前密钥长度达到 128 位的 RC4 是安全的。

使用对称密码体制，在进行保密通信时，发送者与接收者需要使用一个安全的信道来建立会话密钥。一种安全传递方法称为"带外"传递，如人工送递。在计算机网络通信中一般通过两种方式解决：已经有了一个共享密钥，通过共享密钥加密传输会话密钥；或者通过一个密钥分配中心获得会话密钥（通信双方分别与密钥分配中心共享一对密钥）。无论哪种方式，都需要人工传递初始共享密钥，因而密钥分配成本高，并且依赖于信使或密钥分配中心的可靠性。

（5）SM4 算法。SM4 算法是无线局域网采用的对称密码算法，由我国国家密码管理局于 2006 年 1 月 6 日发布。

该算法是一个迭代分组密码算法，它的信息块长度和密钥长度都是 128 位，加密算法和密钥扩展算法用的都是 32 轮非线性迭代结构。SM4 数据解密与加密的算法结构一样，仅仅是子密钥的运用顺序相反，解密子密钥与加密子密钥是逆过程。

8.2.3 公钥密码技术

1976 年，惠特菲尔德·迪菲（Whitfield Diffe）和马丁·赫尔曼（Martin Hellman）创建了公钥加密技术，它最主要的特点就是加密密钥和解密密钥不同。每个用户保存着一对密钥：公开密钥（简称公钥）和秘密密钥（简称私钥），公钥与其对应的私钥组成一对，并且与其他任何密钥都不关联，因此这种体制又称为双钥或非对称密钥密码体制。

公钥密码体制加密/解密过程如图 8-6 所示。

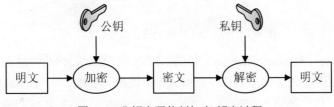

图 8-6　公钥密码体制加密/解密过程

相对于对称加密技术，公钥密码技术运算速度较慢，但密钥的管理和使用方便，易于实现，更适合网络环境中密码技术的应用需求，表 8-3 列出了对称密码技术与公钥密码技术的区别。

表 8-3　对称密码技术与公钥密码技术的区别

对比项	对称密码技术	公钥密码技术
算法基础	基于置换和扩散	基于数学难题
密钥数量	一个密钥	两个独立的密钥
一般要求	①加/解密使用相同的密钥 ②收发双方必须共享密钥	①算法相同，但加/解密密钥不同 ②收发双方拥有不同的密钥
安全性要求	①密钥必须秘密保存 ②知道算法和密文不影响密钥的安全性	①有一个密钥必须秘密保存 ②知道算法、一个密钥和若干密文不影响另一个密钥的安全性

典型的非对称密码算法有 DH 算法、RSA 算法、ECC 算法和 IBC 算法等。针对 RSA 算法我国没有相应的标准算法出台，而针对 ECC 算法和 IBC 算法我国分别有相应的 SM2、SM9 标准算法发布。

（1）DH（Diffie-Hellman）算法。20 世纪 70 年代中期，斯坦福大学的研究生惠特菲尔德·迪菲（Whitfield Diffe）和教授马丁·赫尔曼（Martin Hellman）提出了一个通过交换公开信息建立一个共享会话密钥的方案，即 DH 算法。DH 算法的安全性源自在一个有限字段中计算离散算法的困难，其仅用于密钥交换。

对 DH 而言，无须生成一个共享的会话密钥进行分发，而是利用公钥密码技术在通信双方生成一个会话密钥。通信方都有一个秘密值和一个公开值，秘密值只有自己保存，而公开值对网络公开，所以通信的双方都拥有两个公开值和一个秘密值，将秘密值和公开值结合，通信的双方就可以生成相同的秘密数值，即会话密钥。使用 DH 算法生成会话密钥的过程如图 8-7 所示。

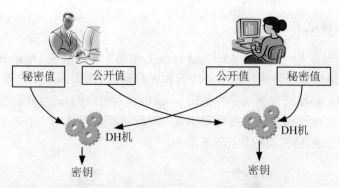

图 8-7　使用 DH 算法生成会话密钥的过程

（2）RSA（Rivest Shamir Adleman）算法。1978 年诞生的 RSA 算法是一种公认的、十分安全的公钥密码算法。它的命名取自 3 个创始人：罗纳德·李维斯特（Ronald Rivest）、阿迪·萨莫尔（Adi Shamir）和伦纳德·阿德曼（Leonard Adleman）。RSA 算法的安全性基于数论中大素数分解的困难性，它采用足够大的整数，其因子分解越困难，密码就越难以破译，加密强度也就越高。RSA 算法是目前网络上进行保密通信和数字签名最有效的安全算法。

RSA 算法的工作过程：先生成一对密钥，其中一个保密密钥（也称私钥），由用户保存；另一个为公开密钥，可对外公开，或者在网络服务器中注册。RSA 实验室目前建议：对于普通公司使用的密钥大小为 1024 位，对于极其重要的资料使用双倍大小，即 2048 位。密钥长度增加时会影响加/解密的速度，使加密的计算量增大。

实际应用中，为减少计算量，在传送信息时常采用对称加密算法与公钥加密算法相结合的方式，即发送方采用 DES 或 AES 加密数据，然后使用接收方 RSA 公钥加密会话密钥（DES 或 AES 的加密密钥）和信息摘要。接收方收到信息后，用自己的私钥解密会话密钥，再使用会话密钥解密加密的数据，并核对信息摘要（完整性保护）。这就是所谓的"数字信封"的工作原理。

RSA 算法的加密密钥和加密算法分开，使密钥分配更为方便，特别适用于计算机网络环境。对于网上的大量用户，可以将加密密钥用电话簿的方式印出。如果某用户想与另一用户进行保密通信，只需从公钥簿上查出对方的加密密钥。由此可以看出，RSA 算法解决了大量网络用户密钥管理的难题。当然，目前采用公钥基础设施（PKI）实现公钥的管理与应用。

（3）ECC（Elliptic Curve Cryptography）算法。1985 年，维克多·米勒（Victor Miller）和尼尔·科布利茨（Neal Koblitz）分别独立提出了椭圆曲线密码（Elliptic Curve Cryptography，ECC），ECC 算法是基于椭圆曲线数学的一种公钥密码的算法，其安全性依赖于椭圆曲线离散对数问题的困难性。和 RSA 算法相比，ECC 算法的数学理论比较复杂，单位安全强度相对较高。ECC 的安全性建立在离散对数求取困难性基础上，它的破译或求解难度基本上是完全指数级的，而破解 RSA 的难度是亚指数级的。ECC 公钥密码是单位比特强度最大的公钥密码，256bit 的 ECC 公钥密码的安全强度比 2048bit 的 RSA 公钥密码强度还要强。要达到同样的安全强度，ECC 所需的密钥长度远比 RSA 低。2012 年，国家密码管理局发布 ECC 国密标准算法 SM2。

ECC 算法具有以下两个明显的优点：一是短的密钥长度，这意味着小的带宽和存储要求；二是所有的用户可以选择同一基域上的不同的椭圆曲线，可使所有的用户使用同样的操作完成域运算。

区块链中所使用的公钥密码算法是 ECC 算法，每个用户都拥有一对密钥，一个公开，另一个私有。利用 ECC 算法，用户可以用自己的私钥对交易信息进行签名，同时其他用户可以利用签名用户的公钥对签名进行验证。在比特币系统中，用户的公钥也被用来识别不同的用户，构造用户的比特币地址。

区块链通常并不直接保存原始数据或交易记录，而是保存其哈希函数值，更具体地，比特币区块链通常采用双 SHA256 哈希函数，即将任意长度的原始数据经过两次 SHA256 哈希运算后转换为长度为 256 位（32 字节）的二进制数字来统一存储和识别。

（4）IBC（Identity-Based Cryptography）算法。基于标识的密码（Identity-Based Cryptography，IBC）是与 RSA、ECC 相比具有其独特性的又一种公钥密码。这种独特性表现在其公钥是用户的身份标识而不是随机数（乱码）。IBC 算法是在基于传统的公钥基础设施的基础上发展而来的，主要简化在具体安全应用的大量数字证书的交换问题，使安全应用更加易于部署和使用。2016 年，国家密码管理局发布 IBC 国密标准算法 SM9。

IBC 这个概念最初出现于 1984 年阿迪·萨莫尔（Adi Shamir）（RSA 密码创始人之一）的论文中，IBC 系统公钥和私钥采用一种不同于 RSA 和 ECC 的特殊方法产生，即公钥是用户的身份标识,如 E-mail 地址、电话号码等,而私钥通过绑定身份标识与系统主密钥(Master Key)生成,以数据的形式由用户自己掌握,密钥管理相当简单,可以很方便地对数据信息进行加/解密。

Miller 在 1985 年创建 ECC 后不久,在其一篇未发表的手稿中首次给出了计算双线性对的多项式时间算法。但因为当时双线性对在公钥密码中尚未取得有效应用,因此没有引起研究者的关注。当双线性对在公钥密码学中获得诸多应用后,其计算的重要性也日趋显著,时隔 19 年之后,Miller 于 2004 年重新整理了当年的手稿,详尽地论述了双线性对的计算。双线性对的有效计算奠定了 IBC 算法的基础。

8.2.4 数字签名

数字签名(Digital Signature)与传统的手写签名有很大的差别。首先,手写签名是被签署文件的物理组成部分,而数字签名不是;其次,手写签名不易复制,而数字签名正好相反,因此必须阻止一个数字签名的重复使用;最后,手写签名是通过与一个真实的手写签名比较来进行验证,而数字签名是通过一个公开的验证算法来验证。

数字签名的签名算法至少要满足以下条件:签名者事后不能否认;接收者只能验证;任何人不能伪造签名(包括接收者);双方对签名的真伪发生争执时,由权威第三方进行仲裁。

数字签名技术产生字符串来代替手写签名或印章,起到与手写签名或印章同样的法律效用。许多国家都已制定相应的法律、法规,把数字签名作为执法的依据。

1. 数字签名的原理

数字签名实际上是附加在数据单元上的一些数据或是对数据单元所做的密码变换,这种数据或变换能使数据单元的接收者确认数据单元的来源和数据的完整性,并保护数据不被其他人(包括接收者)伪造。

目前的数字签名机制多建立在公开密码算法基础上,其工作原理如图 8-8 所示。

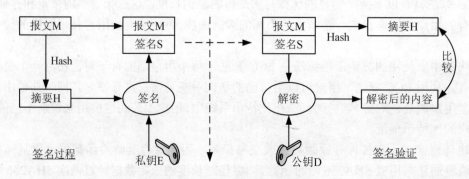

图 8-8　数字签名的工作原理

发送方使用摘要算法(Hash)计算发送报文 M 的摘要 H(单向散列值),典型输出长度为 128bit 或 160bit,并用自己的私钥 E 对这个散列值进行加密(一般称为签名),生成发送方的数字签名 S。然后,将这个数字签名 S 附加到报文后面一起发送给报文的接收方。报文的接收方首先从接收到的原始报文 M 中计算出散列值 H,接着用发送方的公钥 D 解密报文附加的数字签名 S 并进行对比,如果这两个散列值相同,那么接收方就能确认该数字签名是合法发送方产生的,这个消息来自于合法的发送方。

通过数字签名能够实现对原始报文的鉴别与验证,保证报文的完整性、权威性和发送方对所发报文的不可抵赖性。数字签名机制提供了一种鉴别方法，普遍用于银行、电子贸易等领域，以解决伪造、抵赖、冒充、篡改等问题。

数字签名与数据加密完全独立。数据可以既签名又加密、只签名、只加密，当然也可以既不签名也不加密。数字签名应用于个人领域，常用在电子邮件系统中对邮件进行加密或签名。

2. 数字签名算法

数字签名的算法有很多，应用最为广泛的 3 种是 Hash 签名、RSA 签名和 DSS 签名。数字签名是通过密码算法对数据进行加/解密变换实现的。

（1）Hash 签名。Hash 签名使用带密钥的 Hash 函数计算签名，不属于强计算密集型算法，但运算速度快，可以降低服务器资源的消耗。Hash 签名的主要局限是接收方必须持有用户密钥的副本以检验签名，因为双方都知道生成签名的密钥，因此密钥泄漏机会大，接收方可以伪造签名。如果通信双方有一个被攻破，那么其安全性就受到了威胁。

（2）RSA 签名。用 RSA 或其他公钥密码算法实现数字签名的最大便利是不会产生密钥分配问题，网络越复杂、网络用户数量越多，其优点越明显。使用公开密钥密码体制，签名方使用自己的私钥签名数据，接收方使用签名者的公钥验证签名。

（3）DSS 签名。数字签名标准（Digital Signature Standard，DSS）是由美国国家标准与技术研究院和国家安全局共同开发的一个专用数字签名系统，它采用数字签名算法，故又称为数字签名算法（DSA）。

DSA 签名与验证的过程如图 8-9 所示。

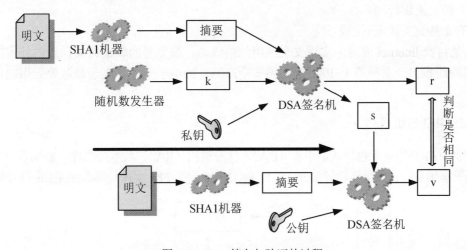

图 8-9　DSA 签名与验证的过程

签名方先用哈希函数 SHA1 对消息进行摘要，并把这个摘要当作一个数输入，其与输入的另一个随机数 k 和私钥，经 DSA 后，输出两个数 r 和 s，这两个数就是签名。验证方也对消息用 SHA1 进行摘要，然后与 s 和签名方的公钥一起做数学运算，得到结果为 v。若 v 与 r 相同，则验证通过。

8.3　公钥基础设施（PKI）

公钥密码体制弥补了对称密码体制在应用中的局限性，那么如何管理公钥、如何使用公钥、如何应用公钥密码体制呢？这一系列问题的定义称为公钥基础设施（Public Key Infrastructure，PKI），其主要任务是管理密钥和证书，并能为网络用户建立安全通信信任机制。

8.3.1 PKI 的基本概念

PKI 就是利用公钥密码理论和技术建立的提供安全服务的基础设施。所谓基础设施，就是在某个大环境下普遍适用的系统和准则。PKI 则是希望从技术上解决网上身份认证、电子信息的完整性和不可抵赖性等安全问题，为网络应用（如浏览器、电子邮件、电子交易）提供可靠的安全服务。

公钥密码体制简化了密钥管理，可以通过公开系统，如公开目录服务来分配密钥。PKI 把公钥密码和对称密码有机结合起来，在 Internet 上实现密钥的自动管理，支持公钥加密和数字签名服务系统，为用户建立起一个安全的网络运行环境，使用户可以在多种应用环境下方便地使用加密和数字签名技术，从而保证网上数据的机密性、完整性、有效性。

一个有效的 PKI 系统必须是安全的和透明的，用户在获得加密和数字签名服务时无须了解 PKI 管理证书和密钥的细节。一个典型 PKI 系统至少应具备以下功能：

（1）公钥证书管理（密钥产生、证书生成等）。

（2）证书撤销、发布和管理。

（3）密钥备份与恢复。

（4）密钥更新。

（5）历史密钥管理。

（6）支持交叉认证。

PKI 是目前 Internet 应用中实现安全应用的最成熟、最完善的解决方案，国内外大的网络安全公司纷纷推出一系列基于 PKI 的网络安全产品，为电子商务、电子政务等应用提供了安全保证。

8.3.2 PKI 的组成

典型的 PKI 系统必须包括认证中心（CA）、注册机构（RA）、数字证书库、密钥备份及恢复系统、证书撤销系统、应用接口等部分。IETF PKIX509 定义 PKI 实体与操作关系如图 8-10 所示。

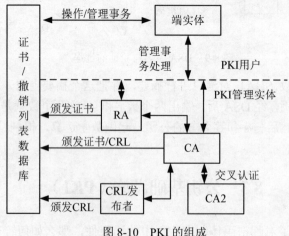

图 8-10 PKI 的组成

1. 认证中心（Certification Authority，CA）

CA 即数字证书的申请及签发机关，是 PKI 的核心，对任何一个主体的公钥进行公证，通过签发证书将主体与其公钥进行捆绑。

CA 是提供身份验证的第三方机构，也是公钥证书的颁发机构，由一个或多个用户信任的组织或实体组成。在 PKI 中，CA 负责颁发、管理和吊销最终用户的证书。公钥证书是公开密钥密码体制的一种密钥管理媒介，是一种权威性的电子文档，用于证明某一主体的身份以及其公开密钥的合法性。

在使用公钥密码体制的网络中，必须向公钥的使用者证明公钥的真实合法性。因此，必须有一个可信的机构对密钥进行公证，证明密钥主人的身份及与公钥的关系。CA 正是这样的可信的、权威的机构。CA 的职责有：

（1）验证并标识证书申请者的身份。

（2）确保 CA 用于签名证书的非对称密钥的质量。

（3）确保整个签证过程和签名私钥的安全性。

（4）证书材料信息（如公钥证书序列号、证书主体信息等）的管理。

（5）确定并检查证书的有效期限。

（6）确保证书主体标识的唯一性。

（7）发布并维护作废的证书列表。

（8）对整个证书签发过程做日志记录。

（9）向申请人发通知。

2. 注册机构（Registration Authority，RA）

可以将 RA 看成是 PKI 的一个扩展部分，RA 充当了 CA 和它的最终用户之间的桥梁，分担了 CA 的部分任务，协助 CA 完成证书处理服务。RA 一般具有如下功能：

（1）接收和验证新注册用户的注册信息。

（2）代表最终用户生成密钥对。

（3）接收和授权密钥备份和恢复请求。

（4）接收和授权证书吊销请求。

（5）按需分发或恢复硬件设备，如令牌、电子钥匙。

当终端用户数量增加或分散时，CA 负荷将随之增加。RA 可以减轻 CA 的负担，方便用户。

3. 数字证书库

数字证书库用于存储已签发的数字证书及公钥，PKI 用户可由此获得所需的其他用户的证书及公钥。

4. 密钥备份及恢复系统

如果用户丢失了用于解密数据的密钥，则数据将无法被解密，从而造成合法数据丢失。为避免这种情况的发生，PKI 提供备份与恢复密钥的机制。但需注意，密钥的备份与恢复必须由可信的机构来完成，并且密钥的备份与恢复只能针对解密私钥，签名私钥为确保其唯一性而不能做备份。

5. 证书撤销系统

证书撤销系统是 PKI 的一个必备组件。与日常生活中的身份证件一样，证书在有效期以内也可能需要作废，原因可能是密钥介质丢失或用户身份变更等。为实现这一点，PKI 必须提供撤销证书的一系列机制。

6．应用接口

PKI 的价值在于 PKI 用户能够方便地使用加/解密、数字签名等安全服务，因此一个完整的 PKI 必须提供良好的应用接口系统，使各种各样的应用能够以安全、一致、可信的方式与 PKI 交互，确保安全网络环境的完整性和易用性。

8.3.3 数字证书

应用 PKI 的核心是数字证书，其是标识网络中实体身份信息的一系列数据，提供了一种在 Internet 上验证实体身份的方式，其作用类似于司机的驾驶执照或日常生活中的身份证。

数字证书由 CA 发行，CA 是负责签发证书、认证证书、管理已颁发证书的机关。CA 要制定政策和具体步骤来验证、识别用户身份，并对用户证书进行签名，以确保证书持有者的身份和公钥的拥有权。数字证书的一般格式如图 8-11 所示。

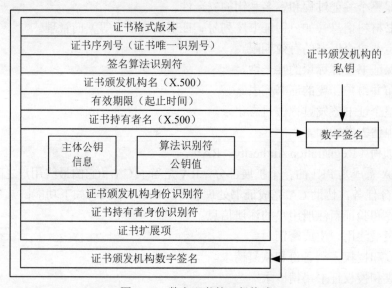

图 8-11　数字证书的一般格式

CA 也拥有一个证书（内含公钥）和私钥，其公钥证书也是公开的，网上的公众用户通过验证 CA 的签字从而信任 CA 颁发的证书，最高级别的 CA 自身证书是自签名的。

如果用户想得到一份属于自己的证书，应先向 CA 提出申请。在 CA 判明申请者的身份后，为他生成一对密钥（也可以要求用户自己产生密钥对并提交公钥）。CA 将申请者的公钥与申请者的身份信息绑在一起，按一定格式编码（构成数字证书），并使用自己的私钥签名后形成证书发给申请者。如果一个用户想鉴别另一个用户证书的真伪，他就用 CA 的公钥对被验证证书的签字进行验证，一旦验证通过，该证书就被认为是有效的。

从用途上看，数字证书可分为签名证书和加密证书。签名证书主要用于对用户数据进行签名，以保证数据操作的不可否认性，即证书绑定公钥对应的私钥用于数字签名；加密证书主要用于对用户传送数据（或会话密钥）进行加密，即证书绑定的公钥用于加密操作，以保证数据的真实性和完整性。

数字证书是一个经授权中心数字签名的包含公钥拥有者信息以及公钥的文件。一般地，证书的格式遵循 ITU-T X.509 国际标准。一个标准的 X.509 数字证书包含以下内容：

（1）证书的版本信息（版本 1、版本 2、版本 3）。目前证书的版本号为 3。

（2）证书的序列号。每个证书都有一个唯一的证书序列号。

（3）证书所使用的签名算法。CA 用于签名证书的算法。

（4）证书的发行机构名称。采用 X.500 命名规则说明的证书颁发机构名称，可能包括机构所属组织、组织单位、城市、国家及其 E-mail 等信息。

（5）证书的有效期。现在通用的证书一般采用 UTC 时间格式，它的计时范围为 1950—2049 年。

（6）证书持有者的名称，采用 X.500 格式命名，内容与发行机构名称定义一致。

（7）证书持有者的公开密钥。

（8）证书扩展项。

（9）证书发行者对证书的签名。

Windows 操作系统预装了一些证书，主要是一些著名 CA 及 Microsoft 拥有的各级 CA 证书。查看证书的过程：打开"控制面板"，选择"Internet 选项"→"内容"→"证书"，选择中间证书颁发机构或受信任的根证书颁发机构，列出系统已经安装的证书列表，如图 8-12 所示。选择一个证书并双击或者单击"查看"按钮，就可以查看证书的详细内容，如图 8-13 所示。

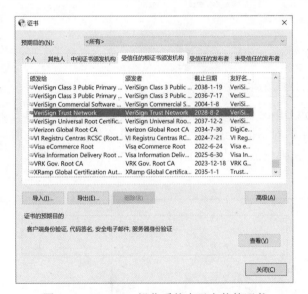

图 8-12　Windows 操作系统中已安装的证书

图 8-13　查看证书的详细内容

目前数字证书均遵循 X.509 V3 标准，X.509 证书已广泛应用于网络安全，其中包括 IPSec、SSL、SET、S/MIME 等安全协议。

8.3.4　证书的应用

下面以电子邮件系统为例介绍证书的应用。用户申请了电子邮件安全服务证书后即可在客户端将该证书绑定到电子邮件服务中。这里以加密软件 Gpg4win（GNU Privacy Guard for Windows）和电子邮件客户端程序 Microsoft Office Outlook 为例介绍如何生成证书和如何将证书用于邮件安全服务。Gpg4win 是一款基于 RSA 公钥加密体系的加密软件，用于对文件和电子邮件进行签名和加密。Microsoft Office Outlook 是微软办公软件套装的组件之一，它对 Windows 自带的 Outlook Express 的功能进行了扩充，功能包括收发电子邮件、管理联系人信息等。

（1）生成数字证书。在对邮件进行加密或签名之前，必须先生成数字证书，也就是公钥/私钥对，其中公钥分发给需要与之通信的用户，用于加密或验证签名，私钥由使用者保存，用于解密或签名。

运行 Gpg4win 软件，选择"文件"菜单中的"新建证书"，生成如图 8-14 所示的数字证书。单击工具栏中的"导出"按钮可以将该证书的公钥以文件形式导出，分发给需要与之通信的其他用户，同时也可以通过工具栏中的"导入"按钮将其他用户的公钥导入本机。

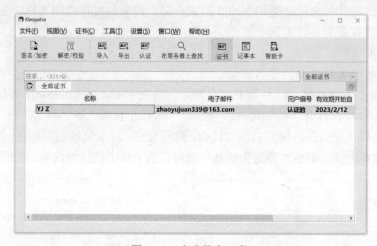

图 8-14　生成数字证书

（2）设置电子邮件账户。运行 Microsoft Office Outlook，选择"文件"菜单中的"信息"，单击"添加账户"按钮，弹出如图 8-15 所示的对话框，选择"手动配置服务器设置或其他服务器类型"单选项，单击"下一步"按钮，在弹出的对话框（图 8-16）中进行电子邮件账户的必需设置。

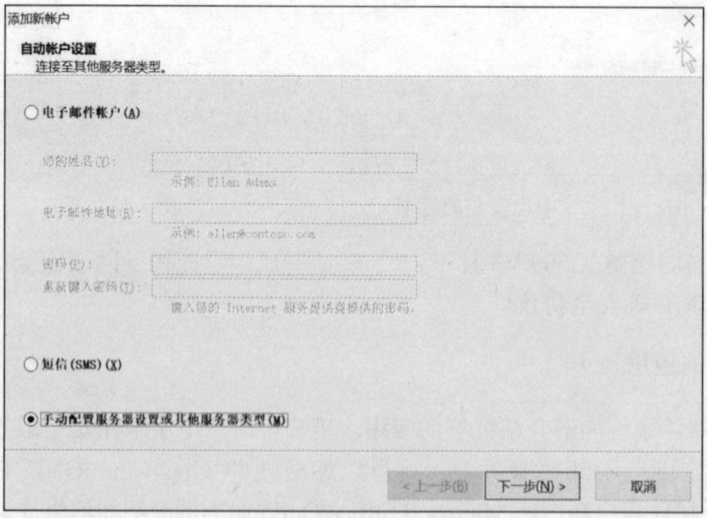

图 8-15　添加新账户

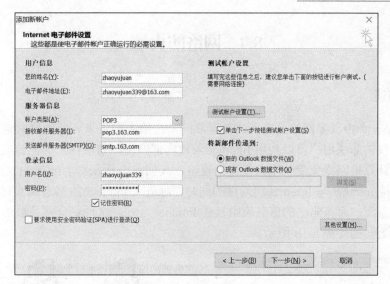

图 8-16　设置账户信息

　　注意：使用第三方邮件客户端登录，需要首先开启第三方邮件客户端邮件协议登录功能，并保存在第三方邮件客户端登录时需要输入的"独立密码"中。

　　（3）加密或签名邮件。完成上述设置后，用户就可以使用自己的证书（对应的私钥）为邮件签名。用户也可以安装其他人的公钥，用于加密发给对方的邮件。如图 8-17 所示，使用 Microsoft Office Outlook 撰写邮件时，可以单击工具栏中的 Secure 按钮对邮件进行签名或加密。

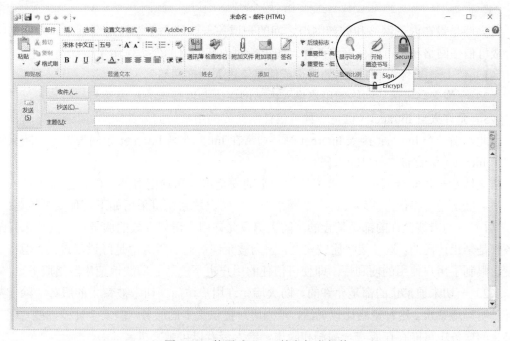

图 8-17　使用 Outlook 签名加密邮件

　　需要注意的是，收发双方必须同时信任相同的根 CA，即通信双方有共同信任的上级 CA（可能不是直接 CA），并已安装该 CA 的证书。

8.4 网络防火墙

8.4.1 概述

Internet 是一个由很多网络互连而成的互联网，在给人们带来方便的同时也存在着不安全因素，未经授权的非法用户可以利用 Internet 入侵内部网络，窃取内部信息或破坏网络系统。为了保护一个计算机网络免受外来入侵者的攻击，人们在 Intranet 与 Internet 之间设置一个安全网关，在保持 Intranet 与 Internet 连通性的同时，对进入 Intranet 的信息流实行访问控制，只转发合法的信息流，而将非法的信息流阻挡在 Intranet 之外。这种安全网关被形象地称为防火墙。防火墙部署结构如图 8-18 所示。

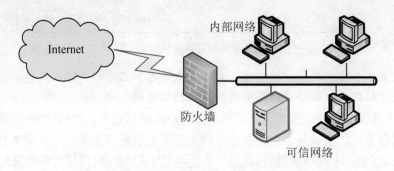

图 8-18 防火墙部署结构

防火墙是设在内部网络和外部网络之间的一道关卡。从安全性的角度划分，外部网络可以分成可信任网络和不可信任网络两种。防火墙对内部网络的保护作用主要体现如下：

（1）禁止来自不可信任网络的用户或信息流进入内部网络。

（2）允许来自可信任网络的用户进入内部网络，并以规定的权限访问网络资源。

（3）允许来自 Intranet（也是一种可信任网络）的用户访问外部网络。

因此，当一个 Intranet 接入 Internet 时，通常在 Intranet 与 Internet 之间设置一个防火墙，以保护 Intranet 免受非法用户的入侵。

防火墙是一种安全网关，它首先依据一定的安全策略和规则对外来的信息流进行安全检查，然后确定是否将信息流转发给内部网络。一个防火墙系统可采用如下两种安全策略：

（1）一切未被允许的都是禁止的。防火墙只允许用户访问开放的服务，而其他未开放的服务都是禁止访问的。这种策略比较安全，因为被允许访问的服务都是经过筛选的，但在一定程度上限制了用户使用的便利性，即使可信任的用户也不能随心所欲地使用网络服务。

（2）一切未被禁止的都是允许的。防火墙允许用户访问一切未被禁止的服务，除非某项服务被明确地禁止。这种策略比较灵活，可为用户提供更多的服务，但安全性差一些，因为未被禁止的服务中可能存在着安全漏洞和隐患，给入侵者以可乘之机。

这两种安全策略在安全性和可用性上各有侧重，很多防火墙系统在两者之间采取一定的折中。

防火墙在网络安全的实施上具有以下明显的优点：

（1）防火墙能强化安全策略，仅允许"认可的"和符合规则的请求通过。

（2）防火墙能有效地记录 Internet 上的活动，因为所有进出信息都必须通过防火墙。

（3）防火墙能够用来隔开网络中的一个网段与另一个网段。

但是防火墙不是万能的，不是网络安全的全部。防火墙不能防范基于数据驱动的攻击，不能防范不通过它的连接，不能防备未知的威胁，也不能防范病毒。

8.4.2　防火墙的分类

根据不同的保护机制和工作原理，防火墙主要分成 3 类：分组过滤型防火墙、代理服务型防火墙和状态检测型防火墙，它们在网络性能、安全性和应用透明性等方面各有利弊。

1. 分组过滤型防火墙

分组过滤（Packet Filter）型防火墙通常在网络层上通过对分组（也称数据包）中的 IP 地址、TCP/UDP 端口号、协议状态等字段的检查来决定是否转发一个分组，其概念模型如图 8-19 所示。

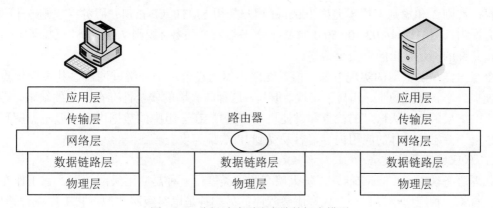

图 8-19　分组过滤型防火墙的概念模型

分组过滤型防火墙的基本原理如下：

（1）根据网络安全策略，在防火墙中事先设置分组过滤规则，表 8-4 给出了一个分组过滤规则实例。

表 8-4　一个分组过滤规则实例

规则	方向	源 IP 地址	目的 IP 地址	协议类型	源端口	目的端口	操作
1	出	119.100.79.0	202.100.50.7	TCP	>1023	23	拒绝
2	入	202.100.50.7	119.100.79.0	TCP	23	>1023	拒绝
3	出	119.100.79.2	任意	TCP	>1023	25	允许
4	入	任意	119.100.79.2	TCP	25	>1023	允许
5	入	192.100.50.0	119.100.79.4	TCP	>1023	80	允许
6	出	119.100.79.4	192.100.50.0	TCP	80	>1023	允许
7	双向	任意	任意	任意	任意	任意	拒绝

（2）依据分组过滤规则对进入防火墙的分组流进行检查，通常需要检查下列分组字段：

- 源 IP 地址和目的 IP 地址。
- TCP、UDP 和 ICMP 等协议类型。
- 源 TCP 端口和目的 TCP 端口。
- 源 UDP 端口和目的 UDP 端口。
- ICMP 消息类型。
- 输出分组的网络接口。

（3）分组过滤规则一定按顺序排列。当一个分组到达时，按规则排列顺序依次运用每个规则对分组进行检查。一旦分组与一个规则相匹配，则不再向下检查其他规则。

（4）如果一个分组与一个拒绝转发的规则相匹配，则该分组将被禁止通过。

（5）如果一个分组与一个允许转发的规则相匹配，则该分组将被允许通过。

（6）如果一个分组没有与任何规则相匹配，则该分组将被禁止通过。这是遵循"一切未被允许的都是禁止的"安全策略。

在表 8-4 中，规则 1 和规则 2 用于禁止 Intranet 用户以 Telnet 形式连接地址为 202.100.50.7 的主机；规则 3 和规则 4 用于允许 Intranet 用户使用 SMTP（E-mail）服务；规则 5 和规则 7 用于允许内部网络地址 192.100.50.0 的 Web 服务器对外服务；规则 7 是默认规则，它遵循"一切未被允许的都是禁止的"安全策略。

分组过滤型防火墙的实现方法一般是在路由器上设置一个分组过滤器，其主要优点是网络性能损失小、可扩展性好和易于实现。但是，这种防火墙的安全性存在一定的缺陷，因为它是基于网络层的分组头信息的检查和过滤机制，对封装在分组中的数据内容一般不做解释和检查，也就不会感知具体的应用内容，容易受到 IP 欺骗等攻击。

2. 代理服务型防火墙

代理服务（Proxy Services）型防火墙有两种类型：一种是应用级网关型，它工作在应用层上，对每一种应用都设有一个代理服务程序；另一种是电路级网关型，它工作在传输层上，根据客户的 TCP 连接请求重新建立一个允许通过防火墙的 TCP 连接（也称连接重定向）来提供代理服务，而不是针对应用程序。两者相比，前者的安全性好，而灵活性和透明性不如后者。这里的代理服务型防火墙主要是指应用级网关型防火墙。它是在 Intranet 与 Internet 之间建立一个代理服务器，外部用户要访问 Intranet 中的服务器必须通过代理服务器进行中转，而不允许它们之间直接建立连接进行通信。代理服务型防火墙的概念模型如图 8-20 所示。

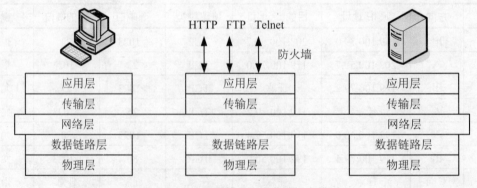

图 8-20　代理服务型防火墙的概念模型

在这种安全体系结构中，Intranet 通过代理服务器向 Internet 开放某些服务，如 HTTP、Telnet、FTP 等。当外部用户访问这些服务时，所连接的是代理服务器而不是实际的服务器，但外部用户感觉是实际的服务器。代理服务器根据安全规则对请求者的身份、服务类型、服务内容、域名范围、登录时间等进行安全检查和记录，以确定是否接受用户请求。如果接受用户请求，则代理服务器代替该用户向实际的服务器发出请求，实际的服务器返回的结果再由代理服务器传送给外部用户。如果不接受用户请求，则代理服务器直接向该用户发出拒绝服务的信息。在这种防火墙中，每一种网络应用都需要有相应的代理程序，如 HTTP 代理、FTP 代理、Telnet 代理等。

这种防火墙的优点是安全性好，缺点是可伸缩性差和性能损失较大。因为每增加一种新的应用都必须增加相应的代理程序，并且代理程序增加转发延迟，可能引起网络性能下降。

3. 状态检测型防火墙

分组过滤型防火墙的网络性能损失较小，但安全性较差；代理服务型防火墙的安全性较好，但网络性能损失较大，可伸缩性较差。随着技术的发展，出现了一些新型的防火墙技术，如自适应防火墙、状态检测型防火墙等。下面重点介绍状态检测型防火墙。

状态检测型防火墙继承了传统防火墙的优点，系统结构上仍采用类似于分组过滤型防火墙的结构，采用用户定义的安全过滤规则在网络层对数据包进行安全过滤。不同的是，它提供了一个应用感知功能，系统从接收到的数据包中提取与安全策略相关的状态信息，并将这些信息保存在一个动态状态表中，作为后续连接请求的决策依据。

为了提供稳定可靠的网络安全性，防火墙应当对所有的通信信息进行跟踪和控制。所有的通信信息包括数据包和状态信息两部分。防火墙在决策是否转发数据包时，不仅检查数据包头信息，还检测通信状态信息和应用状态信息。通信状态反映了各个网络层次以前的通信状况，应用状态反映了相关的应用信息。

状态检测型防火墙跟踪、收集和存储每一个有效连接的状态信息，根据这些状态信息来决定是否让数据包通过防火墙，以达到对本次通信实施访问控制的目的。防火墙首先从数据链路层和网络层之间的接口处截获数据包，然后分析这些数据包，并将当前数据包和状态信息与以前的数据包和状态信息进行比较，从而得到该数据包的控制信息，并以此来确定是否让数据包通过，从而达到保护网络安全的目的。图 8-21 所示为状态检测型防火墙的概念模型。

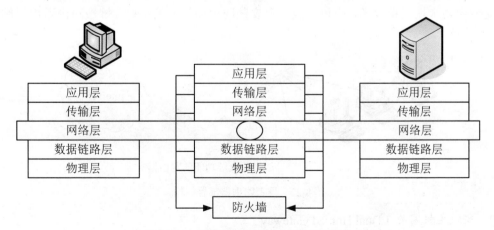

图 8-21　状态检测型防火墙的概念模型

下面以 FTP 协议为例来说明状态检测型防火墙的工作原理。FTP 协议使用了两个 TCP 端口：20 号端口用于传送命令；21 号端口用于传送数据。状态检测型防火墙对 FTP 的处理过程如下：防火墙收到 FTP 客户端向 FTP 服务器 20 号端口发来的连接请求后，首先在连接状态表中记录本次连接的相关信息，包括源地址、目的地址、端口号、TCP 序列号及其他标志等，然后防火墙只允许该 FTP 服务器的 20 号和 21 号端口向客户端请求端口传输合法的命令和数据。在这一过程中，防火墙通过记录连接状态设置动态访问控制规则，这样能够有效过滤非法的数据包。如果攻击者企图通过伪造 IP 地址、端口号、TCP 序列号和其他标识来穿越该防火墙，则是非常困难的。

可见，与传统防火墙技术相比，状态检测型防火墙采用多种信息进行决策，提高了访问控制的精度。表 8-5 列出了 3 种防火墙技术的比较。

表 8-5　3 种防火墙技术的比较

决策信息	分组过滤型防火墙	代理服务型防火墙	状态检测型防火墙
通信信息	部分	部分	有
通信状态	无	部分	有
应用状态	无	有	有
信息处理	部分	有	有

8.4.3　防火墙的应用模式

由于网络拓扑结构和安全需求等方面的差异，用户在使用防火墙构建网络安全防护系统时其应用模式也不同。典型的防火墙应用模式有下述 4 种。

1. 屏蔽路由器（Screened Router）

这种应用模式采用单一的分组过滤型防火墙或状态检测型防火墙，一般是在路由器上增加一个防火墙模块，根据预先设置的安全规则对进入 Intranet 的信息流进行安全过滤。这种应用模式的优点是数据转发速度快、网络性能损失较小、易于实现、费用较低；缺点是安全性比较脆弱，尤其是分组过滤型防火墙，容易被入侵者攻破，进而入侵 Intranet。这种应用模式既可以是专用防火墙硬件设备，也可以是一台安装防火墙软件的主机。屏蔽路由器部署结构如图 8-22 所示。

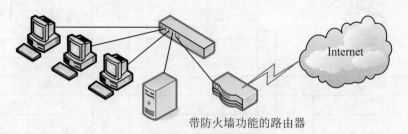

带防火墙功能的路由器

图 8-22　屏蔽路由器部署结构

2. 双穴主机网关（Dual Homed Gateway）

这种应用模式采用单一的代理服务型防火墙来实现。通常，防火墙是由一个运行代理服务软件的主机实现的,这种主机称为堡垒主机(Bastion Host),因堡垒主机一般具有两个网络接口,故也称为双穴主机(Dual Homed)。这种应用模式由双穴主机充当 Intranet 与 Internet 之间的网关,并在其上运行代理服务器软件,受保护的 Intranet 与 Internet 之间不能直接建立连接,必须通过堡垒主机才能进行通信。外部用户只能看到堡垒主机,而不能看到 Intranet 的实际服务器和其他资源。受保护网络的所有开放服务必须由堡垒主机上的代理服务软件来实施,双穴主机网关部署结构如图 8-23 所示。这种应用模式的安全性略好一些,但仍然比较脆弱,因为堡垒主机是唯一的安全屏障,一旦被入侵者攻破,Intranet 将失去保护。

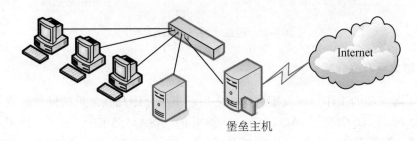

图 8-23　双穴主机网关部署结构

3. 屏蔽主机网关(Screened Host Gateway)

这种应用模式采用双重防火墙来实现,一个是屏蔽路由器,构成 Intranet 的第一道安全屏障;另一个是堡垒主机,构成 Intranet 的第二道安全屏障,如图 8-24 所示。屏蔽路由器基于策略定义规则过滤分组流;堡垒主机是 Intranet 中唯一的系统,允许外部用户与堡垒主机建立连接,并且只能通过与堡垒主机建立连接来访问 Intranet 提供的服务。由于这种应用模式设有两道安全屏障,并且是由两种不同的防火墙构成的,所以可以优势互补和相互协调,具有较高的安全性,并且比较灵活。

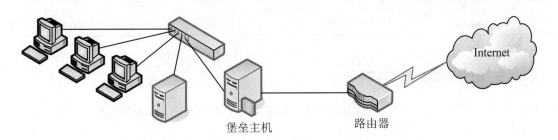

图 8-24　屏蔽主机网关部署结构

4. 屏蔽子网网关(Screened Subnet Gateway)

这种应用模式是在 Intranet 与 Internet 之间设置一个独立的屏蔽子网,在 Intranet 与屏蔽子网之间和屏蔽子网与 Internet 之间各设置一个屏蔽路由器,堡垒主机连接在屏蔽子网上,如图8-25 所示。堡垒主机是唯一的 Intranet 和 Internet 都能访问的系统,但要受到屏蔽路由器过滤规则的限制。在这种应用模式中,内部服务器设有 3 道安全屏障:两个屏蔽路由器和堡垒主机。入侵者要入侵 Intranet 必须攻破两个屏蔽路由器和堡垒主机,这显然是相当困难的。因此,这种应用模式具有更高的安全性,比较适合保护大型网络,但成本比较高。

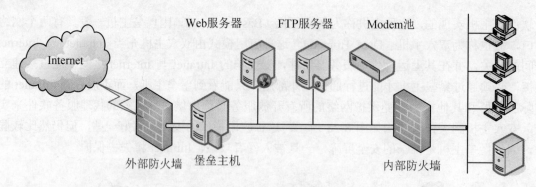

图 8-25　屏蔽子网网关部署结构

8.4.4　防火墙产品介绍

在了解了防火墙的工作原理及部署结构之后，下面介绍几款常见的硬件防火墙品牌及产品：华为公司的 USG6655E-AC、Cisco 公司的 ASA5555-K8、H3C 公司的 SecPath F1000-AK135、深信服公司的 NGAF-1000-D420、天融信公司的 TG-A2206 等，它们在性能与市场价格上的比较如表 8-6 所示。

表 8-6　常见防火墙产品对比

品牌	型号	网络端口	网络吞吐量	并发连接数	市场参考价/元
华为	USG6655E-AC	8 个千兆电口+2 个万兆光口	4Gb/s	400 万	61000
Cisco	ASA5555-K8	8 个千兆电口	4Gb/s	100 万	65000
H3C	SecPath F1000-AK135	2 个千兆光口+16 个千兆电口	7Gb/s	120 万	45000
深信服	NGAF-1000-D420	4 个千兆电口+2 个万兆光口	3Gb/s	120 万	79000
天融信	TG-A2206	6 个千兆电口	3Gb/s	100 万	70000

8.4.5　IP 防火墙的配置实例

本小节介绍最基本的 IP 防火墙的应用。假定有一个本地网络通过路由连接到 Internet。

1. 防火墙设置基本原则

（1）保护路由避免没有认证的访问。监控那些到路由的连接，只能允许某些特定的主机到路由某些特定的 TCP 端口的访问。

（2）保护本地主机。监控那些到本地网络地址的连接。只有有权到某些主机和服务的连接才能被允许，比较匹配决定是否允许数据包通过。

（3）利用 NAT（网络地址转换）将本地的网络隐藏在一个公网的 IP 地址后面。所有本地网络的连接被伪装成来自路由本身的公网地址。这项工作可以通过启用伪装行为来实现源地址转换规则。

（4）强制本地网络连接到公网的访问原则。要求本地和外部的所有连接必须通过 IP 防火墙，并对其进行监控，当然数据过滤会对路由器的性能造成一定的影响。

2. 设定实现的目标

假设网络安全设计目标如下：

（1）让路由只允许来自 10.5.8.0/24 网络的访问。

（2）保护本地主机（192.168.0.0/24）远离未授权的访问。

（3）让公网可以访问本地主机 192.168.0.17 的 HTTP 服务和 SMTP 服务。

（4）只允许本地网络中的主机进行 ICMP 操作，强制使用在 192.168.0.17 主机上的代理服务。

设置如下：

公网 IP：10.0.0.217/24　　　　　网关 IP：10.0.0.254

内网 IP：192.168.0.*/24　　　　　内网服务器 IP：192.168.0.17/24

3. 具体的实施步骤

所有的防火墙和路由器都能实现以上功能，这里以 RouterOS 为例来实现相关的命令配置。RouterOS 是一种路由操作系统软件，可以通过该系统软件将标准的 PC 做成专用的路由器，可以实现无线路由、身份认证、策略路由、带宽控制和防火墙过滤等功能。RouterOS 经历了多次更新和改进，现在有着广泛的应用。

下面是 3 条预先设置好了的 chains（数据链），它们是不能被删除的。

- input：用于处理进入路由器的数据包，即数据包目标 IP 地址是到达路由器一个接口的 IP 地址，经过路由器的数据包不会在 input-chains 中处理。
- forward：用于处理通过路由器的数据包。
- output：用于处理源于路由器并从其中一个接口出去的数据包。

（1）为了实现第一个目标，我们必须对所有通过路由的数据包进行过滤，只接收那些允许的数据。因为所有通过路由的数据包都要经过 input-chain 进行处理，所以我们可以在 ip->firewall-> rule input 中加入以下规则：

```
[admin@MikroTik] >ip firewall rule input
[admin@MikroTik] ip firewall rule input>add protocol=tcp
[admin@MikroTik]ip firewall rule input>tcp-options=non-syn-only connection-state=established
[admin@MikroTik] ip firewall rule input>add protocol=udp
[admin@MikroTik] ip firewall rule input>add protocol=icmp
[admin@MikroTik] ip firewall rule input>add src-addr=10.5.8.0/24
[admin@MikroTik] ip firewall rule input>add action=reject log=yes
```

通过上述规则，input-chain 就可以实现只接受 10.5.8.0/24 地址段的连接，而把其他连接都拒绝并且记录到日志中。

（2）为了实现第二个和第三个目标，我们必须对通过路由访问本地网络，也就是对 192.168.0.0/24 地址段的访问的数据包进行比对筛选，这个功能可以在 forward-chain 中实现。在 forward 中，可以依靠 IP 地址对数据包进行匹配，然后跳转到创建的 chain 中，例如这里创建一个 customer-chain 并加入以下规则：

```
[admin@MikroTik] ip firewall> add name=customer
[admin@MikroTik] ip firewall> print
# NAME POLICY
0 input accept
1 forward accept
2 output accept
```

```
3 customer none
[admin@MikroTik] ip firewall> rule customer
[admin@MikroTik] ip firewall rule customer> protocol=tcp tcp-options=non-syn-only connection-state=
established
[admin@MikroTik] ip firewall rule customer> add protocol=udp
[admin@MikroTik] ip firewall rule customer> add protocol=icmp
[admin@MikroTik] ip firewall rule customer> add protocol=tcp tcp-options=syn-only dst-address=
192.168.0.17/32:80 [admin@Admin] ip firewall rule customer> add protocol=tcp tcp-options=syn-only
dst-address=192.168.0.17/32:25
[admin@MikroTik] ip firewall rule customer> add action=reject log=yes
```

通过上述规则，在 customer-chain 中设定了对数据包的过滤规则，接下来要做的就是在 forward-chain 中做一个跳转，将所有进入本地网络的数据跳转到 customer-chain 中处理，加入的规则如下：

```
[admin@MikroTik] ip firewall rule forward> add out-interface=Local action=jump jump-target = customer
```

这样，所有通过路由进入本地网络的数据包都将通过 customer-chain 中的防火墙规则进行过滤。

（3）为了强制本地网络的主机通过 192.168.0.17 这台代理服务器访问 Internet，应该在 forward 链中加入以下规则：

```
[admin@MikroTik] ip firewall rule forward> add protocol=icmp out-interface=Public
[admin@MikroTik] ip firewall rule forward> add src-address = 192.168.0.17 / 32 out-interface=Public
[admin@MikroTik] ip firewall rule forward> add action=reject out-interface=Public。
```

防火墙是保护网络安全有效的工具之一，通过设置网络防火墙、个人防火墙可以在局域网网关、个人计算机网络接口处屏蔽恶意攻击。

8.5 入侵检测系统

防火墙就像一道门，它可以阻止一类人群的进入，但无法阻止同一类人群中的破坏分子，即不能阻止内部的破坏分子；访问控制系统可以阻止低级权限的用户做越权工作，但无法保证高级权限的用户做破坏工作，也无法保证低级权限的用户通过非法行为获得高级权限；漏洞扫描系统可以发现系统存在的漏洞，但无法对系统进行实时扫描。针对上述安全系统的局限性，出现了入侵检测系统——能够通过数据和行为模式判断安全系统是否有效。

8.5.1 概述

入侵检测（Intrusion Detection），顾名思义，就是对入侵行为的检测。它通过收集和分析计算机网络或计算机系统中若干关键点的信息检查网络或系统中是否存在违反安全策略的行为和被攻击的迹象。进行入侵检测的软件与硬件的组合便是入侵检测系统（Intrusion Detection System，IDS）。与其他安全产品不同的是，IDS 需要更多的智能，它必须可以对得到的数据进行分析，并得出有用的结果。一个合格的入侵检测系统能大大简化管理员的工作，保证网络安全地运行。

具体说来，IDS 的主要功能包括：

（1）监测并分析用户和系统的活动。

（2）核查系统配置和漏洞。

（3）评估系统关键资源和数据文件的完整性。

（4）识别已知的攻击行为。

（5）统计分析异常行为。

（6）操作系统日志管理，并识别违反安全策略的用户活动。

一个 IDS 的通用模型一般包括以下组件：

（1）事件产生器（Event Generators）。

（2）事件分析器（Event Analyzers）。

（3）响应单元（Response Units）。

（4）事件数据库（Event Databases）。

IDS 需要分析的数据通常统称为事件（Event），它可以是网络中的数据包，也可以是从系统日志等其他途径得到的信息。

事件产生器（也称采集部件）的目的是从整个计算环境中获得事件，并向系统的其他部分提供此事件。事件分析器分析得到的数据并产生分析结果。响应单元（也称控制台）则是对分析结果做出反应，它可以做出切断连接、改变文件属性等强烈反应，也可以只是简单的报警。事件数据库是存放各种中间数据和最终数据的地方的统称，它可以是复杂的数据库，也可以是简单的文本文件。

IDS 分为主机型和网络型两种，主机型 IDS 是安装在服务器或 PC 上的软件，用以监测到达主机的网络信息流；网络型 IDS 一般配置在网络入口处（路由器）或网络核心交换处（核心路由交换机），用以监测网络上的信息流。

使用 IDS 的优点是可以实时监测主机系统、网络系统中可能存在的非法行为；好的网络型 IDS 系统可以不占用网络系统的任何资源，且做到对黑客是透明的；IDS 既是实时监测系统，也是记录审计系统，既可以做到实时保护，也可以事后分析取证，当其做到与其他系统（如防火墙）联动时可以更有效地阻止非法入侵和破坏。

当然，IDS 不是万能的，当网络结构过于复杂时，IDS 可能无法存在于所有关键节点中，可能会失去对全部网络的控制；网络型 IDS 会因为处理速度慢而可能丢失重要的网络数据；主机型 IDS 会占用一定主机系统的资源。

8.5.2　IDS 的工作原理

1. 网络型 IDS 的工作原理

网络型 IDS 是网络上的一个监听设备（或一个专用主机），通过监听网络上的所有报文，根据协议进行分析，并报告网络中的入侵者或非法使用者信息。一般网络型 IDS 担负着保护整个网段的任务。

形象地说，网络型 IDS 是网络智能摄像机，能够捕获并记录网络上的所有数据，分析这些数据并提炼出可疑的、异常的网络数据。它还是 X 光摄像机，能够穿透一些巧妙的伪装，抓住实际的内容。同时，IDS 能够对入侵行为自动进行反击：阻断连接、关闭通道（与防火墙联动）。网络型 IDS 部署结构如图 8-26 所示。

网络型 IDS 主要有两大职责：一是实时监测，即实时地监视、分析网络中所有的数据报文，发现并实时处理所捕获的数据报文；二是安全审计，IDS 对记录的网络事件进行统计分析，发现其中的异常现象，得出系统的安全状态，找出所需要的证据。

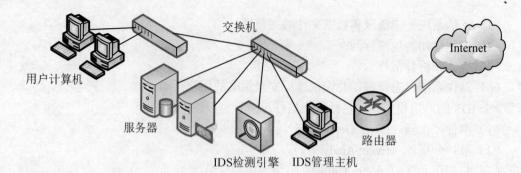

图 8-26　网络型 IDS 部署结构

目前网络型 IDS 常用的分析方法有两大类：基于知识的数据模式判断方法和基于行为的行为判断方法。前者大量用于商业 IDS，后者多用于研究系统。

基于数据模式判断的 IDS，首先通过分析总结建立网络中非法使用者（入侵者）的工作方法，即数据模型，并将网络中读取的数据进行比较，匹配成功的就报告事件，其工作原理如图 8-27 所示。

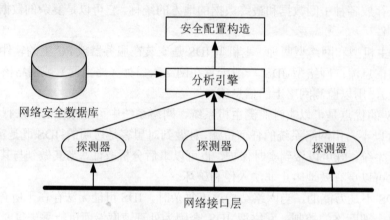

图 8-27　基于数据模式判断的 IDS 的工作原理

其中，分析引擎把网络数据按照协议定义进行分解，例如按照 IP 协议分解出源 IP 地址、目的 IP 地址等，按照 TCP 协议分解出源端口、目的端口等，按照 HTTP 协议分解出 URL、HTTP 命令等数据，而匹配数据模型则是非法使用者采用的非正常的各个协议数据，例如源 IP 地址等于目的 IP 地址、源端口等于目的端口、HTTP 的 URL 包含 ".." 和 "..%c0%af.." 等非法字符串等。若匹配成功，则说明发生了网络非法事件，上报并处理这些事件。

基于行为的行为判断方法，又可细分为统计行为判断和异常行为判断两种。

统计行为判断是根据上面模式匹配的事件，在进行统计分析时，根据已知非法行为的规则判断出非法行为。例如一次 ping 事件很正常，但如果单位时间内出现大量 ping 事件，则说明是一个 ping 洪流事件，是一个典型的拒绝服务攻击；又如一次口令注册失败很正常，但如果连续多次口令注册失败，则很可能是一次暴力口令破解行为。

异常行为判断是根据平时统计的各种信息得出正常网络行为准则，当遇到违背这种准则的事件发生时，报告非法行为为事件。显然，异常行为判断能够发现未知的网络非法行为，但系统必须具有正常规则统计和自我学习功能。

2．主机型 IDS 的工作原理

主机型 IDS 往往以系统日志、应用程序日志等作为数据源，当然也可以包括其他资源（如网络、文件、进程），从所在的主机收集信息进行分析，通过查询、监听当前系统的各种资源的使用、运行状态发现系统资源被非法使用和修改的事件，并进行上报和处理。主机型 IDS 保护的一般是所在的系统。

通过截获本系统的网络数据，进行如同网络型 IDS 的分析，查找出针对本系统的网络非法行为。当截获数据变为转发数据操作时，系统就转变为一个基于主机的防火墙。

通过扫描、监听本地磁盘文件操作检查文件的操作状态和内容，对文件进行保护、恢复等操作。如果只对文件的操作进行记录和上报，则是一个标准的文件 IDS 系统。如果能对文件的操作进行控制，或者通过查询方式检查并恢复被修改的文件，则是一个文件保护系统。

通过轮询等方式监听系统的进程及其参数，包括进程名称、进程的所有者、进程的起始状态和当前状态、进程的资源占有率和优先级等信息，检查出非法进程，并根据系统要求采取上报和杀死进程等响应措施。

通过查询系统各种日志文件，包括监测日志文件的内容和状态，报告非法的入侵者。因为一般的非法行为都会在系统日志中留下记录、痕迹，而高级非法入侵者会删除系统日志以抹去现场痕迹，所以必须对日志文件本身进行检测、保护和备份。

一般而言，上述 4 个方面是相互作用的，如网络非法行为可以分别通过网络内容监测、进程监测、日志监测等方式进行监视。

主机型 IDS 由于运行于主机之上，随着系统的不同而采用不同的开发和应用技术，分为系统级 IDS（如微软 Windows 系统的 IDS、UNIX 系统的 IDS 等）和应用级 IDS（如 Oracle 数据库的 IDS、Web 的 IDS 等）。由于主机型 IDS 运行于被保护的主机之上，所以会占用系统的资源，严重时可能会影响系统的稳定性。

8.5.3　IDS 的结构

1．IDS 的逻辑结构

本小节介绍一个典型 IDS 设计模型，帮助读者了解 IDS 的一般结构。无论 IDS 是分布的还是单机的，从功能上都可以分为两大部分：IDS 引擎和 IDS 控制中心。前者用于读取原始数据和产生事件，后者用于显示和分析事件、策略定制等，两者的关系如图 8-28 所示。

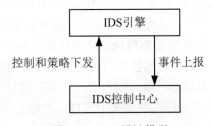

图 8-28　IDS 设计模型

IDS 引擎的主要功能有原始数据读取、原始数据分析、事件产生、响应策略匹配、时间响应处理、通信等，如图 8-29 所示。

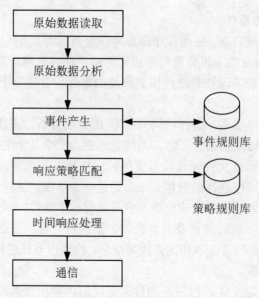

图 8-29　IDS 引擎的主要功能

IDS 控制中心的主要功能有通信、事件读取、事件显示、策略定制、日志分析、系统帮助等，如图 8-30 所示。

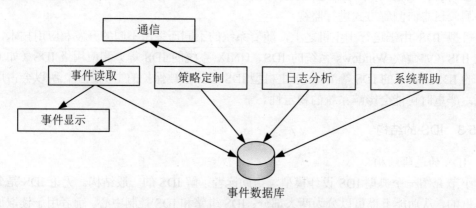

图 8-30　IDS 控制中心的主要功能

其中，通信模块完成 IDS 引擎和 IDS 控制中心之间的数据传输；事件读取模块完成引擎事件的读取，并存入事件数据库，同时提交显示模块；显示模块把接受的事件以各种形式实时显示在屏幕上，便于用户的浏览；策略定制模块完成事件定义策略和事件响应策略的编辑修改，并提交通信模块下发给引擎；日志分析模块读取事件数据库中的事件数据，按照用户的要求生成各种图形和表格，便于用户对过去一段时间内的工作状态进行分析、浏览；系统帮助模块为用户提供系统使用的帮助；事件数据库存储关于事件、策略、认证、通信、帮助等有关 IDS 的信息数据。

2. IDS 的体系结构

IDS 的体系结构按照 IDS 引擎和 IDS 控制中心的分布可以分为单机结构和分布式结构两种。

单机结构的 IDS 引擎和 IDS 控制中心在一个系统之上，不能远距离操作，只能在现场进行操作。分布式结构的 IDS 引擎和 IDS 控制中心分布在不同系统之上，通过网络通信可以远距离查看和操作。目前大多数的 IDS 都是分布式的。

分布式结构的 IDS 的优点是明显的：不是必须在现场操作，可以用一个控制中心控制多个引擎，可以统一进行策略编辑和下发，可以统一查看上报的事件，可以有针对性地显示和查看事件，灵活且处理速度快。单机结构的 IDS 的优点是结构简单，不会因为通信而影响网络带宽。

根据控制中心的结构不同，IDS 的体系结构又可以分为单级控制结构和多级控制结构。单级控制结构控制中心直接控制探测引擎，不能控制其他子控制中心。多级控制结构控制中心除控制探测引擎外，还可以控制其他子控制中心，组成一个树形控制结构，如图 8-31 所示。

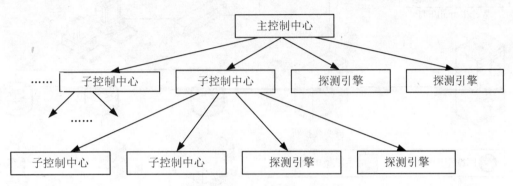

图 8-31　多级 IDS 控制中心结构

在构成的多级控制结构中，其上下级的关系为：事件上报和策略下发，即下级向上级报告发生的事件，以及同步事件日志；上级向下级发送定制的事件定义信息和响应策略，控制下级的运行状态。多级控制结构的 IDS 适应了分层管理的体系结构。当然，为了使高级的控制中心能够快速处理大量事件信息，除各级控制事件信息筛选上报外，应该采用多机结构、高档次计算机、高级数据库系统等方法提高控制中心的处理能力。

8.5.4　典型入侵检测系统的规划与配置

1. 典型的 IDS 应用部署

一个典型的企业网络架构包含连接 Internet 的网关、对外发布信息的 Web 服务器、邮件服务器、内部不同业务网段和关键业务服务器等。通过使用防火墙构建网络对外的屏障，IDS 可以按照不同用途部署在图 8-32 所示的位置。

基于 IDS 部署的网络安全系统包括以下主要内容：

（1）控制台：对多台网络传感器和服务器传感器进行管理；对被管理的传感器进行远程配置和控制；将各个监控器发现的安全事件实时地报告给控制台。

（2）网络传感器（Network Sensor）：也称网络引擎，对网络进行监听，并自动对可疑行为进行响应，最大程度地保护网络安全；监听并解析所有的网络信息流，及时发现具有攻击特征的信息包；检测本地网段，查找每一数据包内隐藏的恶意入侵，对发现的入侵做出及时响应。当检测到攻击时，网络引擎能即刻做出响应，进行告警/通知（向控制台告警、向安全管理员发送 E-mail、SNMP trap、查看实时会话和通报其他控制台），记录现场（记录事件日志及整个会话），采取安全响应行动（终止入侵连接，调整网络设备配置，如防火墙，执行特定的用户响应程序）。

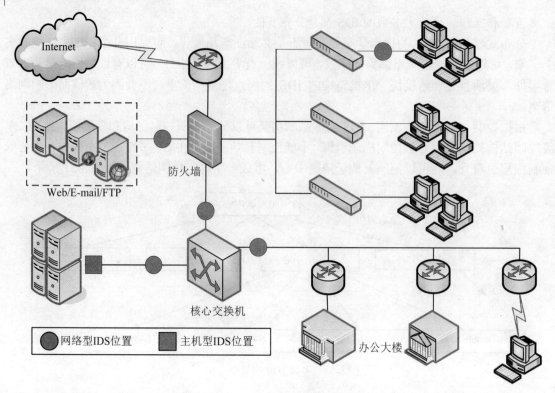

图 8-32　典型的企业网络安全部署

（3）服务器传感器（Server Sensor）：也称服务器代理，安装在各台服务器上，对主机的核心级事件、系统日志和网络活动实现实时入侵检测；具有包拦截、智能报警和阻塞通信的能力，能够在入侵到达操作系统或应用之前主动阻止入侵；自动重新配置网络引擎和选择防火墙阻止黑客的进一步攻击。

对于网络型 IDS，其数据采集部分有以下多种可能：

（1）如果网段用总线式的集线器相连，则将其简单接在集线器的一个端口上即可。

（2）对于交换式以太网，数据采集问题则会变得复杂。由于交换机不共享通信介质，所以监听整个子网的办法不再可行，可解决的办法包括以下几种：

● 交换机的核心芯片上一般有一个用于调试的端口（span port），任何其他端口的进出信息都可由此端口得到。如果交换机厂商把此端口开放出来，那么用户可将 IDS 接到此端口上。这种方法的优点：无须改变 IDS 的体系结构；缺点：采用此端口会降低交换机性能。

● 把 IDS 放在交换机内部或防火墙内部等数据流的关键入口、出口。这种方法的优点：可得到几乎所有关键数据；缺点：必须与其他厂商紧密合作，且会降低网络性能。

● 采用分接器（Tap），将其接在所有要监测的线路上。这种方法的优点：在不降低网络性能的前提下收集了所需的信息；缺点：必须购买额外的设备（Tap），当保护资源较多时，IDS 必须配备众多网络接口。

● 分布部署主机型 IDS，统一设置控制中心。这种方法的优点：可以获得所有节点的网络流信息；缺点：部署和管理复杂。

2. 发展趋势

（1）对目前的 IDS 分析技术加以改进。IDS 在实际应用中往往产生大量的误报和漏报，难以确定真正的入侵行为。采用协议分析和行为分析等新的分析技术后，可极大地提高 IDS 的检测效率和准确性，从而对真正的攻击做出反应。同时，应增进对大流量网络的处理能力。此外，向高度可集成性发展，集成网络监控和网络管理的相关功能，形成入侵检测、网络管理、网络监控三位一体的工具。

（2）智能化入侵检测是 IDS 研究的热点，即使用智能化的方法与手段来进行入侵检测。所谓的智能化方法，指现阶段常用的神经网络、遗传算法、模糊技术、免疫原理等方法，这些方法常用于入侵特征的辨识与泛化。利用专家系统的思想来构建 IDS 也是常用的方法之一，特别是具有自学习能力的专家系统，实现了知识库的不断更新与扩展，使设计的 IDS 的防范能力不断增强，具有更广泛的应用前景。应用智能体的概念来进行入侵检测的尝试也已有报道。较为一致的解决方案应为高效常规意义下的 IDS 与具有智能检测功能的检测软件或模块的结合使用。

（3）构建全面的安全防御方案，即使用安全工程风险管理的思想与方法来处理网络安全问题，将网络安全作为一个整体工程来处理。从管理、网络结构、加密通道、防火墙、病毒防护、入侵检测多方位全面地对所关注的网络进行全面评估，然后提出可行的全面解决方案。

8.6　虚拟专用网（VPN）

虚拟专用网（Virtual Private Network，VPN）被定义为通过一个公用网络（通常是 Internet）建立一个临时的、安全的连接，是一条穿过混乱的公用网络的安全、稳定的隧道。通常，VPN 是对企业内部网的扩展，通过它可以帮助远程用户、企业分支机构、商业伙伴及供应商同公司的内部网建立可信的安全连接，并保证数据的安全传输。VPN 技术的出现逐渐取代了采用专线构建企业专用网络的传统做法。

8.6.1　概述

VPN 可以理解为虚拟出来的企业内部专网，通过特殊的加密的通信协议将连接在 Internet 上的位于不同地方的远程用户、企业分支机构、多个企业网络之间建立专有的通信线路，就好像架设了专线一样，但它并不需要真正去铺设光缆等物理线路，也不用购买远程通信交换硬件设备。

传统的直接拨号连接方式，点对点协议（PPP）数据包流通过专用线路传输。VPN 中，PPP 数据包流是由一个 LAN 上的路由器发出，通过共享 IP 网络上的隧道进行传输，再到达另一个 LAN 上的路由器。VPN 中的隧道代替了实实在在的专用线路。

VPN 的核心就是利用公共网络，使用密码技术建立虚拟私有网，并保证其传输内容的安全性。目前高端交换机、路由器、防火墙设备或 Windows 2000/2003 等软件都支持 VPN 功能。一个典型的应用 VPN 实现局域网互连的拓扑结构如图 8-33 所示。

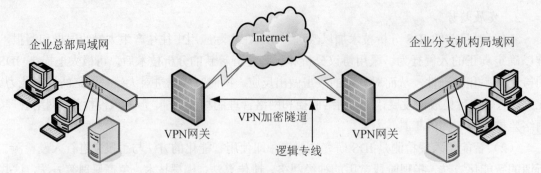

图 8-33　应用 VPN 实现局域网互连的拓扑结构

建立隧道有两种主要方式：客户启动（Client-Initiated）和客户透明（Client-Transparent）。客户启动要求客户和隧道服务器（或网关）都安装隧道软件，后者通常安装在公司中心网络上，通过客户软件初始化隧道，隧道服务器中止隧道，网络服务提供商（ISP）可以不必支持隧道。客户和隧道服务器建立隧道，并使用用户 ID 和口令或用数字许可证验证身份。一旦隧道建立，就可以进行通信了，如同 ISP 没有参与连接一样。

另一方面，如果希望隧道对客户透明，ISP 就必须具有允许使用隧道的接入服务器以及可能需要的路由器。客户首先拨号进入服务器，服务器必须能识别这一连接是要与某一特定的远程点建立隧道，然后服务器与隧道服务器建立隧道，通常使用用户 ID 和口令进行鉴权。这样客户端就通过隧道与隧道服务器建立了直接对话。尽管这一方针不要求客户有专门软件，但客户只能拨号进入正确配置的访问服务器。

VPN 具有许多优点：不需要专用通信线路、可用于多种连接方式、内部网络不需要固定 IP、通信费用极低、可随时搬迁、安全性好、透明支持各种网络应用等，具体通过下述几点来体现。

（1）安全保障。虽然实现 VPN 的技术和方式有很多，但所有的 VPN 均应保证通过公用网络平台所传输数据的专用性和安全性。在非面向连接的公用 IP 网络上建立一个逻辑的、点对点的连接，称为建立一个隧道。利用加密技术对经过隧道传输的数据进行加密，以保证数据仅被指定的发送方和接收方了解，从而保证了数据的私有性。

（2）服务质量（QoS）保证。VPN 能为企业数据提供不同等级的服务质量保证。不同的用户和业务对服务质量保证的要求差别较大，例如移动办公用户，提供广泛的连接和覆盖性是保证 VPN 服务的一个主要因素。

（3）可扩充性和灵活性。VPN 能够支持通过 Intranet 和 Extranet（外联网）的任何类型的数据流，方便增加新的节点，支持多种类型的传输媒介，可以满足同时传输语音、图像和数据等新应用对高质量传输以及带宽增加的需求。

（4）可管理性。从用户角度和运营商角度可方便地进行管理和维护 VPN。在 VPN 管理方面，VPN 可以让企业将其网络管理功能从局域网无缝延伸到公用网，甚至是客户和合作伙伴。虽然可以将一些次要的网络管理任务交给 ISP 去完成，企业自己仍需要完成许多网络管理任务。VPN 管理的目标：降低网络风险，具有高扩展性、经济性、高可变性等优点。事实上，VPN 管理主要包括安全管理、设备管理、配置管理、访问控制列表管理、QoS 管理等内容。

8.6.2 虚拟专用网安全技术

VPN 提供了一种通过公用网络安全地对企业内部专用网络进行远程访问的连接方式。VPN 连接使用隧道作为传输通道，这个隧道是建立在公共网络或专用网络基础之上的，如 Internet 或 Intranet，是使用密码技术及专用协议实现的。VPN 使用 3 个方面的技术保证了通信的安全性：隧道协议、身份验证和数据加密。

通常 VPN 常用的隧道协议包括以下几种：

（1）点对点隧道协议（Point-to-Point Tunneling Protocol，PPTP）。PPTP 是一种支持多协议 VPN 的网络技术。通过该协议，远程用户能够通过常用操作系统以及其他装有 PPP 的系统，可以安全访问公司网络，并能拨号连入本地 ISP，从而通过 Internet 安全链接到公司网络。

PPTP 是一个第二层的协议，是对 PPP 进行的扩展，它支持通过公共网络（如 Internet）建立按需的、多协议的 VPN。PPTP 可以建立隧道或将 IP、IPX 或 NetBEUI 协议封装在 PPP 数据包内，因此允许用户远程运行依赖特定网络协议的应用程序。PPTP 在基于 TCP/IP 协议的数据网络上创建 VPN 连接，实现从远程计算机到专用服务器的安全数据传输。VPN 服务器执行所有的安全检查和验证，并启用数据加密。启用扩展认证协议（EAP），可以实现高安全的网络通信。此外，使用 PPTP 可以建立专用 LAN 到 LAN 的网络。

（2）第二层隧道协议（L2TP）。第二层隧道协议（Layer Two Tunneling Protocol，L2TP）是虚拟专用拨号网络（VPDN）技术的一种，专门用来进行第二层数据的隧道传输，即将第二层数据单元，如 PPP 数据单元，封装在 IP 或 UDP 载荷内，以顺利通过包交换网络（如 Internet）抵达目的地。

L2TP 提供了一种远程接入访问控制的手段，其典型的应用场景是：某公司员工通过 PPP 拨入公司本地的网络访问服务器（NAS），以此接入公司内部网络，获取 IP 地址并访问相应权限的网络资源；该员工出差到外地，此时他想如同在公司本地一样以内网 IP 地址接入内部网络，操作相应网络资源，他的做法是向当地 ISP 申请 L2TP 服务，首先拨入当地 ISP，请求 ISP 与公司 NAS 建立 L2TP 会话，并协商建立 L2TP 隧道，然后 ISP 将他发送的 PPP 数据隧道化处理，通过 L2TP 隧道传送到公司 NAS，NAS 就从中提取出 PPP 数据进行相应处理，这样该员工就如同在公司本地那样通过 NAS 接入了公司内部网络。

从上述应用场景可以看出 L2TP 隧道是在 ISP 和 NAS 之间建立的，此时 ISP 就是 L2TP 访问集中器（LAC），NAS 也就是 L2TP 网络服务器（LNS）。LAC 支持客户端的 L2TP，用于发起呼叫、接收呼叫和建立隧道，LNS 则是所有隧道的终点。在传统的 PPP 连接中，用户拨号连接的终点是 LAC，L2TP 使 PPP 协议的终点延伸到 LNS。

L2TP 本质上是一种隧道传输协议，它使用两种类型的消息：控制消息和数据隧道消息。控制消息负责创建、维护和终止 L2TP 隧道，而数据隧道消息则负责用户数据的真正传输。L2TP 支持标准的安全特性 CHAP（挑战握手认证协议）和 PAP（密码认证协议），可以进行用户身份认证。在安全性考虑上，L2TP 仅定义了控制消息的加密传输方式，对传输中的数据并不加密。

（3）安全 IP（IPSec）隧道模式。IPSec 隧道模式允许对 IP 负载数据进行加密。IPSec 是一个第三层的协议标准，支持 IP 网络上数据的安全传输。

为实现 IP 网络上的安全，互联网工程任务组（IETF）建立了一个 Internet 安全协议工作组负责 IP 安全协议和密钥管理机制的制定，该工作组提出一系列的协议，构成一个安全体系，总称为 IP Security Protocol，简称为 IPSec。

IPSec 是一个体系结构，包括互联网密钥交换（Internet Key Exchange，IKE）、认证头（Authentication Header，AH）、安全载荷封装（Encapsulating Security Payload，ESP）以及其他策略协议等。IPSec 提供对 IP 流的保护，保护的方式通过安全策略数据库（SPD）定义。

AH 提供无连接的完整性、数据发起验证和重放保护；ESP 提供机密性（加密）、无连接的完整性、数据来源认证和防重放攻击等安全服务。AH 和 ESP 都有两种工作模式：传输模式和隧道模式。AH 的传输模式会验证 IP 头，而 ESP 的传输模式对 ESP 头前的 IP 头和扩展头都不做保护。传输模式一般在主机间通信使用，安全网关间的通信必须是隧道模式。在实际实施中，主机必须支持传输模式和隧道模式，安全网关只要求支持隧道模式，传输模式只会在网关被当作目的主机时需要支持，如网关通道安全加密的需要。两种协议四个模式如图 8-34 所示。

AH传输模式	IP头	AH头	数据		
AH隧道模式	新IP头	AH头	旧IP头	数据	
ESP传输模式	IP头	ESP头	数据	ESP尾	
ESP隧道模式	新IP头	ESP头	旧IP头	数据	ESP尾

图 8-34　IPSec 模式

IKE 规定了自动验证 IPSec 对等实体、协商安全服务和产生共享密钥的标准。这些机制均独立于算法，协议的应用与具体加密算法的使用取决于用户和应用程序的安全性要求。

本 章 小 结

信息网络安全理论是计算机网络应用的重要内容。密码技术是信息安全的基础，PKI 应用密码技术提供网络环境下全面的安全应用，实现实体认证和数据保密通信与鉴别。网络防火墙、入侵检测系统提供了对计算机网络的物理保护，防止入侵者非法入侵，保护网络免遭破坏。VPN 利用密码技术实现了 Internet 上的安全数据远程传输。保护网络的安全应用具有重要意义，是保障 Internet 健康发展的基础。

习 题

1. 什么是信息安全？如何评价它的层次模型。
2. 来自网络的安全威胁有哪几个方面？
3. OSI 安全体系结构提出的安全服务分为哪几类？
4. TCSEC 对信息安全等级如何评估？
5. 信息安全的基本特性是什么？
6. 传统的加密手段有哪些？

7．简述对称加密技术的含义，其优点是什么？代表算法有哪些？

8．简述公钥密码技术的含义，其优点是什么？代表算法有哪些？

9．数字签名的原理是什么？有哪些知名的签名算法。

10．什么是 PKI？它的典型组成部分有哪些？描述 RA 的功能。

11．什么是数字证书？描述它的用途。

12．数字证书在邮件中是如何应用的？

13．什么是防火墙？描述它的优缺点。

14．防火墙分为哪几类？它们分别作用于 OSI 参考模型的什么层次？

15．软件防火墙和硬件防火墙的区别是什么？有哪些常见的产品？

16．什么是 IDS？它的作用是什么？描述它的优缺点。

17．IDS 的基本结构和主要功能是什么？

实　　训

实训 1　验证 RSA 算法和 DSA 算法的运行

1．目的与要求

（1）理解 RSA 算法的工作原理与应用。

（2）理解数字签名算法和公钥密码技术的关系。

2．主要步骤

（1）给出一个可以进行 RSA 加密和解密的对话框程序 RSATool，运行这个程序加密一段文字，了解 RSA 算法的原理，尝试加密一大段文字，记录程序的运行时间。

（2）计算机生成一个随机数（不一定是素数），要进行素数检测，请查阅资料，找出实际可行的素数判定法则，并比较各自的优缺点。

（3）运行对话框程序 DSAtool，对一段文字进行签名和认证，了解 DSA 算法的签名和验证过程。

3．思考

多种非对称算法都可以用来设计数字签名算法，请查阅相关资料，列出现有的数字签名算法，并对它们进行比较。

实训 2　申请数字证书应用于 E-mail 系统

1．目的与要求

（1）理解数字证书的内容和作用。

（2）结合 E-mail 系统理解数字应用。

2．主要步骤

（1）下载试用型的个人数字证书，验证其格式。

（2）参照本章讲解将数字证书用作 E-mail 数字签名，和其他同学相互验证。

（3）将数字证书用于加密数据，接收方解密出原文。

3. 思考

利用数字证书实现邮件加密，使用的是发送方证书还是接收方证书？如何获得接收方证书并验证其有效性？

实训 3　个人防火墙的配置与测试

1. 目的与要求

（1）掌握个人防火墙的使用和配置。

（2）理解防火墙的工作原理。

2. 主要步骤

（1）下载并安装某一个人防火墙，如天网个人防火墙。

（2）检查防火墙的默认配置。

（3）通过各类网络命令测试防火墙的规则。

（4）设置防火墙的各种功能。

3. 思考

个人防火墙和个人防病毒软件的关系是什么？

第9章 网络管理

本章导读

本章主要讲解网络管理的基本概念、功能以及网络管理系统软件的使用。学习本章，理解网络管理包含的内容、网络管理的方法，掌握 Windows Server 2022 操作系统中常用的网络管理工具，使用网络命令监测网络运行状态；网络抓捕工具 Microsoft Network Monitor 和 Wireshark；目前网络管理的方式和网络安全解决方案。

本章要点

- 网络管理的基本概念、功能和结构。
- Windows Server 2022 操作系统中网络管理相关功能的使用。
- 网络嗅探工具 Wiresharke。
- 网络管理和网络安全解决方案。

9.1 概　述

网络建设过程大致可分为网络规划设计、安装调试、维护管理 3 个阶段。第一个阶段主要完成应用需求分析、市场调研、技术规划、整体及详细设计等工作，良好的规划、设计是保证网络高性能、高质量运行的前提。第二个阶段主要完成产品采购，由网络公司负责网络的初始安装与调试，包括布线、硬件产品及软件系统的安装、初始设置等工作，最后通过用户验收移交用户。第三个阶段主要是保证系统的稳定运行，并为不断发展的业务应用提供支持和保障，这部分工作由用户自己完成，这是一项长期的工作，只要网络运行一天，这项工作就要做一天，可谓"任重道远"。

网络系统为企业提供的是全面应用，包括企业内部办公、对外访问 Internet、E-mail 系统、数据库应用等功能，涉及的计算机技术非常广泛，因此网络的维护、管理工作是异常复杂、烦琐的。作为一个网络管理员，可能会遇到很多问题，如网络通信链路出现问题、服务器出现问题、新的应用加入、网络性能下降等。

因此，作为网络管理员，不仅要求技术全面，还要有清晰的头脑和明确的思路，并且善于运用各种工具发现问题、解决问题，不仅要做到出现问题能及时定位问题、解决问题，还应该能够发现隐患，防患于未然。本章将介绍网络管理的基本概念及一些常用且有效的网络管理工具，帮助大家掌握网络维护与管理的常用方法。

9.1.1 网络管理的定义

网络管理是指对网络的运行状态进行监测和控制，使其能够有效、可靠、安全、经济地提供服务。

从这个定义可以看出，网络管理包含两个任务：一是对网络的运行状态进行监测，通过监测可以了解当前状态是否正常，是否存在瓶颈和潜在的危机；二是对网络的运行状态进行控制，通过控制对网络状态进行合理调节，提高网络性能，保证网络服务。监测是控制的前提，控制是监测的结果。

随着网络技术的高速发展，网络管理也越来越重要，网络设备的复杂化也使网络管理变得更加复杂，网络的经济效益越来越依赖网络的有效管理，同时先进可靠的网络管理也是网络本身发展的必然结果。

9.1.2 网络管理的功能

网络管理的根本目标就是满足运营者及用户对网络的有效性、可靠性、开放性、综合性、安全性和经济性的要求。

ISO 在 ISO/IEC 7498-4 文档中定义了网络管理的五大功能，并被人们广泛接受。这五大功能分别是配置管理、性能管理、故障管理、安全管理、计费管理。

1. 配置管理

配置管理是网络管理最基本的功能，负责监测和控制网络的配置状态。配置管理的功能主要包括资源清单管理、资源提供、业务提供及其网络拓扑结构服务等功能，主要完成建立和维护配置管理信息库（Management Information Base，MIB）。

（1）配置管理目标。

1）初始化网络，在特殊情况下能够关闭部分或全部网络。

2）维持、增加、更新网络部件并保持它们之间正确的关系。

3）监视网络运行过程中各个部件的工作状态。

（2）网络管理员必须能够做到：

1）启动或关闭网络操作。

2）识别组成网络的部件。

3）当进行网络更新、故障查找或安全检查时可以改变网络部件的连接。

4）发现网络设置的变化。

2. 性能管理

性能管理主要是保证网络有效地运行和提供约定的服务质量，在保证各种业务服务质量的同时尽量提高网络资源的利用率。性能管理包括性能检测、性能分析和性能管理控制等内容。性能管理在进行性能指标监测、分析和控制时需要访问 MIB。当发现网络性能严重恶化时，性能管理便与故障管理互通。

（1）性能管理的目标。

1）提供一个有效的通信环境。

2）监视和分析各个部件的工作性能。

3）为提高网络性能对网络做适当调整。

（2）性能管理必须能够做到：

1）测定网络应用能力、吞吐量、平均网络响应时间和最坏网络响应时间。

2）监视和收集网络部件的活动数据。

3）分析收集到的数据并评估网络性能水平。

4）确定影响性能的问题源并定位它们。

5）根据性能分析确定网络的未来发展规划。

3. 故障管理

故障管理主要实现迅速发现、定位和排除网络故障，动态维护网络的有效性。故障管理的主要功能包括告警检测、故障定位、测试、业务恢复、维修等，同时还要维护故障目标。

（1）故障管理的目标。

1）提供可用的网络环境。

2）确保系统是完整的，每个部件是独立的，且按照一定顺序工作。

3）引入冗余设备增强系统容错能力。

（2）当故障发生时，网络管理员应该做到：

1）正确定位故障，包括故障的位置和性质。

2）隔离故障。

3）重新配置网络，保证网络继续工作。

4）修复故障，使网络恢复正常运行。

4. 安全管理

安全管理提供信息的保密、认证和完整性保护机制，使网络中的服务数据和系统免受侵扰和破坏。安全管理主要包括风险分析、安全服务、告警、日志和报告等功能以及网络管理系统保护功能。

（1）安全管理的目标。

1）提供安全的网络环境。

2）防止黑客、非法用户或未授权用户的访问。

3）提供信息保护和访问控制工具。

（2）网络管理员应该能做到：

1）产生、分发、存储密钥。

2）维持授权和访问信息。

3）监控网络的访问。

4）收集、存储并检查审计记录和安全日志。

5）控制登录工具的有效性。

5. 计费管理（或称记账管理）

计费管理是正确地计算和记录用户使用网络服务的费用，进行网络资源使用的统计和网络成本效益的计算。

（1）计费管理的目标。

1）保持网络资源的有效使用。

2）网络资源使用收费。

3）监督网络用户可能的滥用行为，建议用户合理、有计划地使用网络资源。

（2）网络管理员应该做到：

1）能够记录网络用户使用的网络资源清单。

2）给出合理的计费算法。

3）生成结算账单。

9.1.3 网络管理的常用方法

网络管理涉及产品、系统、技术、应用等各个方面，因此实施网络管理是一项复杂的工作，下面给出一些常用的方法。

1. 查看日志文件

网络维护中一个很好的习惯是经常查看日志。在操作系统和很多应用系统中都内置了丰富的日志文件，记录了系统工作的过程、出现的问题，通过查看日志文件可以获得系统使用情况、故障报告等信息。

2. 熟练使用操作系统命令

在各个操作系统中都提供了丰富的管理命令，用于系统管理、配置或配置查看。一般操作系统具有图形和文本两种命令执行状态，但许多命令只能在文本状态下使用，即在命令行模式下使用，而且这些命令往往是我们不太常用或不熟悉的，尤其是一些网络管理方面的命令。熟悉这些命令的使用对于我们管理网络是十分有益的。

3. 熟练使用网络管理工具

使用功能齐全的网络管理工具可以提高网络管理的效率。构成网络的交换机、路由器、计算机等设备一般都支持网络管理，前提是这些设备安装有相应支持网络管理协议的驱动或软件。充分利用这些设备可以方便地实施网络管理，包括远程登录配置，查看设备信息，利用图形化工具监视网络运行状态、性能等。

4. 备份与恢复

掌握备份的基本方法与技巧，建立系统引导盘、紧急修复盘等，这些工作习惯很重要，以便在系统出现问题时能够及时修复。数据库应用中的异地备份、多介质备份都是保证数据安全的重要手段。网络设备、网络链路的冗余备份，能够保证在设备或链路出现问题时提供切换和备用。

5. 手工日志记录

管理员应记录所做的每一个改动或设置，当出现问题时可以根据记录分析操作过程中可能带来的问题，这对查找问题和解决问题有非常大的帮助。

当然，网络管理还有许多其他工作要做，建立完整的档案资料，包括建立 IP-MAC 资源库、网络物理布线图、用户完整资料等。在网络管理中养成良好的工作习惯与方法很重要。

9.2 Windows Server 2022 网络管理

服务器操作系统是网络服务的基石，是搭建网络服务的第一步，选择一个稳定且易用的服务器操作系统非常关键。Windows Server 2022 作为微软推出的网络操作系统，具有良好的易用性和稳定性，提供了更高的硬件支持和更加强大的功能，同时内置了许多支持网络管理的工具。

9.2.1　事件查看器

使用 Windows Server 2022 提供的"事件查看器",可以查看事件日志中记录的硬件、软件和系统问题的信息,也可以监视 Windows 操作系统中的安全事件。在 Windows Server 2022 日志查看器中有自定义视图、Windows 日志、应用程序和服务日志。其中 Windows 日志包括应用程序、安全、系统和设置 4 种类型。根据计算机的角色和所安装的应用程序的不同,还可能生成其他日志。例如,将运行 Windows Server 2022 操作系统的计算机配置为域控制器,这台计算机还包括 Active Directory Web Service 日志和 DFS Replication 日志,目录服务日志包含对活动目录服务记录的事件,在目录服务日志中记录了服务器和全局编录间的连接问题。文件复制服务日志是对安全性非常关键的对象和操作所启用的安全日志。安装 DNS 服务器的 Windows Server 2022 的计算机还包括 DNS Server 日志。定期检查安全日志,可以检测出恶意用户或攻击者对用户网络中的计算机进行的非授权活动或入侵尝试。

下面介绍 Windows Server 2022 操作系统支持的 3 种基本类型日志。

1. 应用程序日志

应用程序日志包含由应用程序或系统程序产生的事件记录。例如,数据库程序可在应用程序日志中记录文件错误。应用程序开发人员可以决定记录哪些事件。

2. 安全日志

安全日志记录诸如"有效"和"无效"的登录尝试等事件,以及记录与资源使用相关的事件,如创建、打开或删除文件或其他对象。例如,如果用户已启用登录审核,则登录系统的尝试将记录在安全日志中。

3. 系统日志

系统日志包含 Windows 系统组件记录的事件。例如,将在启动过程中加载的驱动程序或其他系统组件的异常记录在系统日志中。服务器预先确定由系统组件记录的事件类型。

运行 Windows Server 2022 的计算机中的"事件查看器",可以显示 5 种类型的事件,如表 9-1 所示。

表 9-1　事件类型及描述

事件类型	描述
错误	重要的问题,如数据丢失或功能丧失。例如,如果在启动过程中某个服务加载失败,则将会记录"错误"
警告	潜在问题,虽然不一定很重要,但是将来有可能导致问题的事件。例如,当磁盘空间不足时,将会记录"警告"
信息	描述了应用程序、驱动程序或服务的成功操作的事件。例如,当网络驱动程序加载成功时,将会记录一个"信息"事件
成功审核	成功的任何已审核的安全事件。例如,用户成功登录系统会被作为"成功审核"事件记录下来
失败审核	失败的任何已审核的安全事件。例如,如果用户试图访问网络驱动器并失败了,则该尝试将会作为"失败审核"事件被记录下来

用户可以按以下步骤来启用"事件查看器"查看系统的事件:选择"开始"→"Windows 管理工具"→"事件查看器"命令,或者在任务栏的搜索框中输入 eventvwr.msc,或者打开

"服务器管理器"窗口，选择"工具"→"事件查看器"命令，打开"事件查看器"窗口，如图 9-1 所示。

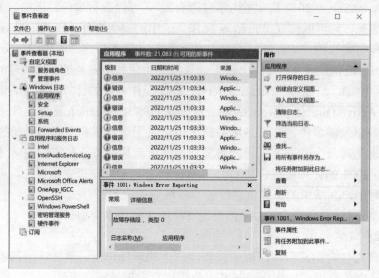

图 9-1 "事件查看器"窗口

如果需要进一步查看某一事件的详细内容，可直接选择该事件，然后双击该事件打开如图 9-2 所示的"事件属性"对话框。

（a）"常规"选项卡

（b）"详细信息"选项卡

图 9-21 "事件属性"对话框

此外，用户可以根据自己的需要，查看、筛选、自定义、管理、使用事件日志，帮助自己更好地了解网络的运行情况。

9.2.2 命令行管理

尽管 Windows 的图形用户接口（GUI）很方便，但它也有局限性。在 Windows Server 2022 中，虽然一般操作系统功能都可以通过 GUI 完成，但是有些实用的命令行工具可以使 Windows Server 2022 网络环境更高效地工作。

要在 Windows Server 2022 中访问命令提示符窗口，在任务栏的搜索框中输入 cmd，以管理员身份运行，即可打开命令提示符窗口。

下面重点分析几种常用的网络命令。

1．ipconfig 命令

ipconfig 命令可用于显示当前的 TCP/IP 配置，如果计算机和所在的局域网都使用了动态主机配置协议（DHCP），则使用 ipconfig 命令可以了解到你的计算机是否成功租用到了一个 IP 地址，如果已经租用到了一个 IP 地址，则可以了解包括 IP 地址、子网掩码和默认网关等网络配置详细信息。ipconfig 命令包括以下常用选项：

（1）ipconfig：当使用不带任何参数选项的 ipconfig 命令时，显示的是每个已经配置过的接口信息，包括 IP 地址、子网掩码和默认网关值。

（2）ipconfig/all：当使用 all 选项时，ipconfig 能显示计算机已配置且使用的所有附加信息，并且能够显示本地网卡的物理地址（MAC）。如果 IP 地址是从 DHCP 服务器租用的，那么将显示 DHCP 服务器分配的 IP 地址和租用地址预计失效的日期。图 9-3 所示为 ipconfig /all 命令的运行结果。

图 9-3　ipconfig/all 命令的运行结果

2．ping 命令

ping 是一个使用频率极高的实用命令，主要用于确定网络的连通性。ping 能显示生存时间（TTL）值，通过 TTL 值可以推算数据包通过了多少台路由器。

（1）ping 命令的格式。ping 命令的常用格式包括：

　　ping　主机名
　　ping　域名
　　ping　IP 地址

如图 9-4 所示，使用 ping 命令检查本机到 IP 地址 192.168.1.12 的计算机的连通性，该例为连接正常，共发送了 4 个测试数据包，运行结果显示正确接收到了 4 个测试数据包。

（2）ping 命令的基本应用。一般情况下，用户可以通过使用一系列 ping 命令来查找问题出在什么地方，或者检验网络运行的情况。下面给出一个典型的用 ping 命令检测次序及对应的可能故障的例子，步骤如下：

1）ping 本机 IP 地址。如果测试不成功，则表示本地配置或网络安装存在问题，应当对网络设备和通信介质进行测试、检查并排除故障。

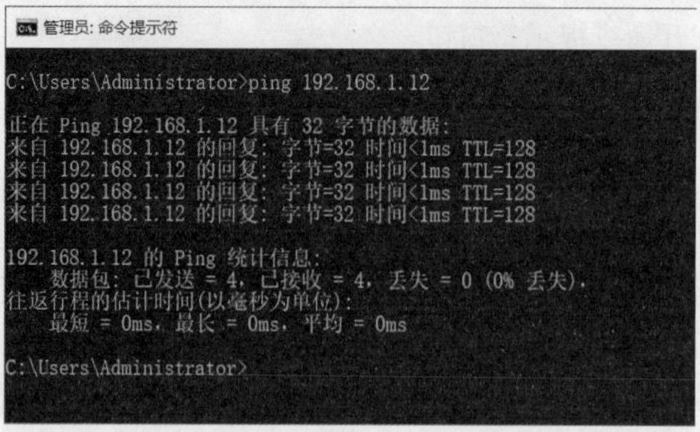

图 9-4　ping 命令实例

2）ping 网关 IP。这个命令如果应答正确，则表示局域网中的网关设备（如路由器）正在运行并能够做出应答。

3）ping 远程 IP。如果收到正确应答，则表示成功使用了默认网关，对于上网用户则表示能够成功地访问 Internet（但不排除 ISP 的 DNS 服务器会有问题）。

4）ping 域名。对此域名执行 ping 命令必须将域名转换成 IP 地址，这需要 DNS 服务器进行解析。如果这里出现故障，则表示本机 DNS 服务器的 IP 地址配置不正确，或者它所访问的 DNS 服务器有故障。

（3）ping 命令的常用参数选项。

- ping IP -t：连续对 IP 地址执行 ping 命令，直到被用户以 Ctrl+C 中断。
- ping IP -l 2000：指定 ping 命令中的数据长度为 2000 字节，而不是默认的 32 字节。
- ping IP -n：执行特定次数的 ping 命令。

3. tracert 命令

这个命令主要用来显示数据包到达目的主机所经过的路径。执行 tracert 命令，结果显示数据包到达目的主机前所经历的路径详细信息，并显示到达每条路径所消耗的时间。tracert 命令同 ping 命令类似，但它所看到的信息要比 ping 命令详细得多，它能显示请求数据包到某一站点所走的全部路径、路由器的 IP 地址和所用时间。此外，tracert 命令还可以显示网络在连接站点时经过的步骤或采取的路线，如果是网络出现故障，那么就可以通过这条命令查看出现问题的位置。例如运行 tracert www.baidu.com，可以看到网络在经过几个连接之后所到达的目的地，也就知道网络连接所经历的过程。图 9-5 给出了 tracert 命令的一个实例。

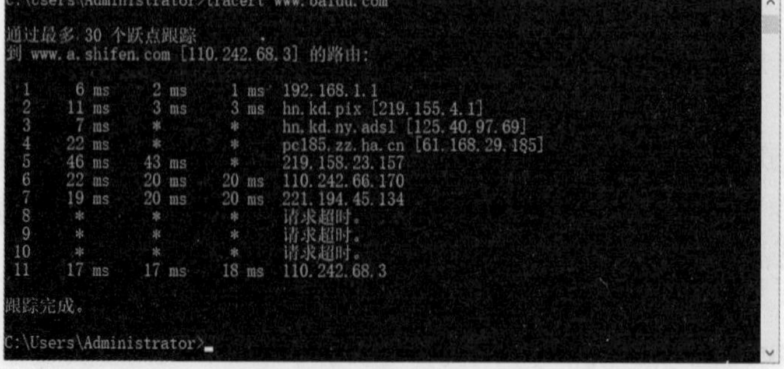

图 9-5　tracert 命令实例

4．NET 命令

在 Windows Server 2022 中，用户可以使用 NET 命令获取特定信息。表 9-2 列出了基本的 NET 命令及它们的作用。如果用户想查阅映射到一台计算机上的所有当前驱动器的列表，则在命令提示符下输入 NET VIEW Computername。可以在命令后面输入"/?"得到 NET 命令的各级帮助。

表 9-2　NET 命令参数一览

命令	例子	作用
NET ACCOUNTS	NET ACCOUNTS	查阅当前账号设置
NET CONFIG	NET CONFIG SERVER	查阅本网络配置信息统计
NET GROUP	NET GROUP	查阅域组（在域控制器上）
NET PRINT	NET PRINT\\printserver\printer1	查阅或修改打印机映射
NET SEND	NET SEND server1 "test message"	向其他计算机发送消息或广播消息
NET SHARE	NET SHARE	查阅本地计算机上的共享文件
NET START	NET START Messenger	启动服务
NET STATISTICS	NET STATISTICS SERVER	查阅网络流量统计值
NET STOP	NET STOP Messenger	停止服务
NET USE	NET USE x:\\server1\admin	将网络共享文件映射到一个驱动器字母
NET USER	NET USER	查阅本地用户账号
NET VIEW	NET VIEW	查阅网络上的可用计算机

NET 命令的执行结果与 Windows Server 2022 管理工具所得到的结果相似。但是，NET 命令可以在一个地方提供所有信息，并可以把结果重定向到打印机或一个标准的文本文件中。

5．netstat 命令

运行这个命令可以检测计算机与网络之间详细的连接情况，可以得到以太网的统计信息并显示所有协议的使用状态。这些协议包括 TCP 协议、UDP 协议、IP 协议等。另外还可以选择特定的协议并查看其具体使用信息，包括显示所有主机的端口号以及当前主机的详细路由信息。下面给出 netstat 的一些常用参数选项。

（1）-s。-s 选项能够按照各个协议分别显示其统计数据，这样就可以看到当前计算机在网络上存在哪些连接、数据包发送和接收的详细情况等。如果应用程序（如 Web 浏览器）的运行速度比较慢，或者不能显示 Web 页之类的数据，那么可以用本选项来查看所显示的信息。仔细查看统计数据的各行，找到出错的关键字，进而确定问题所在。如图 9-6 所示为运行 netstat -s 时的屏幕显示。

（2）-e。-e 参数选项用于显示关于以太网的统计数据。它列出的项目包括传送的数据包的总字节数、错误数、删除数、数据包的数量和广播的数量。这些统计数据既有发送的数据包数量，也有接收的数据包数量。使用这个选项可以统计一些基本的网络流量。

（3）-r。-r 参数选项可以显示关于路由表的信息，类似于运行 route print 命令时看到的信息。除显示有效路由外，还显示当前有效的连接。

图 9-6　netstat 命令实例

（4）-a。-a 参数选项显示所有的有效连接信息列表，包括已建立的连接（ESTABLISHED），也包括监听连接请求（LISTENING）的连接。

（5）-n。-n 参数选项显示所有已建立的有效连接。

6．nbtstat 命令

使用 nbtstat 命令可以查看计算机网络配置的一些信息。如果想查看自己计算机上的网络信息，则可以运行 nbtstat -n，可以查看你所在的工作组名、计算机名、网卡地址等；如果想查看网络上其他计算机的情况，则运行 nbtstat -a *.*.*.*，此处的*.*.*.*代表 IP 地址将返回目的主机的一些信息。

9.2.3　Microsoft Network Monitor 网络监视器

Microsoft Network Monitor 是微软提供的一款免费网络监视软件，可以对网络协议数据进行分析，监视局域网并提供网络统计信息的图形显示。其通过快速配置以捕获数据，可运行在一台或多台客户机和服务器上。用户可以使用 Microsoft Network Monitor 网络监视器查看和检测局域网。

使用 Microsoft Network Monitor 网络监视器，用户可以识别出有助于预防或解决问题的信息，从而收集这些信息来帮助网络平稳运行。Microsoft Network Monitor 网络监视器提供进出所在计算机的网络适配器的数据。通过捕获并分析这些数据可以预防、诊断和解决多种网络问题。用户可以设置捕获条件，控制 Microsoft Network Monitor 网络监视器捕获或显示的信息类型。为了使信息分析更加简便，用户可以修改信息在屏幕上的显示方式，还可以保存或打印信息以供日后查看。

1．Microsoft Network Monitor 网络监视器的工作原理

安装 Microsoft Network Monitor 网络监视器后，用户可以捕获所有发送到该计算机网络适配器或由其保留的数据帧，并保存到文件中。然后就可以查看这些捕获的数据帧，或者将其保存起来，留作日后分析。用户可以设置捕获过滤条件，使其根据一定的条件（如源地址、目标地址或协议）来捕获数据帧。

2．网络监视器窗口

从微软官网中下载 Microsoft Network Monitor 网络监视器，安装成功后运行它，打开如

图 9-7 所示的主界面，左下角可以选择要监控的网络连接。

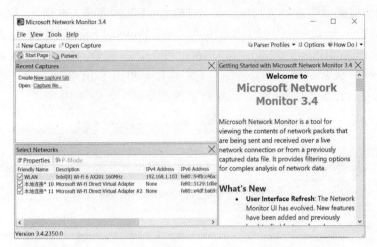

图 9-7　Microsoft Network Monitor 主界面

单击工具栏中的 New Capture 按钮打开一个新的监控界面；工具栏中的 Capture Settings 按钮为捕获配置，可以选择网卡和配置过滤条件；单击工具栏中的 Start 按钮即可开始进行监控，如图 9-8 所示。界面中的 Network Conversations 区域为所有进行通信的进程；Display Filter 区域为过滤器设置区域；Frame Summary 区域为捕获数据帧区域，给出每一个数据帧的序号、时间、源地址、目的地址和对应的协议等；Frame Details 区域为数据帧解析区域；Hex Detail 区域为数据帧十六进制显示区域。单击工具栏中的 Pause 按钮可以暂停监控，再次单击恢复监控。单击工具栏中的 Stop 按钮即停止监控。

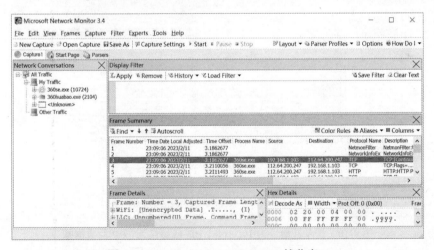

图 9-8　Microsoft Network Monitor 捕获窗口

3. 过滤器 Display Filter 的设置

网络监视器复制数据帧的过程称为捕获。用户可以捕获发送到本地网络适配器或从本地网络适配器发出的所有网络通信信息。可以通过设置过滤器捕获满足条件的数据帧。过滤器的设置有以下几种常用方法：

（1）通过 Frame Summary 区域的右键属性添加过滤条件。在弹出的快捷菜单中选择对应的属性添加到 Display Filter 中。例如在图 9-8 中选择序号为 3 的数据，在 Source 对应的位置右击，在弹出的快捷菜单中选择 Add 'source' to Display Filter，如图 9-9 所示，则在 Display Filter 区域将增加过滤条件 Source =="192.168.1.103"。若在 Protocol Name 对应的位置右击，在弹出的快捷菜单中选择 Add 'Protocol Name' to Display Filter，则在 Display Filter 区域将增加过滤条件 ProtocolName=="TCP"。两个过滤条件用 OR 连接，单击 Start 按钮，将过滤满足条件的数据帧，即源地址为 192.168.1.103 或协议为 TCP 的数据帧，如图 9-10 所示。

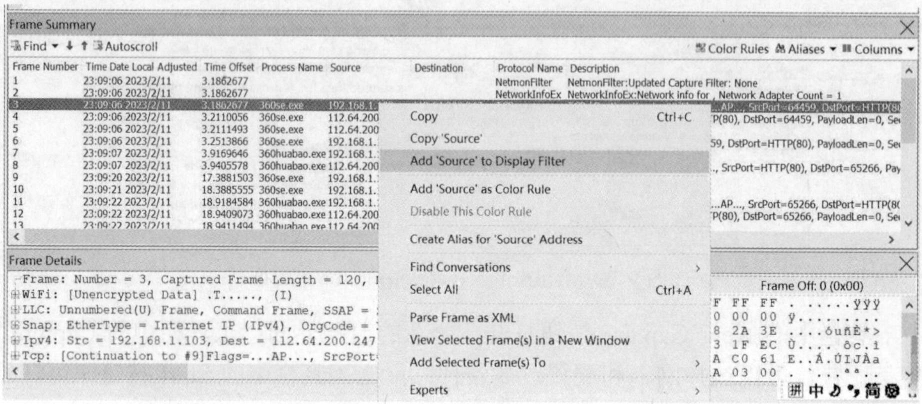

图 9-9　捕获源地址为 192.168.1.103 的数据帧

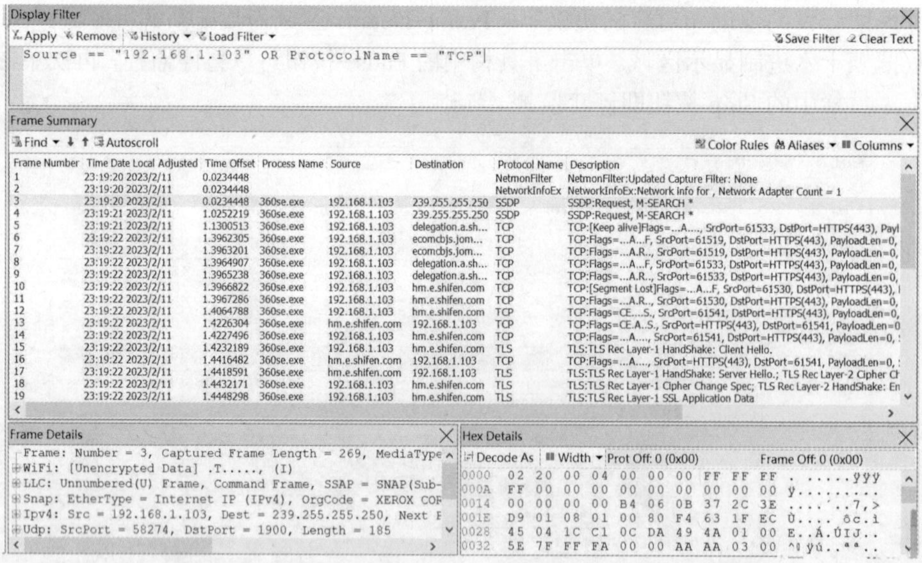

图 9-10　捕获源地址为 192.168.1.103 或协议为 TCP 的数据帧

（2）通过工具栏中的 Capture Settings 按钮设置过滤条件。单击工具栏中的 Capture Settings 按钮，在 Current capture filter 标签下，选择 Load Filter→Standard Filters，弹出如图 9-11 所示的级联菜单，根据网络抓包需要设置过滤条件。例如选择 Addresses→IPv4 Addresses，在 Current capture filter 区域中给出过滤 IPv4.Address 的条件 IPv4.Address == 192.168.1.103，如图 9-12 所示。单击工具栏中的 Start 按钮将捕获源地址为 192.168.1.103 或者目的地址为 192.168.1.103 的数据包，如图 9-13 所示。

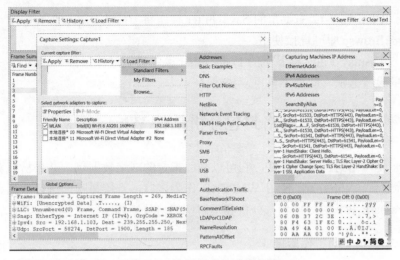

图 9-11　设置捕获的过滤条件

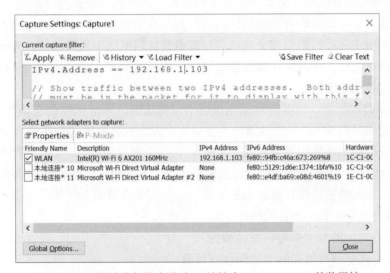

图 9-12　设置过滤条件为通过 IP 地址为 192.168.1.103 的数据帧

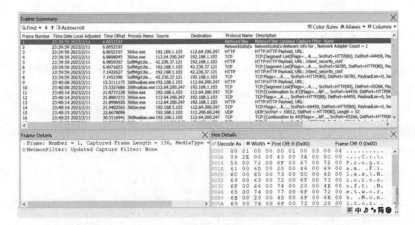

图 9-13　过滤条件 IP 地址为 192.168.1.103 的捕获结果

此外，可以单击图 9-12 右上角的 Sava Filter 按钮将当前的过滤器保存，下一次使用时选择 Load Filter→Browse 即可直接使用。

（3）通过 Display Filter 标签下的 Load Filter 菜单设置过滤条件。设置方法类似 Capture Settings 按钮的设置方法，此处不再重复描述。

9.3　网络封包分析软件 Wireshark

Wireshark 是网络封包分析软件，它可以截取指定的网络数据包，并分析截获的数据包的协议和数据等信息。Wireshark 使用 WinPCAP 作为接口，直接与网卡进行数据报文交换。本节将介绍 Wireshark 截获的数据包，分析和理解网络协议内容。

9.3.1　Wireshark 的工作原理

Wireshark 通过监听网络上的数据包分析底层协议，可以检测出网络问题，也可以用于网络协议开发排错，还可以发现存在的网络攻击等网络安全问题。Wireshark 使用 WinPCAP 作为接口，直接与网卡进行数据报文交换。在计算机直连网络的单机环境下，Wireshark 直接抓取本机网卡的网络流量；在网络环境连接交换机的情况下，Wireshark 通过端口镜像、ARP 欺骗等方式获取局域网中的网络流量。

在一个实际的系统中，数据的收发是由网卡来完成的，网卡接收到传输过来的数据，并根据接收数据帧的目的 MAC 地址以及网卡驱动程序设置的接收模式判断是否接收该数据帧。若确认接收该数据帧则产生中断信号通知 CPU，否则丢弃该数据帧。CPU 得到中断信号产生中断，操作系统就根据网卡的驱动程序设置网卡中断程序地址，调用驱动程序接收数据，驱动程序接收数据后放入数据堆栈让操作系统处理。一般网卡有以下 4 种接收模式：

（1）广播方式：网卡能够接收网络中的广播信息。
（2）组播方式：网卡能够接收组播数据。
（3）直接方式：只有目的网卡才能接收该数据。
（4）混杂模式：网卡能够接收一切通过它的数据，而不管该数据是不是传给它的。

Wireshark 工作时，一般将网卡设置为混杂模式，让网卡接收一切它所能接收的数据。

9.3.2　捕获数据包前准备工作

Wireshark 用于捕获机器上某一块网卡的网络包，当机器上有多块网卡时，需要先选择一块网卡。在默认情况下，Wireshark 将捕获其接入的碰撞域（也称冲突域）中流经的所有数据帧。当然，不是所有数据帧用户都关心，此时可以对所捕获的数据帧进行过滤。Wireshark 可以进行 IP 过滤、端口过滤、协议过滤、包长度过滤和 HTTP 模式过滤等。Wireshark 的捕获数据包前准备工作步骤如下：

（1）选择捕获接口。在 Wireshark 主界面中选择"捕获"→"选项"命令打开"Wireshark 捕获选项"对话框，在 Input 选项卡中选择需要捕获的网卡接口，如图 9-14 所示。不设置任何过滤器的情况下单击"开始"按钮，将捕获所选接口的所有网络协议包数据。

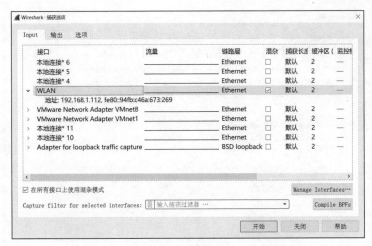

图 9-14　选择捕获接口

（2）设置保存数据的位置和方式。打开"Wireshark 捕获选项"对话框中的"输出"选项卡，"文件"文本框中为默认的保存位置，在 Output format 中选择输出格式，可根据分组、数据包大小、时间间隔和时间设置自动创建新文件的条件，例如当数据满 1MB 时创建新文件，如图 9-15 所示。

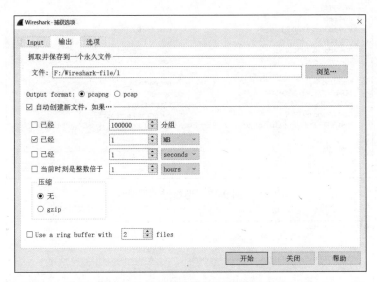

图 9-15　设置保存数据的位置和方式

（3）设置捕获选项。打开"Wireshark 捕获选项"对话框中的"选项"选项卡，在 Display Options 下设置显示选项，在 Name Resolution 下设置解析名称，在 Stop capture automatically after 下设置自动停止抓包的选项，如图 9-16 所示。

（4）设置捕获过滤器。在开始捕获之前设置捕获过滤规则，可以过滤掉不需要的数据包，仅将符合规则的数据包捕获并记录日志文件，同时可以避免产生过大的捕获文件。选择"捕获"→"捕获过滤器"命令，弹出"Wireshark 捕获过滤器"对话框，显示当前预定义的过滤器，如图 9-17 所示。单击左下角的"+"按钮创建新的过滤器，如图 9-18 所示，左侧为过滤器名，右侧为过滤器表达式，双击即可输入新建的过滤器名称和过滤器表达式。

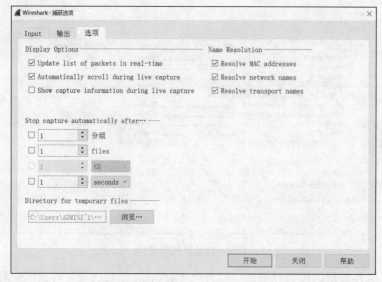

图 9-16　设置捕获选项

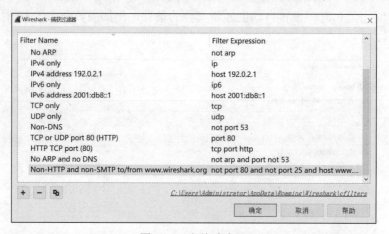

图 9-17　当前过滤器

图 9-18　创建过滤器 Test

过滤器表达式的语法规则如下：

[Protocol][Direction][Host(s)][Value][Logical Operations][Other expression]

其中，Protocol 代表协议；Direction 代表数据方向，如数据包来源地或目的地；Hosts Value 代表通信参数，如主机地址、端口等；Logical Operations 代表逻辑运算符。

（5）使用显示过滤器。从 Wireshark 已经捕获到的结果中过滤数据用于显示，规则仅影响界面显示的数据，不影响记录捕获结果的日志文件，捕获过程中根据需要随时更改。选择

"分析"→"显示过滤器"命令打开"显示过滤器"对话框,设置方法类似于捕获过滤器,此处不再描述。也可以在 Wireshark 主界面的过滤栏中输入显示过滤器表达式进行设置,如图 9-19 所示。

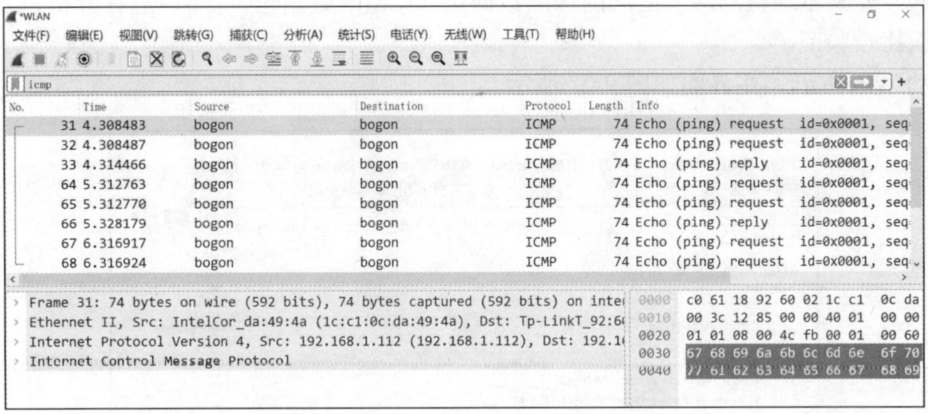

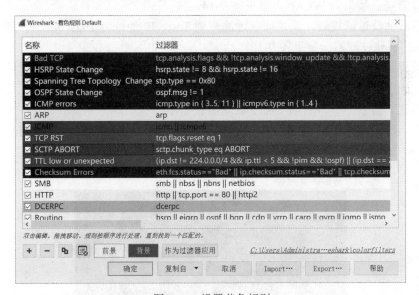

图 9-19　设置显示过滤器 icmp

显示过滤器表达式的语法规则如下:

[Protocol].[Key1].[Key2][...][Comparison operator][Value][Logical Operations][Other expression]

其中,Key 值可以是比较运算符、逻辑运算符、协议、端口地址、IP 地址、HTTP 模式等。

（6）设置着色规则,高亮度显示有用的数据包,方便查看和分析数据包之间的关系。设置方法为:选择"视图"→"着色规则"命令打开"Wireshark 着色规则 Default"对话框,如图 9-20 所示,可根据分析需要进行设置。

图 9-20　设置着色规则

9.3.3　帧的抓取与分析

捕获前准备工作做好之后,选择"捕获"→"启动"命令启动捕获引擎。在捕获过程中,同样可以对想观察的信息定义过滤规则，操作方式类似捕获前的过滤规则定义。当捕获到数据帧之后，更重要的内容就是对捕获的数据帧进行分析，下面分析捕获到的数据帧实例。

设定本地主机 IP 地址为 192.168.1.112，网关地址为 192.168.1.1，子网掩码为 255.255.255.0，现在捕获一些从本地机到网关之间的探测数据包（ICMP 数据包），然后进行分析，与学过的网络知识比较验证。

启动 Wireshark，主界面如图 9-21 所示。

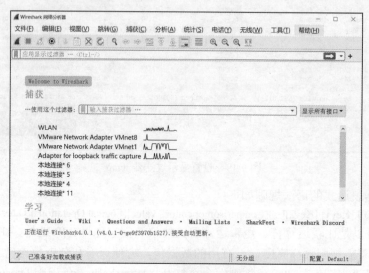

图 9-21　Wireshark 主界面

（1）设置捕获接口为 WLAN，参见图 9-14。

（2）设置捕获过滤规则，新建捕获过滤规则 Test，IP 地址为 192.168.1.1，并设置 Test 为 WLAN 接口的捕获过滤器，参见图 9-18。

（3）设置显示过滤规则，定义希望捕获相关协议的数据帧，参见图 9-19，在显示过滤规则栏中输入 icmp 节点。

（4）选择"捕获"→"启动"命令启动捕获引擎。

（5）在运行对话框中执行 cmd 命令进入命令行界面，然后运行命令行 ping 192.168.1.1（网关地址），如图 9-22 所示。

图 9-22　命令行状态执行 ping 命令

Wireshark 抓包界面如图 9-23 所示。

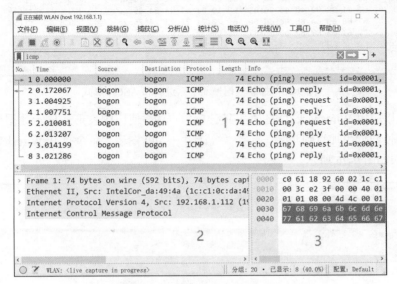

图 9-23　Wireshark 抓包界面

图 9-23 中的第 1 部分为数据包列表,显示捕获到的数据包,即所监控的主机 192.168.1.112 与网关 192.168.1.1 之间应用层的协议和监控之后所得到的数据包。每个数据包包含编号、时间戳、源地址、目的地址、协议、长度和数据包信息。

第 2 部分是数据包列表中选定数据包对应的详细信息内容,用于查看协议中的每个字段并进行分析。从这里可以看出,这个捕获到的数据报文的组成以及数据报文使用的端口、状态、时间等信息,单击展开按钮可以看到对应的每个字段。

● Frame:物理层的数据帧信息。

● Ethernet Ⅱ:数据链路层以太网帧头部信息。

● Internet Protocol Version 4:互联网层 IP 包头部信息。

● Internet Control Message Protocol:ICMP 数据包信息。

单击展开按钮打开 ICMP 数据包中的每个字段,如图 9-24 所示。

> Internet Protocol Version 4, Src: bogon (192.168.1.112), Dst: bogon (192.168.1
> Internet Control Message Protocol
>   Type: 8 (Echo (ping) request)
>   Code: 0
>   Checksum: 0x4d4b [correct]
>   [Checksum Status: Good]
>   Identifier (BE): 1 (0x0001)
>   Identifier (LE): 256 (0x0100)
>   Sequence Number (BE): 16 (0x0010)
>   Sequence Number (LE): 4096 (0x1000)
>   [Response frame: 4]
> Data (32 bytes)

图 9-24　ICMP 数据包信息

第 3 部分对应第 1 部分指定捕获的数据帧的内容,以十六进制和 ASCII 两种形式显示。左边部分以十六进制形式表示数据帧中每一个数据的位置,中间部分是用十六进制表示的被截获的数据帧中的内容,右边部分则是 ASCII 形式,如图 9-25 所示。

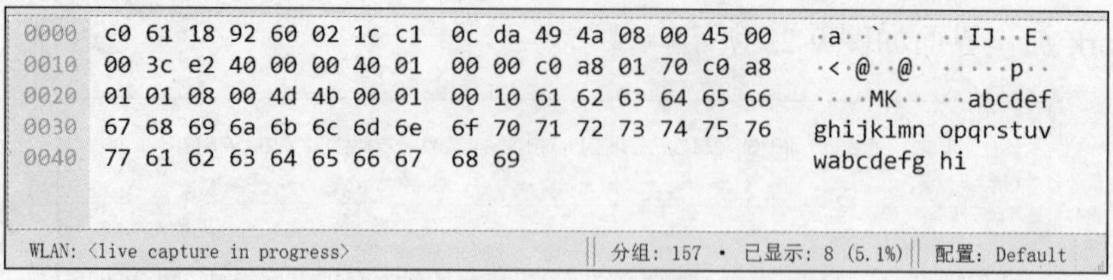

0000 c0 61 18 92 60 02 1c c1 0c da 49 4a 08 00 45 00 ·a··`··· ··IJ··E·
0010 00 3c e2 40 00 00 40 01 00 00 c0 a8 01 70 c0 a8 ·<·@··@· ·····p··
0020 01 01 08 00 4d 4b 00 01 00 10 61 62 63 64 65 66 ····MK·· ··abcdef
0030 67 68 69 6a 6b 6c 6d 6e 6f 70 71 72 73 74 75 76 ghijklmn opqrstuv
0040 77 61 62 63 64 65 66 67 68 69 wabcdefg hi
WLAN: 〈live capture in progress〉
分组：157 · 已显示：8 (5.1%)
配置：Default

图 9-25　捕获数据帧的十六进制和 ASCII 形式

此外，可以应用 Wireshark IO 图表工具分析数据流，使用图表形式展示数据分布情况和数据变化情况，使数据更加直观形象。选择“统计”→“IO 图表”命令打开 Wireshark I/O Graphs WLAN 窗口，如图 9-26 所示。

Wireshark · I/O Graphs · WLAN
Wireshark I/O Graphs: WLAN
Packets/1秒
时间 (秒)
点击选取分组 363 (8s = 2).
Enabled Graph Name Display Filter Color Style Y Axis Y Field SMA Period Y Axis Factor
All Packets Line Packets None 1
TCP Errors tcp.analysis.fla... Bar Packets None 1
Filtered packets ip.addr eq 192... Line Packets None 1
鼠标 拖拽 缩放 间隔 1秒
一天时钟
对数刻度
Automatic Update
复位
Save As…
复制
复制自
关闭
帮助

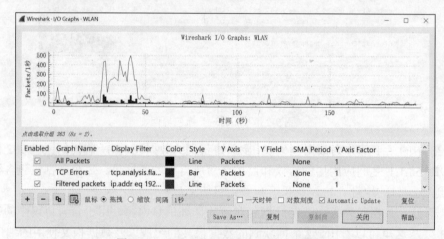

图 9-26　Wireshark I/O Graphs WLAN 窗口

当前为整个数据的图，可以通过 Display Filter 设置搜索条件，例如 ip.addr 表示筛选的 IP 地址，ip.port 表示筛选的端口号。通过 Color 设置图标显示的颜色。通过 Style 设置图标显示方式，例如 Line 表示折线图，Bar 表示柱状图。

当在网络中传输较大的图片或文件时，需要将信息分布在多个数据包中。Wireshark 可以使用重组数据的方法抓取完整的数据。例如重组 FTP 会话，通过客户机登录 FTP 服务器下载或上传文件。在 Wireshark 抓包界面的数据包列表中选取捕获的 FTP 数据包并右击，在弹出的快捷菜单中选择“追踪流”→“TCP 流”选项，在 Show data as 中选择“原始数据”，单击“另存为”按钮，根据上传或下载进行文件存储，该文件为重组后的文件。

9.4　网络管理系统软件和网络安全解决方案

9.4.1　一体化网络管理

当前，随着信息化的深入开展和各种信息化系统的广泛应用，各单位的业务处理和员工的很多工作都需要通过各种信息化应用系统进行，信息化系统的稳定、安全和正常运转就变得越发重要。同时，随着局域网应用的不断增长和网络规模的不断扩大，大量的多业务路由器、网关、WLAN AP 等终端接入设备融入局域网，局域网中包含多家网络设备和终端。原来传统的分散式、粗粒度、低效率的 IT 运维管理模式已经难以满足复杂的、多层级、全覆盖的一体化运维管理需求。一体化网络管理可以对多厂商设备、拓扑、故障、性能、报表以及智能配置工具和配置文件进行统一管理，使网络呈现一体化的趋势。下面介绍华为 eSight、IBM Security 和派网 Panabit 三种网络管理系统。

1. 华为 eSight

华为 eSight 企业网络管理是面向企业的一体化融合运维管理的一种解决方案，可实现交换机、路由器、WLAN、防火墙、视频监控、服务器、存储、微波、无源光纤网络（Passive Optical Network，PON）设备、服务器操作系统和虚拟资源的统一管理。信息与通信技术（Information Communications Technology，ICT）设备提供集中化管理、可视化监控、智能化分析等功能，有效帮助企业提高运维效率、降低运维成本、提升资源使用率，有效保障企业 ICT 系统稳定运行，可以实现 WLAN 管理、SLA 管理、网络流量分析和 IP 地址管理。

（1）WLAN 管理：支持 WLAN 网络商业智能仪表盘（DASHBOARD）运维；支持对接主流规划工具，可快速导入网络数据，仿真楼栋、楼层、障碍物规划，实现信号覆盖可视；支持无线入侵检测系统（WIDS）管理，能够探测无线网络中的非法设备/客户端、干扰源和攻击，并通过告警通知运维人员；支持一键式故障检测，从终端、端口、AP、AC、连通性、AAA、DHCP 七个维度识别问题并提供故障原因和修复建议；支持 AP 在线时长报表、在线用户趋势报表、AP 接口统计报表、用户明细报表等 WLAN 运维报表，为网络运维提供优化依据。

（2）SLA（Service Level Agreement，服务等级协议）管理：系统默认提供 ICMP Echo、ICMP Jitter、UDP Echo、UDP Jitter、DNS、DHCP 等常用测试用例；支持主动在网络设备之间发送诊断报文，能够测量线路上的丢包率、时延、抖动等关键性能指标。

（3）网络流量分析：系统提供链路接口流量、应用流量、主机流量、会话流量、设备流量等维度的 TOP-N 流量分析能力；支持实时监控全网流量，提供多维度 TOPN 流量分析报告，帮助用户及时发现网络中的异常流量，了解网络带宽的使用情况；支持钻取式流量分析，用户可通过选择查看条件查看需要关注的流量信息。

（4）IP 地址管理：支持 IP 地址状态的概览展示、IP 分组的管理和 IP 子网的规划，即管理员可以对 IP 地址进行分配、修改、回收、导入和导出，可以进行参数配置和实际使用状态的检测。

2. IBM Security

IBM 企业安全解决方案通过集成的企业安全产品和服务组合来保护业务发展。IBM 提供的产品和服务通过 AI 技术融入，采用零信任原则的现代安全策略，根据业务特点设置安全策略，整合各类解决方案，实现企业数字用户、资产和数据的安全保护。提供的解决方案有零信任解决方案、AI 网络安全解决方案、数据安全和保护解决方案、IBM Security SOAR 平台和 IBM Security SIEM 平台等。

IBM Security SOAR 平台通过自动执行手动任务来实现最大限度减少和降低网络攻击的持续时间和影响。IBM Security SIEM 平台根据业务面临的特定风险划分报警等级，捕捉优先级高的高精度警报，并与多个混合云数据源（如 Microsoft Mail、Kali、AWS 和 Cisco）相关联，显示攻击者的路径，利用 X-Force 威胁情报验证攻击源，发布命令并实施行动。

3. 派网 Panabit

派网软件对网络接入、流量管理、安全审计和数据分析等应用场景实现可视可控、安全顺畅的云网一体化网络管理。业务覆盖企业、教育、运营商、政府、医疗、金融、能源、军队、公安、酒店等行业，产品包括上网行为管理、流量控制、BRAS 拨号服务器、RAAS 认证计费系统和 NTM 网络全流量溯源系统等。

Panabit 流量控制系统是国内首款实现应用层级流量识别的流控产品，可以用在数据中心中，进行双向流量管理。它在现网中保持着超过 95% 的流量识别率，可以识别和控制常见的十四大类一千多种应用；能够收集用户所有的流量日志数据，为用户提供全面记录，并对这些数据进行有效分析，为用户提供网络细节和趋势；支持对流量的应用分类识别、评估和实时控制，实现各类网络尤其是复杂网络情况下的流量控制。

Panalog 大数据日志审计系统定位于大数据产品，应用于高校、公安、政企、医疗、金融、能源等行业，针对网络流量的信息进行日志留存，对用户上网行为进行审计，逐渐形成大数据采集、大数据分析和大数据整合的工作模式，为各种网络用户提供服务。主要功能包括流量监控分析、流量流向分析、用户行为分析和网络性能分析等。

Panabit RAAS 是一套基于标准 Radius 的认证、计费和管理的服务系统，适用于学校、企业、政府、酒店以及其他 Wi-Fi 覆盖场所等场景。Panabit RAAS 支持哑终端认证、校园网准入和准出认证，还可以结合 Panabit 流量控制系统和 Panalog 大数据日志审计系统提供的基于用户的访问控制和日志审计，为用户构建零信任网络架构。

9.4.2　网络安全态势感知

随着虚拟化、云计算和大数据技术的发展，海量的数据不断在企业中流动，进入企业内部网络的途径也越来越多，因此也带来了新的安全问题。网络入侵不断寻找网络"弱点"，同时大量的数据流动变化记录了网络入侵的痕迹。态势感知技术能够主动收集动态的网络态势信息，通过分析和预测帮助管理员做出准确的防御和应急性决策，适用于目前大型机构和中大型企业的网络管理。

态势感知能够基于环境动态、整体地洞悉网络安全风险，指对一定时间和空间内的环境元素进行感知，以安全大数据为基础，从全局视角对感知元素进行分析，预测感知元素的发展状态，进行相应处置决策。网络安全态势感知是将态势感知理论和方法应用到网络安全领域中，为网络管理员提供整个网络的安全状态，识别当前网络中存在的问题和异常活动。

网络安全态势感知体系主要包括以下 3 个方面：

（1）检测：通过态势感知等技术实现威胁检测，及时发现各种攻击威胁与异常，为网络安全提供持续监控。

（2）分析和响应：建立基于大数据的威胁可视化分析系统，对威胁的影响范围、攻击路径、目的和手段进行快速研判，以实现有效的安全决策，实现自动响应闭环、应急响应和协同联动。

（3）预测和预防：建立风险通报和威胁预警机制，全面掌握攻击者的目的、技术和攻击工具，完善防御体系。

下面介绍基于态势感知的绿盟、深信服和奇安信的网络安全解决方案。

1．绿盟

绿盟科技（以下简称绿盟）致力于跟踪国内外最新网络安全攻防，依托人工智能、大数据分析和态势感知等专业技术，为用户提供安全态势感知、云安全资源池、网站安全监测与防护、智能安全运营等解决方案；为政企用户提供安全检测、安全防护、认证与访问控制、安全审计类、安全运营及管理等安全产品。其基础设施安全产品有绿盟网络入侵防护系统 NIPS、绿盟网络流量分析系统 NTA 和绿盟安全审计系统 SAS 等。

绿盟网络入侵防护系统（简称 NSFOCUS NIPS）支持基于 KVM 和 VMware 虚拟化平台部署，产品具备从百兆到百吉的检测和防御能力，集成近万条入侵规则和千万级病毒库防御已知威胁，具备紧急漏洞 24 小时响应能力；通过强大的恶意文件检测技术增强文件防护能力；联动沙箱实现未知威胁的检测；协同绿盟威胁情报系统，提供千万级的恶意 IP、恶意 URL 及 C&C 情报库，为用户提供秒级防护能力。

绿盟科技网络流量分析系统（NSFOCUS Network Traffic Analyzer，简称 NSFOCUS NTA）是一款基于 Flow 流/镜像分光技术的流量分析和 DDoS 攻击检测产品，可以实现网络流量日常监控分析、异常攻击流量检测、网内威胁检测等，如各类 DDoS 攻击、分片攻击、网络滥用误用、恶意挖矿、虚假源 IP 等各类异常流量。绿盟科技网络流量分析系统与绿盟抗拒绝服务系列产品组合可以形成针对流量的分析检测、告警处置和溯源追踪的多种解决方案，适用于运营商、数据中心、金融、企业等多个行业的异常攻击检测场景。

绿盟安全审计系统 SAS，采用先进的协议识别和智能关联分析技术，对网络数据进行采集、分析和识别，实时动态监测通信内容、网络行为等，对发现的敏感信息传输、违规网络行为实时告警，并全面记录用户上网行为，为调查取证提供依据。

2. 深信服

深信服科技（以下简称深信服）是一家专注于企业级网络安全、云计算、IT 基础设施与物联网的产品和服务供应商，拥有深信服智安全和信服云两大业务品牌。

深信服安全感知管理平台 SIP 融合了"安全运营"和"高级威胁检测"两大场景，为用户构建了一套集检测、可视和响应于一体的大数据智能安全分析平台，让网络安全可感知、易运营，安全事件快速联动闭环。该平台拥有 6500 多个协议的识别库，可快速定位入侵工具并及时告警，同时通过 AI+有监督学习模型提取一千多维流量特征，能够对加密流量全面精确识别；具备十亿级企业威胁情报信息网，可以快速生成威胁情报与规则；同时基于海量真实样本训练，形成成熟检测模型，创立加密挖矿 AI 预测模型，能够精确检出未知威胁。目前 SIP 的产品包括 SIP-1000 系列、SIP-1000-Y 系列和 STA-100 系列产品，适用于虚拟化和云化场景的 SIP-1000-V 系列和 STA-100-V 系列产品，以及适用于信创场景的 SIP 和 STA 系列产品。

3. 奇安信

奇安信科技集团股份有限公司（以下简称奇安信）主要面向网络空间安全市场，向政府和企业用户提供新一代企业级网络安全产品和服务。2022 年 3 月 13 日，奇安信圆满完成了北京冬奥会和冬残奥会网络安全保障工作，兑现了北京冬奥网络安全"零事故"的承诺。目前，奇安信在终端安全、云安全、威胁情报、态势感知等领域的技术先进性及市场占有率排名持续领先。

奇安信的态势感知研判系统主要应用在重要活动的网络安全保障工作中。其围绕工作场景，进行资产信息汇集，将资产划分以标签的形式区分对象类型，对保护对象进行分组，实现数据汇总，对异常问题 IP 进行核实研判，形成待分析攻击源数据，并对异常 IP 攻击信息进行孵化，挖掘攻击源主题，判断攻击者的真实意图；结合系统规则和专家经验，对攻击者进行脸谱研判，判定攻击者的身份类型，为客户及时掌握情况和决策提供帮助和支撑，在重大活动保障和应急事件处置过程中做到精确打击和精准防控。

监管态势感知行业版是基于大数据架构自主研发的面向行业监管的安全管理平台，主要客户为党政、水利、教育、金融和卫健等。该平台为安全管理者提供资产普查、实时监测、数据分析等威胁发现分析手段，具备对威胁的事前预警、事中发现和事后回溯的能力，对威胁进行全生命周期管理。其利用检查督办、考核评估机制促进下级相关单位的网络安全基础建设，通过建立上下级平台级联规范达到数据共享、业务协同。

习　题

1．什么是网络管理？它包含哪些功能？
2．有哪些常见的网络管理方法？
3．"事件查看器"的 3 种基本日志和 5 种显示事件分别是什么？
4．Windows Server 2022 中的网络管理工具有哪些？
5．Wireshark 是什么工具？它在网络管理中发挥什么作用？
6．使用 ipconfig /all 命令可以显示哪些信息？
7．查阅绿盟、深信服和奇安信等网络安全解决方案的产品和应用。

实　训

实训 1　日志的管理和分析

1．目的与要求
（1）理解日志在网络管理中的作用。
（2）掌握日志文件的查阅、设置方法。

2．主要步骤
（1）使用操作系统中的事件查看器查看 3 种基本日志，阅读事件记录，思考记录含义。
（2）设置控制面板中的本地安全策略，设置密码策略和审核策略，然后重新启动计算机，再浏览事件查看器，查阅安全日志中的内容是否有变化。
（3）进一步查看某一黄色警告事件的详细内容，通过错误号、提示等内容尝试在微软网站（http://windowshelp.microsoft.com/Windows/zh-cn/default.mspx）上查阅相关原因。

3．思考
作为班级网站的管理员，如何通过日志管理进行网站维护？

实训 2　网络状态测试

1．目的与要求
（1）掌握网络状态测试方法。
（2）熟练使用操作系统网络状态有关命令。

2．主要步骤
（1）在本地机上运行 ipconfig 等相关命令，记录 IP 地址、网关地址、子网掩码、物理地址、DNS 服务器地址、主机名等信息。

（2）运行 tracert www.china.com 命令，记录运行结果，分析原因。

（3）运行 netstat 等命令，记录当前计算机在网络上存在的连接，以及数据包发送和接收的详细情况等。

3. 思考

实际应用中遇到的网络故障有哪些？给出进行排查的网络状态命令并分析结果。

实训 3　使用 Wireshark 进行 TCP/IP、ICMP 数据包分析

1. 目的与要求

（1）掌握 Wireshark 的安装及使用。

（2）捕捉 ICMP、TCP 等协议的数据包。

（3）理解 TCP/IP 协议中 TCP、IP、ICMP 数据包的结构，会话连接建立和终止的过程，TCP 序列号、应答序号的变化规律，了解网络中各种协议的运行情况。

（4）通过本次实验建立安全意识，理解网络安全防范技术。

2. 主要步骤

（1）安装并运行 Wireshark 软件，熟练设置和使用该软件，监测网络中的数据传输状态。

（2）设置捕获接口。

（3）定义捕获过滤规则和显示过滤规则。

（4）根据过滤规则执行相关操作触发特定数据的捕获：

　　　ping ip-address

　　　www.haut.edu.cn

（5）对捕获到的数据包进行分析。

3. 思考

如何根据捕获到的数据包判断是何种类型的数据？

第 10 章　企业网的规划与建设

本章通过典型实例介绍网络集成应用，包括校园网的规划与建设、企业广域网的规划与建设、数据中心网络的规划与建设。学习本章，重点掌握园区网、企业广域网的设计方法、典型架构，理解复杂数据中心网络架构与应用。

- 校园网建设。
- 企业广域网的规划与建设。
- 数据中心网络的规划与建设。

10.1　校园网的规划与建设

随着网络技术的发展和网络产品价格的不断下调，大型企业、学校都开始积极建设自己的园区网，通常称为 Intranet。园区网采用 Internet 技术标准，可以实现与 Internet 的无缝应用集成。高校校园网是一种最为典型的园区网，其建设具有代表性。一般地，校园网规模大、用户多、应用复杂。本节将介绍校园网的规划与建设。

10.1.1　校园网建设概述

校园网可以定义成为学校师生提供教学应用、办公管理和通信服务的宽带多媒体计算机网络，它是学校师生所依托的重要资源，也是学校办学的一种基础设施。校园网为学校师生提供办公自动化、计算机管理、多媒体计算机辅助教学、科学计算、资源共享、信息交流等全方位的服务。

校园网建设是一项系统工程，必须按工程的方法分析，按工程的规律建设，整个过程需要经过应用需求分析、特点分析、市场调研、方案设计、方案论证、设备采购、工程验收等一系列环节。

一个校园网络往往需要覆盖整个校园甚至多个校区，要将校园内的计算机、服务器和其他终端设备连接起来，实现校园内部数据的流通、校园网络与互联网络的信息交流。同时，校园网的安全和管理也是网络建设和运行的重要方面。校园网具有以下几个显著特点：

（1）高速的局域网连接：校园网的核心为面向校园内部师生的网络，因此园区局域网是该系统的建设重点，并且网络信息中包含大量多媒体信息，故大容量、高速率的数据传输是网络的一项基本要求。

（2）信息结构的多样化：校园网应用包括电子教学（多媒体教室、电子图书馆等）、办公管理和远程通信（远程教学、Internet 接入、FTP 服务、网络虚拟实验室等）等内容。

（3）安全可靠：校园网中有大量关于教学和档案管理的重要数据，这些数据无论是损坏、丢失还是被窃取，都将带来极大的损失。此外，校园网的复杂结构也成为一些黑客、有个人特长的学生冒险攻击的对象。校园网的网络用户量大、应用水平参差不齐，导致其易产生网络漏洞、网络病毒肆虐。因此，校园网安全保障更具有挑战性。

（4）操作方便，易于管理：校园网面积大、接入复杂，网络维护必须方便快捷，设备必须网管性强，以方便网络故障的排除。

（5）认证计费：学校对学生上网必须进行有效控制和采取计费策略，保证网络的利用率。

校园网网络系统从结构层次上分为核心层、汇聚层和接入层；从功能上基本可分为校园网络中心、教学子网、办公子网、宿舍区子网、图书馆子网等。根据校园网用户数量的多少和网络应用的情况，校园网可以分为大型校园网、中型校园网、小型校园网 3 种。

10.1.2　校园网建设原则

校园网是一项基础建设，因计算机技术发展迅速，随着时间的推移，将会有许多新的应用在网上实现，所以应深入分析校园网的实现功能、特点，明确设计原则，并贯穿于工程实施的全过程。设计校园网时应充分考虑带宽、远程连接、性能扩展等需要，以及在 IP 地址分配、广域网络带宽的有效利用、网络安全、系统维护、整个网络的稳定运行及扩展等方面的要求，否则会给将来的网络运行留下隐患。因此，网络设计应考虑以下原则：

（1）先进性。系统设计采用当前国际先进而成熟的主流技术，符合业内相关的国际标准，网络系统至少在 5 年内保持一定的先进性。

（2）扩展性。建设的网络主干基础设施应有扩展能力，包括技术和性能的提升、网络覆盖范围的扩展、网络应用的增加等。

（3）可靠性。所建成的网络应能满足长时间重负荷运行的需要，不仅要求硬件品质的可靠性，也要求软件品质的可靠性，同时保证技术管理手段的先进性，以保证网络稳定可靠运行。

（4）实用性。在建设网络时既要考虑校园网的普遍性，又要兼顾校园网的特殊性。网络建设根据实际应用的需要和未来技术的发展进行全面规划，充分利用目前已有的设备条件，充分考虑投资的分阶段实施，每一阶段的投资应得到保护。

（5）安全性。校园网中保存的部分信息及配置具有一定的保密性，网络设计时要采用网络隔离技术、入侵检测技术、访问控制技术等安全措施，保证网络安全运行，防止非法用户入侵。

（6）可控性。在进行大型校园网络建设方案的设计时，要保证从接入层到核心层都能够得到合理的管控，并加强视频监控系统的建设，以达到对端口控制的有效性，在发生意外故障时能够及时发现并示警。

（7）经济性。系统设计及设备选型科学合理，具有良好的性价比，保护投资成效显著。

（8）管理的便利性。网络系统平台的管理工作是一项复杂的工程，不同用户能够根据级别和应用进行不同方式和方法的管理，达到整个网络管理工作的简洁性和便利性。

（9）支持多媒体。随着网络教育的发展，校园网必须要具有视频、图像、语音等方面的功能，而且还要保证流量的充足性。

（10）标准化原则。网络通信协议、网络产品的选择应符合国际标准或工业标准，充分利用不同应用和不同产品的优势，将它们有机结合起来；既要求网络的硬件环境、通信环境、软件环境相互独立、自成平台，使相互间的依赖减至最小，各自发挥自身的优势，又要保证信息的互通和应用的互操作性。

上述原则中，很多原则是有一定矛盾的，如先进性、扩展性、安全性等往往意味着更多的投资，而资金往往又是学校比较在意的问题。又如先进性与技术的成熟性有一定矛盾，计算机技术的特点就是发展迅速，往往在没有形成国际标准时就已经出现了相关产品，在设计校园网时一定要注意先进性与超前性的度的把握，过分先进有时不仅不能保护投资，甚至有可能造成系统日后的不兼容，反而造成浪费。只有充分考虑上述原则，权衡利弊，才能建设一个性价比较高的综合性校园网络。

10.1.3　校园网解决方案

校园网系统是一个综合的计算机网络系统，包括硬件和软件两个方面，系统结构如图 10-1 所示。

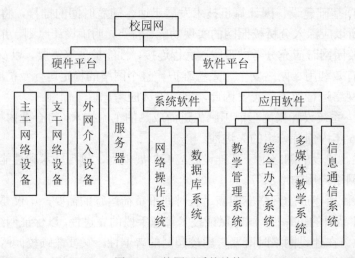

图 10-1　校园网系统结构

校园网一般都属于中大型网络，其结构复杂、用户数量庞大、网络应用繁多且流量大，因此网络规划设计时必须充分考虑网络的容量、安全性、冗余性和扩展性。

根据学校的具体情况，主要是建筑物分布状况、用户分布状况，设计校园网的拓扑结构。图 10-2 给出了一个典型的大学校园网拓扑结构，其设计具有一般性、普遍性。校园网的建设应充分考虑下述因素。

1. 网络技术标准的选择

目前校园网一般遵循成熟的快速以太网技术，该技术有完善的国际标准，产品丰富，其布线系统和网络结构易于升级，网络传输速率支持 100Mb/s 和 1/10/100Gb/s。当前在投资允许的情况下，校园内的骨干链路可以选择 100Gb/s 传输速率，也可以根据情况将多条 10Gb/s 线路聚合使用，主要设备互连链路可以选择 10Gb/s 传输速率，相关设备技术成熟、价格合理；全网应支持 IPv6，实现 IPv4、IPv6 双栈运行，实现认证、网关等功能，并支持一万以上终端的并发在线数量，以满足学校需求；引入用户认证机制和隔离手段，使网络结构简单健壮，从而降低故障率和维护成本，以满足灵活多样的认证需求。

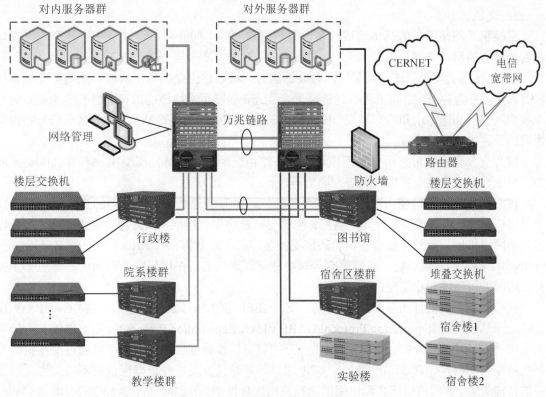

图 10-2　典型的校园网拓扑结构

2. 通信介质的选型

目前快速以太网通信介质一般选择光纤和 5 类以上双绞线。通信骨干网尽可能选用光纤，如楼宇之间，楼内垂直布线尽可能选用光纤，在几百米半径的短距离内可以选择 50μm 多模光纤，且应该为多芯。多模光纤的交换机接口卡比较便宜，50μm 的多模光纤支持 1/10Gb/s 的传输速率且传输距离可达 500m。多芯光纤既能够提供链路冗余，又可以支持多链路隧道技术，从而可以提高链路带宽。随着技术的进步和产业的推移，单模光纤的价格大幅下降，并且多模光纤和单模光纤两者的铺设、溶解费用基本相同，所以距离较远的楼宇之间或多校区之间的连接可以选用单模光纤。

楼内水平布线，即各个楼层内端用户计算机连接楼层交换机，应采用 5 类以上双绞线，如 6 类双绞线等，这样既能够满足 100/1000Mb/s 的传输速率，又能够满足双绞线连接 100m 距离限制，成本也较光纤低。

校园网的整体拓扑结构及物理布线方案应根据校园的特点详细规划，一般应为树型和星型结合的拓扑结构，交汇点（树根）位置为中心交换机（核心交换机），与中心节点连接的是楼宇交换机（树枝），与楼宇交换机连接的是楼层交换机（小树权），楼层交换机连接端用户计算机（树叶）。布线应遵循相关建筑、电气行业标准，并使用专业测试工具进行验收。

在实际应用中应具体情况具体分析，例如楼宇布线并非必须每一楼层放置一台楼层交换机，如果某楼层的计算机端设备非常少，且将来也不可能有太大变化，则可以取消该层交换机，将该层计算机连接到最近的楼层交换机上。楼层交换机与楼宇交换机也可以采用双绞线方式连接，这样在建筑物不是很大时可以节省投资，且效果基本一样。

3. 交换机

交换机是网络通信的基本组成设备，是数据转发的中间介质，可以从下述几个角度来规划和选择交换机。

（1）核心交换机。核心层采用两台高性能万兆核心路由交换机，双核心结构可互相分担网络流量，互为备份，之间采用万兆链路聚合互连，保障了网络核心的可靠性和冗余性，为整个校园网提供高速路由和数据转发。校园网内部服务器群以及网管 PC 通过千兆端口与路由交换机的千兆模块高速连接。

核心交换机应尽量选用电信级模块化核心路由交换机，支持三层交换，具有高的交换能力、稳定性、安全性、扩展性和管理能力等。

核心交换机的接口模块应尽量支持可热插拔，具有快速故障切换能力的热插拔电源、风扇和接口模块，电源模块实现冗余备份；能够支持链路聚合功能，以方便扩展主干带宽，并保持未来网络扩展。此外，核心交换机还应支持虚拟路由冗余协议（Virtual Router Redundancy Protocol，VRRP）、生成树、端口聚合等标准链路冗余功能，在优化网络性能的同时进一步提升校园网的可靠性和稳定性。

核心交换机应支持动态 VLAN 策略，支持 IEEE 802.1q VLAN 划分，支持 GARP/GVRP（Generic Attribute Registration Protocol/GARP VLAN Registration Protocol），能够提供基于策略的 QoS 技术，为校园网的正常运行提供充分的服务质量保证。而且用户可以通过交换机的数据包特征（如端口、TOS、IP 地址、TCP 端口等）对其分类，并根据流量的不同类别采取不同的传输策略，使网络根据实际应用情况反映出优良性能。例如能很好地支持网络电话（Voice over Internet Protocol，VoIP）和流媒体应用等。

当然，核心路由交换机应支持多种路由协议，如 RIP、OSPF、IPX-RIP、AppleTalk 等，使高效安全地传递信息更容易实现。

核心交换机应具有较高的端口密度，如支持热插拔万兆/千兆以太网光纤模块，高密度 100M/1000M 自适应接口等。

（2）汇聚层交换机。汇聚层采用千兆三层交换机的 GE 端口与核心路由交换机相连，提供 1000M 主干链路，若资金允许，汇聚层可采用万兆路由交换机，实现万兆到楼宇。汇聚层交换机的重要节点可以同时上连两个互为备份的核心交换机，当一台核心交换机出现故障时，网络流量可以从另一台核心交换机转发。汇聚层交换机需要提供高密度快速以太网和千兆以太网接口，支持完备和丰富的二/三层协议，提供等级服务、流处理、QoS 保证机制以及强大的业务处理和认证计费等应用服务，适应各种复杂网络的应用要求。

（3）接入层交换机。接入层交换机负责直接连接终端用户计算机，一般采用支持 100M/1000M 自适应端口的以太网交换机，必要时可以采用万兆交换机。交换机应具有一定端口密度，如采用 24 口、48 口或更多端口的二层交换机，采用千兆或万兆光纤上连汇聚层交换机。当用户设备密度较大时，可以选择可堆叠的交换机。

在选择交换机时，除了考察产品的品牌、价格，更需要仔细了解产品的性能。对于构成骨干传输链路的中心交换机及楼宇交换机，一般应选择性能可靠稳定、技术成熟、可升级、安全性高、售后服务完善的设备，可以稳定提供每天连续 24 小时、一周七天的不间断工作，同时能够支持 VLAN、多链路聚合等技术，并支持可管理性，能够提供交换机工作状态，支持远程设置与管理，支持图形化界面工具的配置，支持网络管理软件等，这些特性都将为日后的网络管理与维护提供强有力的支持。

4. 路由器

路由器是校园网接入 Internet 的必备产品，提供学校内部网络与 Internet 的连接，产品选择上主要考虑性能和配置。在选择路由器时，首先需要关注其自身性能，如路由器的内存大小、传输速率等；其次要考虑路由器的内外网连接方式、内部局域网接口（LAN 口）和外部广域网接口（WAN 口）的数量及速率、是否支持专线连接、是否支持集中宽带接入、是否具有端口扩展槽等。

链路服务商可以选择中国电信、地方广电、吉通、中国联通、长城等公司。高校往往还有其特殊性，一般要求连接 CERNET，于是高校一般只租用通信链路与地区节点连接，不租用这些公司的信息服务，连接方式可选用 ISDN、DDN、xDSL、宽带接入等方式，ISDN 路由器一般有专用接口卡，DDN、xDSL 等方式一般通过路由器广域接口。

5. 服务器

服务器是提供网络应用的核心产品，要求性能可靠、稳定、高效，能够提供大存储容量、高 I/O 吞吐率、一定的硬件冗余、良好的容错能力。例如有的服务器硬盘支持热插拔、具有 SCSI 磁盘阵列、ECC 内存和内存清理、可软件管理、优良的整机性能等特点。

在选择服务器之前，同样需要全面分析网络的应用内容，以便合理规划服务器的数量及配置。一般校园网需要提供 DNS、WWW、数据库、E-mail、办公自动化等网络应用，有些服务可以共用一台服务器，当然若资金充足则应尽可能使用不同的服务器安装不同的应用服务，这样可以保证服务的独立性，使服务器功能具体化，能够提供较好的性能，当一台服务器出现问题时不会影响其他网络服务。

服务器分为内部服务器和外部服务器两种，分开设置保证了校园网的安全。

6. 防火墙

防火墙技术的核心思想是在不安全的网间环境中构造一个相对安全的子网环境，它已成为实现 Internet 网络安全的重要保障之一。在校园网中正确选择并安装防火墙，可以保障校园网的安全，防止外部非法侵入。

7. 其他设备

除了上述各类设备，校园网的网管中心还需要配备其他相关设备，如网络管理计算机、打印机、光盘刻录机、不间断电源（Uninterruptible Power System，UPS）等。值得一提的是 UPS，校园网的网管中心应该配备 UPS，一是能够在正常供电中止时提供备用供电，二是能够隔离电网上的各种干扰，保护核心设备。

对于上述各类硬件设备，选择产品时应综合考虑质量、性能、品牌、服务、价格等因素，不能片面追求某一因素而忽略其他因素，因为这些因素是相辅相成、相互作用的。

10.1.4　校园网软件系统的建设

校园网的建设除规划硬件平台，选择硬件产品外，还需要认真选择软件产品，完整的网络环境应该是软硬件的有机组合。

1. 网络操作系统

网络操作系统是提供网络服务的关键软件，是网络应用的基础，必须具备较高的稳定性、安全性和支持多任务多线程等功能。目前较流行的网络操作系统有 Windows Server、UNIX 和 Linux 等。微软公司的 Windows Server 操作系统具有图形化的界面、集成的安全管理，支持 TCP/IP 等多种网络协议，并支持目前大多数的 Internet 网络应用服务，易于构架和管理。UNIX 操作系统是一个强大的多用户、多任务操作系统，支持多种处理器架构，属于分时操作系统。UNIX 操作系统几乎应用于所有 16 位及以上的计算机上，包括微型计算机、工作站、小型机、多处理机和大型机等。目前它的商标权由国际标准化组织所拥有，只有符合单一 UNIX 规范的 UNIX 操作系统才能使用 UNIX 这个名称，否则只能称为类 UNIX（UNIX-like）。Linux 操作系统是 UNIX 操作系统的一种克隆系统，是一款免费的操作系统，用户可以通过网络或其他途径免费获得，并可以任意修改其源代码。这是其他操作系统所做不到的。正是由于这一点，来自全世界的众多程序员参与了 Linux 的修改、编写工作，他们可以根据自己的兴趣和灵感对其进行改变，这让 Linux 吸收了无数程序员的精华，不断壮大。Linux 操作系统具有良好的安全性且效率较高，在服务器、超级计算机、云计算基础设施等领域占据 90%以上的市场份额，具有绝对优势。

在为校园网选择操作系统时，应该全面考虑，包括安全性、稳定性、功能是否完备、管理是否方便等。当然在一个网络系统中可以有多个操作系统共存，充分利用它们的优点，互补不足。反之，在同一个网络系统中使用单一操作系统容易保证网络管理的简便性和一致性。

2. 数据库系统

一个安全、稳固、功能强大的数据库系统是当今校园网必不可少的组成部分。一方面它可以提供校园网上的各种管理应用的支持，另一方面它也是 Internet 网络数据仓库的基础。流行的产品有 Oracle、Microsoft SQL Server、DB2 等，若操作系统选用微软公司的产品，则数据库系统不妨使用 SQL Server。Microsoft SQL Server 数据库系统与 Windows 操作系统能有机地结合在一起，提供高安全性、可靠性和可扩展性，具有可伸缩的商务解决方案、数据仓库处理以及与 Microsoft Office 集成等功能。

3. DNS 服务

DNS 服务，也就是提供域名解析服务，它可以把用户查询的域名翻译成对应的 IP 地址，DNS 是校园网络服务功能之一。校园网中的 DNS 服务器，一方面为内部用户访问 Internet 提供域名解析，同时为外部用户访问内部资源提供域名解析。若把对外的域名解析交给上级 DNS 服务器去做，而没有自己的 DNS 服务器，那么外界无法访问校园网的资源，因为外界无法获取校园网 WWW 服务器和 E-mail 服务器对应的 IP 地址，也就无法在网络上寻址。

4. WWW 服务

WWW 服务是学校用来对外宣传自己、对内发布信息的主要工具，是当今 Internet 上应用最为广泛的一种服务。前面已详细介绍了 Web 服务器的配置和管理，这里不再赘述。当然完整地构架 WWW 服务，学校网站的设计与规划也是非常关键的。网页信息的组织与制作同样要花掉大量的时间与人力。

5. E-mail 服务

E-mail 是计算机网络中的一个重要应用，它是人们基于计算机网络进行信息交换的主要手段。微软公司的 Exchange Server 包括构架电子邮件系统，Lotus 公司的 Domino/Notes 也支持电子邮件应用。但是，实际上这两种产品都不只是电子邮件系统，它们是提供综合应用的"群件"系统，可以提供完备的办公自动化集成环境。若使用 Linux 操作系统，则可以使用 U-mail 构架邮件系统。当然，也可以购买第三方的专门邮件系统，这类产品往往具有更高的安全性和可管理性。

6. 教学管理系统

教学管理系统是校园网的一个主要组成部分，它的范围涉及学籍管理、学生档案管理、招生管理、教学/教务管理等。例如，学生可以在网上进行选课、寒暑假可以在家通过 Internet 查看自己的考试成绩等；教学大纲、教学计划、课程任务安排等也都可以基于校园网进行管理。

7. 综合办公系统

基于校园网的综合办公系统，如电子校务系统、一网通办系统、身份认证系统和数据挖掘分析系统等，是校园网的重要应用系统。学校可以通过校园网发通知，各职能部门之间可以通过校园网传递信息，学校用户可以通过这些应用系统办理资产登记、财务查询及报账、采购申请、公文流转等各种事宜。

8. 在线教育

校园网的一大特点就是作为教师授课、学生学习的一个新的载体、新的模式。校园网对内应能提供丰富的网络教学资源如网络课件、网络视频等，设置讨论区、答疑区等交流窗口，并可以在线提交作业、组织考试等。其具有更大意义的应该是能够提供基于 Internet 的在线教育，不受地域和空间的限制，利用互联网开展教育并实现实时交互。

9. 网络管理系统

网络管理系统能够提供网络性能、故障监控功能，为网络管理员管理、维护网络提供支持与帮助。良好的网络管理软件，能够为网络管理员提供准确、及时的网络运行信息，为网络管理员优化网络管理、发现问题、发现隐患、排除问题提供强有力的帮助。

10. 防病毒系统

由于 Internet 的开放性，校园网也成为黑客和计算机病毒极易攻击的对象，因此有效的保障网络的安全、可靠、正常运行是当今校园网面临的一大课题。防病毒软件在一个网络系统中是必不可少的，这里所说的防病毒软件是指网络版的防病毒产品，能够基于网络运行，并能够实时监测网络上的服务器、客户机是否有病毒的出现与发作等。

校园网络建设，既要重视硬件建设，又要注重软件建设，不仅要有性能优异的硬件产品，还要有配套的软件产品，否则无法真正发挥硬件产品的性能，无法提供全面的服务与应用，从而导致网络无法充分发挥作用，浪费投资。校园网建设中，需要投入一定资金购买应用软件，同时也有必要组织人员根据本校特点自主开发、完善一些应用系统，只有在校园网上有大量真实的应用，才能真正体现校园网的作用。

10.2　企业广域网的规划与建设

10.2.1　企业广域网建设概述

随着电子商务、电子政务的快速发展，政府机构、跨地区的大型企业迫切需要建设广域网。在电子政务领域，由于政策的要求，为了保证政府信息的安全性，一个政府部门可能需要建立自己的广域专网，实现省、市、县、乡等多级隶属部门的网络互联。

在电子商务领域，企业分支机构的设立或连锁经营体系的建立，甚至合作伙伴之间运营体系的完善都迫使企业建立广域互联网络，实现跨地域经营。互联网技术的发展给广域连接提供了更多的选择，在充分考虑带宽、安全性、费用等因素的情况下，建立合适的广域互联方式将有助于提高企业的运营效率。

广域网建设需要考虑以下因素：

（1）面向应用。网络规划和网络产品应能够很好地满足企业（政府）网络中的不同应用，对于 E-mail、FTP、网页浏览、视频会议、VoIP 等各种应用提供全面的 QoS 保障，支持全面业务应用。

（2）高性能、高可靠性、高安全性。网络产品的选择应考虑实现二/三层全线速交换，充分保证网络的高性能要求；高中端产品支持电源、控制模块和交换矩阵的冗余备份，设计中充分考虑网络设备和链路的冗余，保障大型企业网络核心的高可靠性要求；通过高中低端网络产品的配合可实现完善的基于策略的访问控制，并结合 VPN 等功能全面保证企业网络及信息的安全性。

（3）开放性、兼容性、可扩展性。网络设计和产品选择应坚持开放、互通、标准的原则，支持国际上通用标准的网络协议、国际标准的大型动态路由协议等开放协议，充分保证企业广域网同其他网络之间的平滑连接互通，以及将来网络的扩展。

选择模块化设计的网络产品，根据未来业务的增长和变化，网络可以平滑地扩充和升级，最大程度减少对网络架构和现有设备的调整，以充分保护用户的投资。

（4）完善的接入手段。由于地域发展的不平衡，网络运营商提供的线路服务不同，广域网设计时应充分考虑各种网络接入手段，如 DDN 专线接入、LAN 接入、PON 接入、ADSL/VDSL接入、WLAN 接入等，提供灵活的接入手段。

（5）完善的管理和维护功能。网络设计应能够实现统一的网络管理，实现故障管理、告警管理、设备管理、网络管理和业务管理等功能，可对网络实行集中监测、分权管理，并统一进行资源分配，提供流量统计分析和故障自动报警，为网管决策提供依据。

10.2.2　企业广域互联方式

企业分布在不同地域间的机构实现广域互联有两种方式：一是构建企业自身的专用广域网；二是利用互联网使用加密认证技术实现虚拟专用网。

1. 专用广域网

企业建立专用广域网主要是通过租用电信运营商的专用线路来实现。网络系统为封闭式，安全性很高，但联网费用较高。专线主要有分组数据交换、数字数据网（DDN）、帧中继业务、城域网接入技术等。

DDN 利用各种数字传输通道（光纤、数字微波、卫星）提供各种速率的数字专用电路，实现数据及多媒体信息的通信，适合实现中高速的局域网互联。其主要特点如下：

（1）传输质量高、时延小，速率可根据需要进行选择。

（2）电路可自动迂回，可靠性高。

（3）可一线多用，既可传送数据，又可组建电视会议系统及视频点播系统等多媒体应用系统。

帧中继使用数据包交换技术，终端工作站可动态共享网络介质和带宽，提高使用网络带宽的灵活性和有效性，提高网络使用效率。其特点如下：

（1）传输时延小，速率高。

（2）一个端口可支持多个 PVC 连接，实现一对多的组网结构。

（3）传输带宽动态分配，速率可调，适合 LAN 互联。

城域网或区域城域网接入是宽带接入的发展趋势，通过接入运营商的城域网可以实现更高的接入带宽，如 1/10Gb/s 或更高，接入方式一般使用支持多协议标签交换（Multi-Protocol Label Switching，MPLS）的路由器。MPLS 是一种在开放的通信网上利用标签引导数据高速、高效传输的新技术。许多网络服务供应商（ISP），尤其是在欧洲和亚洲的 ISP，都已经采用了 MPLS 技术来扩展他们的网络。一些厂商，如 Cisco EoMPLS 解决方案是 MPLS 的一种扩展，它补充第 2 层体系结构固有的 VLAN 功能，支持企业广域网 VLAN 应用。

X.25 常用于公共载波分组交换网，可以满足不同设备及系统间的网络通信。其主要特点是在一条电路上可以同时开放多条虚电路，网络具有动态路由及先进的差错检验功能，网络性能稳定，但速度较慢。

PSTN 即公众交换电话网络，利用它移动用户或小分支机构可以实现方便灵活的网络接入功能，费用也可灵活控制。

目前后两种链路的租用次数很少。

2．虚拟专用网

虚拟专用网利用覆盖全球的互联网络实现廉价的网络互联，通过在网络两端对数据进行加密可实现安全的传输。由于运行在互联网上，虚拟专用网的安全性一直是使用者担心的问题，随着加密技术的发展，安全问题将得到更好的解决。

10.2.3　一个典型企业广域网建设实例

下面以一个省级政府部门建立全省电子政务专网为例介绍典型自建广域网的规划与建设。

该网络在省级有数据中心，提供业务数据库、信息发布、电子邮件、全省办公自动化平台等功能，网络需要连接省辖市级单位，市级单位下连区县级单位，市、区/县级单位拥有自己的局域网。由于专网无法覆盖到乡，所以乡级用户通过拨号方式连接区/县。整个网络不仅支持数据应用，还承载从省级一直到县级的 IP 电话，从而节省了内部长途通信费用。

满足上述应用需求，广域网设计拓扑结构如图 10-3 所示。在网络链路方面，租用电信运营商的 2M 带宽的 E1 线路，省到市和市到县均租用点对点的 E1 线路，即若本省有 20 个市，则省级路由器配置 20 个广域网接口连接 20 条 E1 线路。同理，某个市管辖 10 个县，则该市路由器配置 10 个广域网接口连接 10 个县（不包括上连到省级数据中心的链路）。

E1 的一个时分复用帧划分为 32 个相等的时隙，每个时隙传送 8bit，每秒传送 8000 个帧，每个时隙每秒传送 64Kbit。E1 专线用户侧接入一般使用铜缆的 HDSL、SHDSL（单对高速数字用户线）技术，或者使用光纤接入。使用非信道化 E1 时 N 个时隙绑起来一起用，实现点对点连接；使用信道化 E1 可以一点对多点。比如每个储蓄所用一个 64K，整个区中心用一个 E1 就可以把十几家储蓄所接进来了。

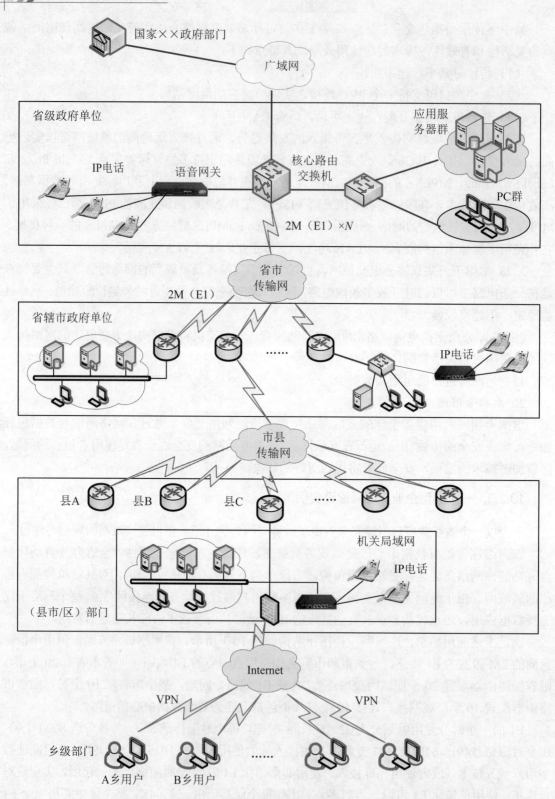

图 10-3　典型企业广域网设计拓扑结构

对于使用光纤接入的 E1 用户，从光端机出来接 BNC 接口。可以转换为 RJ48 的接口。连接路由器有两种接法：用 BNC-E1 线缆（这里的 E1 端包括 RJ48、DB15 等多种接口形式）直接接 E1 模块；或者使用 G.703-V.35 的协议转换器后，用 V.35 线缆接 WIC-1T 模块。也可以在省级直接采用包含多路 E1 的光端机实现多路 E1 线路到以太网接口的转换。

由于专网没有覆盖到乡、村级，所以乡、村用户通过 Internet 采用 ADSL 拨号方式连接县级网络，为了保证专网的安全，在县级配置防火墙，乡、村用户使用 VPN 技术连接县级局域网。

省级数据中心可以通过国家的政府专网或同样租用专线上连国家对口管理部门，实现数据互访。

利用专网的建设可以承载内部 IP 电话应用，在省、市、县三级配置语音网关，在省级数据中心配置网守，实现用户号码管理。

专网的建设可以为该政府部门提供信息发布、业务处理、电子邮件、语音传输等应用。业务系统根据实际应用需求配置相应数据库服务器、Web 服务器等，具体实例可以参见 10.3 节。

10.3　数据中心网络的规划与建设

10.3.1　数据中心网络建设概述

在构建企业网或政府办公网时，一般都要建设网络中心。当业务应用复杂时，网络中心涉及的设备多、软件多，网络中心的局域网结构也相对复杂。例如银行、电信、税务、统计等行业或部门，涉及海量业务数据的处理与管理，涉及实时交易，此时我们称集中管理数据的网络中心为数据中心。

数据中心除了提供常规的办公自动化平台、电子邮件平台、内部信息发布平台，更重要的是基于大型数据库的应用，目前业务应用系统多采用 B/S 结构实现数据库远程访问与处理。这一类数据中心的局域网具有较复杂的拓扑结构，如图 10-4 所示是一个典型的数据中心拓扑结构。

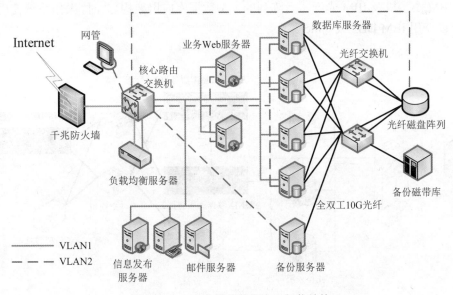

图 10-4　一个典型的数据中心拓扑结构

图 10-4 中，该数据中心的重点是支撑大型数据库的应用，使用高档专用服务器作为数据库服务器，使用 Windows Server 操作系统构架网络服务，数据库系统采用 Oracle；采用负载均衡技术提高 Web 服务器的访问速度；数据库服务器采用群集技术提高可用性和处理性能，如使用 Oracle RAC（Real Application Cluster，实时应用群集）实现数据库服务器群集，它允许两个或更多个实例通过群集技术访问共享的数据库，共享数据库存放在光纤磁盘阵列上，数据库服务器与光纤磁盘阵列通过专用光纤交换机连接。一个群集是一组计算机（或节点），它们一起工作，执行同一项任务。RAC 是一种高可用性配置，能够提供 RAC 实例中各节点间的负载平衡、失效转移（Failover）和数据库扩展。它提供了一种向数据库中添加节点、增加容量和提高性能的方法。在此，RAC 依靠 Windows Server 操作系统群集技术来提供数据完整性所需的磁盘共享功能。

上述设备需要数据中心局域网的承载，Web 服务器、数据库服务器等都直接以全双工千兆速率连接在核心路由交换机上，在核心路由交换机上划分两个 VLAN。VLAN1 上传输业务数据，即远程用户访问业务系统，通过负载均衡服务器分配到特定业务 Web 服务器上，Web 服务器处理用户请求，并访问数据库服务器，数据库服务器的处理由群集软件控制，访问公共数据存储，并将产生的数据集返回到 Web 服务器，Web 服务器生成响应页面并返回给远端用户。

VLAN2 用于传输数据库群集服务器之间的同步控制数据以及网管人员执行的网管操作，包括对 Web 服务器、数据库服务器、光纤磁盘阵列的管理与配置。

划分 VLAN 可以有效屏蔽广播帧，提高交换效率和内部系统安全性。因为业务 VLAN 与管理 VLAN 不需要数据交换，所以无须在核心路由交换机上配置路由。

核心路由交换机上配置千兆光纤模块连接各个服务器（在 VLAN1 上），因此服务器应具有千兆光纤接口，管理 VLAN 连接除数据库服务器外，还可以使用 100M 快速以太网接口。

随着业务的增长可以增加业务 Web 服务器的台数，提高 Web 服务器的整体吞吐能力。采用 PC 服务器构建群集能节省投资，但处理性能有限，数据库服务器的群集性能受操作系统和数据库群集技术的共同制约，若投资允许，则可以将关键业务放到小型机上，如图 10-5 所示，采用 IBM 小型机及 IBM 光纤磁盘阵列的大型数据库应用架构。此时，操作系统使用 UNIX，数据库可以使用 IBM DB2 或 Oracle。

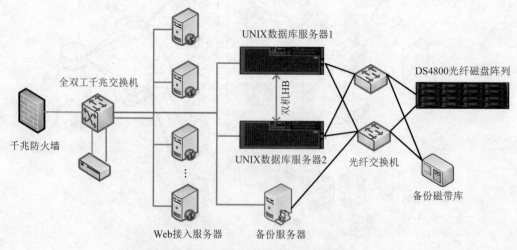

图 10-5 基于小型机的大型数据库应用架构

图 10-5 中，原有的 PC 服务器群集替换为两台 IBM 小型机，这两台 IBM 小型机互为备份，实现双机热备份（Hot Backup，HB），一旦一台机器出现故障，可以在极短的时间内切换到另一台主机处理。这是典型的小型机高可用性架构。同时，利用小型机的虚拟技术，可以在 Web 层和数据层（数据库）之间增加一层应用层，采用中间件技术，如采用 BEA WebLogic、IBM WebSphere 等产品，从而提高系统的开发效率、运行效率和易维护性。

10.3.2　存储系统

适用于上述系统的后台存储方式主要有网络接入存储（Network Attached Storage，NAS）和存储区域网络（Storage Area Network，SAN）两种，其存储架构如图 10-6 所示。

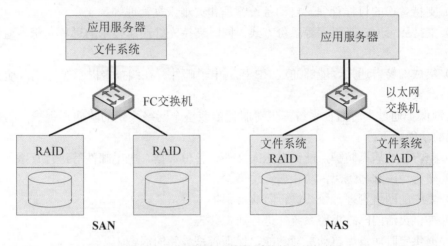

图 10-6　SAN 与 NAS 存储系统的存储架构

NAS 采用网络（TCP/IP）技术，通过以太网交换机连接存储系统和服务器主机，建立专用于数据存储的存储私网。SAN 采用光纤通道（Fibre Channel）技术，通过光纤通道交换机连接存储阵列和服务器主机，建立专用于数据存储的区域网络，使用不同技术则选择的交换机不同。

NAS 是在磁盘阵列（Redundant Arrays of Independent Disks，RAID）的基础上增加了存储操作系统，而 SAN 是独立出一个数据存储网络，网络内部的数据传输速率很快，但操作系统仍停留在服务器端，用户并不能直接访问 SAN 的存储网络。

SAN 结构中，文件管理系统还是分布在每一个应用服务器上，而 NAS 则是每个应用服务器通过网络共享协议（如 NFS、CIFS）使用同一个文件管理系统。换句话说，NAS 和 SAN 存储系统的区别是 NAS 有自己的文件系统管理。

NAS 的优点是简单易用，可以通过 Web 界面进行管理；共享方便，可为不同服务器同时提供存储容量；扩容方便，可动态给不同用户分配或修改存储空间；对前端服务器要求不高，成本较低。NAS 的缺点在于和其他服务器设备共用网络带宽，如果局域网带宽较低，则性能将大大下降。

SAN 综合性能较高，不占用局域网带宽，扩容灵活，存储利用率高。SAN 的缺点是：成本稍高；由于其文件系统位于存储服务器上，故对存储服务器要求较高；大量小文件存取效率不如 NAS。采用基于 SAN 的技术能够为整个系统提供集中式统一数据存储管理。

10.3.3　数据安全保护

数据中心建设中数据的安全是至关重要的问题。数据是资产，企业中最宝贵的不是网络硬件，而是网络中存储的数据。如果无法保证数据的安全，那么对网络的投资就失去了意义。

数据安全包括数据的存储备份、防病毒保护和网络安全管理等模块。

1．数据的存储备份

数据的存储备份是指通过备份软件将文件、系统和数据定期备份到存储设备中，以保证在出现问题时能够快速恢复，使损失降到最低。数据的存储备份能够实现的功能如下：

（1）对文件、系统和数据进行在线备份，最大程度地降低数据的损失。

（2）支持备份的日程管理、自动备份管理和灾难恢复管理等。

（3）支持磁带库、光盘库等备份方式，同时支持光纤通道技术的远程备份，避免灾难性破坏。

（4）集成的警告通知，能够通过 BB 机、电子邮件、在线报警提示等方式自动报告。

2．防病毒保护

防病毒保护通过实时监控系统提供对服务器或整个网络系统的防病毒保护。防病毒保护能够实现的功能如下：

（1）全方位的病毒防护，能够对压缩文件、备份数据、电子邮件等进行查杀。

（2）病毒源跟踪与隔离，防止病毒传染。

（3）集中的网络管理，统一进行防病毒保护。

（4）提供灵活的网络报警系统，进行病毒警告。

（5）提供定时病毒库自动更新功能，保证查杀最新的病毒。

3．网络安全管理

网络管理系统是指通过网络管理软件和网络安全设备对网络的资源、数据、设备和用户进行管理，设置访问策略，监控网络行为，记录网络使用日志，以达到保障网络安全的目的。其主要功能如下：

（1）通过路由器、防火墙、网关和验证服务器等网络设备设置访问策略，提高网络的安全性。

（2）通过网络管理软件对网络的使用和网络设备的状态进行监控管理，保证网络正常运行。

（3）通过对用户权限和网络资源的管理防止非法访问和入侵，保证数据的安全。

总之，数据安全保护涉及物理、网络、硬件、软件、策略、管理等一系列方法与技术。只有全面规划数据安全体系，认真做好数据安全的每一个细节工作，才能保证数据万无一失，保证数据应用的可靠性、可用性和保密性等。

本 章 小 结

本章通过几个实例，综合运用前面章节所介绍的网络技术，介绍了复杂应用网络的规划与建设，包括建设的原则、复杂应用的特点等，给出了校园网、企业广域网、数据中心网络等各种网络的规划与建设，为读者从事网络设计、系统集成提供了可参考借鉴的方法、过程，同时也有助于读者整体理解网络知识的综合应用。

习 题

1．什么是 DNS 域名系统？
2．校园网具有哪些特点？
3．在进行网络设计时应考虑哪些原则？
4．请列举目前常见的网络操作系统。
5．企业广域网的建设需要考虑哪些因素？
6．在设计局域网时为什么要划分 VLAN？
7．在进行数据中心网络建设时如何保证数据安全？

实 训

实训 校园网设计分析

1. 目的与要求
（1）理解校园网应用。
（2）掌握校园网的设计方法。
（3）分析并总结本校校园网建设与应用的特点、优势和不足。

2. 主要步骤
（1）素材收集。对本校的建筑布局、院部设置做调查，对全校计算机网络应用需求做归纳，对目前校园网设备、应用做统计。
（2）总结拓扑结构。根据收集的素材及需求分析绘制本校校园的拓扑结构。
（3）分析总结。分析本校校园网的拓扑结构、硬件设备、软件系统，总结它们的优缺点。
（4）收集其他校园网建设介绍和网络产品厂商的产品介绍，对本校校园网的完善和建设提出自己的建议。

3. 思考
网络建设中，选择产品时应如何对质量、性能、品牌、服务、价格等因素进行综合考虑？

参 考 文 献

[1] 张浩军. 计算机网络实训教程[M]. 北京：高等教育出版社，2008.

[2] 谢希仁. 计算机网络[M]. 7 版. 北京：电子工业出版社，2021.

[3] ANDREW S，TANENBAUM，DAVID J.WETHERALL. 计算机网络（英文版）[M]. 5 版. 北京：机械工业出版社，2011.

[4] 张浩军，赵玉娟. 计算机网络操作系统——Windows Server 2008 管理与配置[M]. 北京：中国水利水电出版社，2013.

[5] 杨章静. 局域网组建与维护[M]. 3 版. 北京：清华大学出版社，2021.

[6] 裴有柱. 网络综合布线与施工[M]. 2 版. 北京：电子工业出版社，2022.

[7] TODD LAMMLE. CCNA 学习指南 路由和交换认证[M]. 2 版. 北京：人民邮电出版社，2017.

[8] 梁广民. 思科网络实验室 CCNP（路由技术）实验指南[M]. 2 版. 北京：电子工业出版社，2019.

[9] 刘丹宁，田果，韩士良. 路由与交换技术[M]. 北京：人民邮电出版社，2020.

[10] 刘彩凤. Packet Tracer 经典案例之路由交换综合篇[M]. 北京：电子工业出版社，2020.

[11] 袁劲松，胡建荣. 路由交换技术项目化教程入门篇[M]. 北京：电子工业出版社，2020.

[12] 谭营军. 路由交换技术[M]. 北京：机械工业出版社，2017.

[13] 胡建伟. 网络安全与保密[M]. 2 版. 西安：西安电子科技大学出版社，2018.

[14] 戴有炜. Windows Server 2019 系统与网站配置指南[M]. 北京：清华大学出版社，2021.

[15] 闵军，闵罗琛. Windows Server 2019 配置、管理与应用[M]. 北京：清华大学出版社，2022.